高等学校安全工程系列教材

燃烧爆炸理论及应用

潘旭海　主编
邢志祥　华　敏　孙　莉　副主编
蒋军成　主审

化学工业出版社
·北京·

本书主要介绍了燃烧与爆炸的基本原理，以及对于燃烧、爆炸的预防和控制。内容包括燃烧和爆炸的基本理论以及燃烧与爆炸间的区别，燃烧及其灾害，气体、液体以及固体等各类物质的燃烧，谢苗诺夫自燃理论、弗兰克-卡门涅茨基自燃理论、链式反应着火理论等，爆炸及其灾害，火灾爆炸的预防及控制。

本书系统性强、内容充实、实用性强，可作为高等院校安全工程、消防工程或化工类专业教材，也可作为化工安全设计人员、化工生产技术人员、消防工程技术人员、安全评价人员以及从事相关专业的研究人员和技术管理人员的参考书。

图书在版编目（CIP）数据

燃烧爆炸理论及应用/潘旭海主编. —北京：化学工业出版社，2015.1（2023.2 重印）
高等学校安全工程系列教材
ISBN 978-7-122-21356-3

Ⅰ.①燃…　Ⅱ.①潘…　Ⅲ.①燃烧理论-高等学校-教材②爆炸-理论-高等学校-教材　Ⅳ.①O643.2

中国版本图书馆 CIP 数据核字（2014）第 161390 号

责任编辑：杜进祥　　文字编辑：向　东
责任校对：宋　玮　　装帧设计：孙远博

出版发行：化学工业出版社（北京市东城区青年湖南街 13 号　邮政编码 100011）
印　　装：北京七彩京通数码快印有限公司
787mm×1092mm　1/16　印张 13　字数 326 千字　2023 年 2 月北京第 1 版第 6 次印刷

购书咨询：010-64518888　　售后服务：010-64518899
网　　址：http://www.cip.com.cn
凡购买本书，如有缺损质量问题，本社销售中心负责调换。

定　　价：32.00 元

前言

实际生活与生产中，燃烧无时无刻在发生，而爆炸也难以避免，一旦发生爆炸，就可能造成极大的人员伤亡和财产损失，特别是在化工生产过程中，如果生产技术人员对燃烧、爆炸的基本原理和预防措施有所研究，许多事故是可以预见并避免的。本书的主旨在于介绍燃烧与爆炸的基本原理，并对爆炸加以预防和控制。

本书分为六章。 第一章，主要介绍燃烧和爆炸的基本理论，以及燃烧与爆炸的区别；第二章主要介绍燃烧及其灾害；第三章主要介绍各类物质的燃烧，包括气体、液体以及固体的燃烧；第四章主要介绍着火理论，包括对谢苗诺夫自燃理论、弗兰克-卡门涅茨基自燃理论及其应用、链式反应着火理论；第五章主要介绍了爆炸及其灾害；第六章主要介绍火灾爆炸的预防及控制。

本书在吸收国内同类教材优点的基础上，结合国外知名教材，将国外在该领域内的最新理论研究、可操作性强的防火防爆技术及方法等引入到本书中，使内容既做到注重理论知识的总结与传授，又注重实践经验的总结，同时又能反映学科前沿。

本书可作为高等院校安全工程、消防工程或化工类专业本科生化工安全课程的必修课或选修课教材，也可作为从事化工安全设计和化工生产技术与管理的专业人员的参考工具。

本书第一、第五章由南京工业大学潘旭海教授编写，第二章由浙江工业大学孙莉副教授编写，第三、第四章由常州大学邢志祥教授编写，第六章由南京工业大学华敏副教授编写，参加本书编写的还有刘珊珊、张璐、蔻志华，全书由潘旭海教授负责统稿。

在本书编写过程中，南京工业大学副校长、安全科学与工程学科带头人蒋军成教授提出了许多有益的建议和意见，并对本书进行了审阅，在此表示诚挚的谢意。 在本书的整个写作和出版过程中，得到化学工业出版社的有力支持，在此一并致谢。

由于燃烧与爆炸理论的知识面和学科范围较广，限于笔者水平，书中不妥之处在所难免，敬请读者不吝指正。

编者
2014 年 5 月

目录

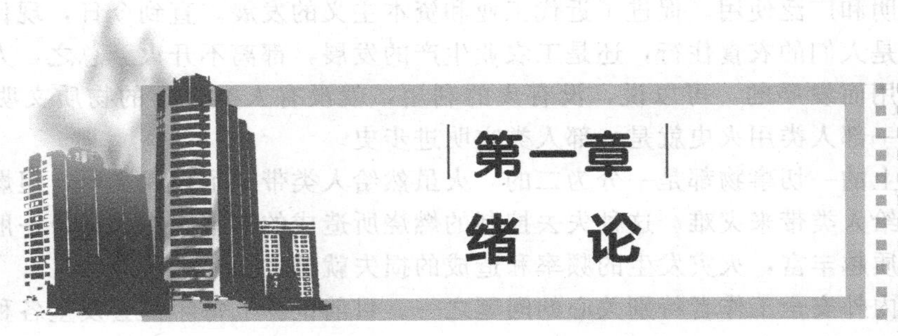

第一章 绪论

第一节 燃烧

一、人类对燃烧的认识过程

燃烧俗称着火。早在远古时代，人们就开始用火了。然而，人类真正认识火的本质，科学地解释这一现象，则是从氧的发现开始的，至今只有两百多年的历史。

在古代，人类在用火的同时产生了许多有关火的传说，例如我国的五行说（金、木、水、火、土）、古希腊的四元说（水、土、火、气）、古印度的四大说（地、水、火、风）等，其中都有火。在古人看来，火是万物之源，火能化育万物，但由于科学技术和生产力水平的限制，在那时人们不可能再进一步研究火的本质。

到了近代，随着科学技术的发展和生产力水平的不断提高，火在工业技术中的应用日益广泛，例如制陶、冶金等，这就使得人们迫切地想要弄清火的本质，于是产生了种种对燃烧现象的解释，其中影响最深、流行时间最长的一种学说是欧洲的“燃素说”。

燃素说认为，火是由无数细小的微粒构成的物质实体，这种火的微粒就是燃素。按照燃素说，所有的可燃物质都含有燃素，并在燃烧时释放出来，变成灰烬；不含燃素的物质不能燃烧；物质燃烧之所以需要空气，是因为空气能够吸收燃素。

燃素说曾解释过许多化学现象，并对科学的发展起到一定的积极作用，但燃素说毕竟是一种凭空捏造出来的学说，因此它不能解释全部的燃烧现象，也必定经不住实践的检验。燃素说在欧洲流行了一个多世纪，虽然许多人对它提出了质疑，但谁也提不出更好的理论，直到18世纪下半叶，氧被发现后，燃烧的秘密才终于被揭开，从而也宣告了燃素说的破产。

1774年，英国化学家普利斯特里在实验室发现了氧，在此基础上，法国化学家拉瓦锡进行了大量的实验，通过对实验结果的归纳和分析，终于在人类历史上第一次提出了科学的燃烧学说——燃烧的氧学说，并于1777年公布于世。这一学说的中心思想是，燃烧是可燃物与氧的化合反应，同时放出光和热。

现代化学表明，燃烧是可燃物与氧化剂作用发生的放热反应，通常拌有火焰、发光和/或发烟现象。可见，燃烧的氧学说距离现代燃烧学说只有一步之遥了。

二、燃烧与人类文明的关系

火对人类的发展起了巨大的推动作用。首先，因为利用了火，人类才吃上了熟食，改变了茹毛饮血的生活，使人的大脑逐渐发达；其次，火的利用，极大地推动了科学技术的发展。最初，火被用来酿造、制陶；稍后，火又被用于冶炼；到了19世纪，由燃烧提供动力的蒸汽机的发明和广泛使用，促进了近代工业和资本主义的发展。直到今日，现代科技高度发达，但不论是人们的衣食住行，还是工农业生产的发展，都离不开火。总之，人类文明是伴随着火的应用而发展的。可以说，没有火的利用，就没有人类今天的物质文明和精神文明，所以说，一部人类用火史就是一部人类文明进步史。

然而世界上的一切事物都是一分为二的，火虽然给人类带来了现代文明，但燃烧一旦失去控制，又会给人类带来灾难。这种失去控制的燃烧所造成的灾害叫作火灾。一般而言，社会越发展，物质越丰富，火灾发生的频率和造成的损失就越大。

火灾是国内外安全工作者特别关心的问题之一。目前世界上每年都会发生各种情况的火灾，给社会经济、人民生命财产造成无法估量的损失。燃烧学是研究火灾防治方法及技术的基础，同时，燃烧在工业部门有着广泛的应用背景。在世界总体能源结构中，以燃烧方式提供的能源所占比例高达80%～85%。燃烧技术不仅在冶金、电力、机械、化工、轻工、交通、农机等生产领域得到了广泛的应用，而且还渗透到日常生活的各个方面（如抽烟、烧饭、汽车等）。对于航空、航天、兵器这些特殊的技术领域，更是完全建筑在以燃烧技术为核心的综合技术基础之上，可以说没有燃烧就没有我们的现代文明。强化燃烧、节约能源、防火灭火、防止污染这四大问题是当今燃烧技术发展最迫切、最热门的课题，因此，燃烧学是安全工程专业及其他与燃烧过程有关专业的一门重要技术基础课。学好本课程对拓宽知识面和培养综合能力，以及在最大限度地利用燃烧使之为人类服务的同时，防止火灾的发生，以及迅速地扑灭已发生的火灾，有着极其重要的意义。

从化学观点看，在燃烧过程中，原来物质的分子结构遭到破坏，原子中的外层电子重新组合，经过一系列中间产物的变迁，最后产生了新的物质，即燃烧产物。在化学反应中，总的位能降低了，即所谓化学能降低了，这部分能量大都以热能和光能的形式释放出来，表观上形成了火焰。从物理观点看，首先，燃烧过程总是发生在物质流动系统中，这种流动可能是均相流也可能是多相流，流态可能是层流也可能是湍流；其次，燃烧现象总是在不均匀物质场条件下进行，多种物质组分间的混合、扩散在不断地进行着，甚至外界环境（如电磁场、重力场）对燃烧还会产生显著地影响，因此燃烧是一种物理和化学的综合变化过程，是一个复杂的不断变化着的动态过程，它是一门交叉学科。学习燃烧既要求有化学热力学、化学反应机理、化学平衡及化学反应动力学的一些基本知识，又要求对流体力学、气体动力学、传热与传质等学科的知识有一定的了解。

由于燃烧的复杂性，人们通常只按照自己的专业需要去研究燃烧中的某一方面的问题，例如：

化学家——研究燃烧的反应机构、反应速率、反应程度、燃烧产物的生成机理等问题；

热能工程师——研究锅炉等燃烧设备的设计，煤等燃料的燃烧技术及燃烧中的流体力学、传热、传质等热物理现象，燃烧设备的管理使用，燃烧能量的合理使用等；

汽车发动机专家——研究内燃机的设计，汽油、柴油等燃料的间隙式燃烧技术及做功效率等；

飞机发动机专家——研究航空发动机，航空燃料的稳态及非稳态燃烧技术及推进效率等；

火箭发动机专家——研究火箭发动机，推进剂的稳态及非稳态燃烧技术及推进效率等；

安全专家——研究火灾的防治，各种可燃物的着火、燃烧、爆炸及火焰熄灭等。

三、燃烧概述

燃烧是可燃物质与助燃物质（氧或其他助燃物质）发生的一种发光、发热的氧化反应。

在化学反应中，失掉电子的物质被氧化，获得电子的物质被还原。所以，氧化反应并不局限于与氧的反应，例如，氢气在氯气中燃烧生成氯化氢，氢原子失掉一个电子被氧化，氯原子获得一个电子被还原。类似地，金属钠在氯气中燃烧，炽热的铁在氯气中燃烧，都是激烈的氧化反应，并伴有光和热的发生。金属和酸反应生成盐也是氧化反应，但没有同时发光、发热，所以不能称作燃烧。灯泡中的灯丝通电后同时发光、发热，但并非氧化反应，所以也不能称作燃烧，只有同时发光、发热的氧化反应才被界定为燃烧。

燃烧是最典型的强烈的氧化反应，此外与氧化反应相类似的氟化、氯化、溴化等反应也是燃烧现象。在有两种组分参加的燃烧反应中，把放出活泼氧原子（或类似的原子）的物质称为氧化剂，而另一类组分就称为燃料。前者如氧、空气、发烟硝酸、双氧水等，后者如炭、氢气、汽油、煤油、天然气、木材、钾、镁、硫、硼等。此外，推进剂和火药则是靠药剂自身既提供氧化剂又提供可燃物的一种特殊材料。

可燃物在燃烧过程中，生成了与原来的物质完全不同的新物质。例如：

$$C+O_2 \longrightarrow CO_2$$

燃烧不仅在空气（氧）存在时能发生，有的可燃物在其他氧化剂中也能发生燃烧。例如：

$$H_2+Cl_2 \longrightarrow 2HCl$$

镁屑甚至能在二氧化碳中燃烧。在日常生活、生产中看到的燃烧现象，大都是可燃物与空气（氧）或其他氧化剂进行剧烈化合而发生的放热发光现象。实际上，燃烧不仅可以是化合反应，也可以是分解反应。从本质上讲，燃烧是剧烈的氧化还原反应。

随着现代科学的发展，人们对燃烧的认识不断深化，现在普遍认为，燃烧是一种自由基的链式反应。可燃物质的分子在高温或光照等外因作用下，吸收能量而活化，分解为活泼的原子或原子团，它们不同于普通的原子或原子团，带有不成对的电子，这种原子或原子团称为自由基。这些自由基非常活泼，一旦产生即诱发其他分子迅速地、一个接一个地自由分解，生成大量新的自由基，从而形成了蔓延扩张、循环传递的链式反应过程，直到不再产生新的自由基为止。

第二节 爆 炸

一、爆炸概述

爆炸是物质发生急剧的物理、化学变化，在瞬间释放出大量能量并伴有巨大声响的过程。在爆炸过程中，爆炸物质所含的能量快速释放，变为对爆炸物质本身、爆炸产物及周围介质的机械能。物质爆炸时，大量能量在极短的时间内，在有限体积内突然释放并聚积，形成高温高压，对邻近介质形成急剧的压力突变并引起随后的复杂运动。爆炸介质在压力作用下，表现出不寻常的运动或机械破坏效应，以及爆炸介质受振动而产生的音响效应。

爆炸常伴随发热、发光、高压、真空、电离等现象，并且具有很大的破坏作用。爆炸的破坏作用与爆炸物质的数量和性质、爆炸时的条件以及爆炸位置等因素有关。如果爆炸发生在均匀介质的自由空间，在以爆炸点为中心的一定范围内，爆炸力的传播是均匀的，并使这个范围内的物体粉碎、飞散。

爆炸的威力是巨大的，在遍及爆炸起作用的整个区域内，有一种令物体振荡、使之松散的力量。爆炸发生时，爆炸的冲击波最初使气压上升，随后气压下降使空气振动产生局部真空，呈现出所谓的吸收作用。由于爆炸的冲击波呈升降交替的波状气压向四周扩散，从而造成附近建筑物的振荡破坏。

化工装置、机械设备、容器等爆炸后，变成碎片飞散出去会在相当大的范围内造成危害。化工生产中属于爆炸碎片造成的伤亡占很大比例。爆炸碎片的飞散距离一般可达到100～500m。

爆炸气体扩散通常在爆炸的瞬间完成，对一般可燃物质不致造成火灾，而且爆炸冲击波有时能起灭火作用。但是爆炸的余热或余火，会点燃从破损设备中不断流出的可燃液体、蒸气而造成火灾。

二、燃烧与爆炸的区别

爆炸属于一种特殊的燃烧形式，火灾和爆炸之间的主要区别是能量释放的速率。火灾中能量释放很慢，而爆炸释放能量很快，通常是微秒级的。火灾可能由爆炸引起，爆炸也可能由火灾引起。

能量释放速率影响事故后果的一个很好的例子，就是通常的汽车轮胎。轮胎中的压缩空气含有一定的能量，如果能量通过喷嘴缓慢释放，轮胎就无害地缩小；如果轮胎突然破裂，轮胎内的压缩空气所有能量迅速释放，就会导致很危险的爆炸。

三、爆炸的分类

根据爆炸发生原因的不同，可将其分为物理爆炸、化学爆炸和核爆炸三大类。在研究化工工厂防火防爆技术中，通常只谈及物理爆炸和化学爆炸。

物理爆炸由物理变化所致，其特征是爆炸前后系统内物质的化学组成及化学性质均不发生变化。物理性爆炸主要是指压缩气体、液化气体和过热液体在压力容器内，由于某种原因使容器承受不住压力而破裂，内部物质迅速膨胀并释放大量能量的过程。例如蒸汽锅炉因水快速汽化，压力超过设备所能承受的强度而产生的锅炉爆炸；装有压缩气体的钢瓶受热爆炸等。

化学爆炸是由化学变化造成的，其特征是爆炸前后物质的化学组成及化学性质都发生了变化。化学爆炸可以是可燃气体和助燃气体的混合物遇到火源而引起的（如煤矿瓦斯爆炸）；也可以是可燃粉末与空气的混合物遇到火源而引起的（如粉尘爆炸）；但更多的是炸药以及爆炸性物品所引起的爆炸。化学爆炸的主要特点是：反应速率极快、放出大量热量、产生大量气体，只有上述三者同时具备的化学反应才能形成爆炸。

四、基本概念

（1）机械爆炸　这种爆炸是由装有高压非反应性气体的容器的突然失效造成的。

（2）爆燃　在这种爆炸中，反应前沿的移动速度低于声音在未反应介质中的传播速度。

（3）爆轰　在这种爆炸中，反应前沿的移动速度高于声音在未反应介质中的传播速度。

（4）受限爆炸　这种爆炸发生在容器或建筑物中。这种情况很普遍，并且通常导致建筑物中人员受到伤害和巨大的财产损失。

（5）无约束爆炸　无约束爆炸发生在空旷地区。这种类型的爆炸通常是由可燃性气体泄漏引起的。气体扩散并同空气混合，直到遇到引燃源。无约束爆炸比受限爆炸少，因为爆炸性物质常常被风稀释到低于燃烧下限（LFL）。这些爆炸都是破坏性的，因为通常会涉及大量的气体和较大的区域。

（6）沸腾液体扩展蒸气爆炸（BLEVE）　如果装有温度高于其在大气压下的沸点温度的

液体的储罐破裂，就会发生蒸气爆炸。紧接着的是容器内大部分物质的爆炸性汽化；如果汽化后形成的蒸气云是可燃的，还会发生燃烧或爆炸，当外部火焰烘烤装有易挥发性物质的储罐时，这种类型的爆炸就会发生。随着储罐内物质温度的升高，储罐内液体的蒸气压增加，由于受到烘烤，储罐的结构完整性降低。如果储罐破裂，过热液体就会爆炸性地汽化。

（7）粉尘爆炸　这种爆炸是由纤细的固体颗粒的快速燃烧引起的。许多固体物质（包括常见的金属，如铁和铝）变成纤细的粉末后就成了易燃物。

（8）冲击波　是沿气体移动的不连贯的压力波。敞开空间中的冲击波后面是强烈的大风；冲击波与风结合后称为爆炸波。冲击波中的压力增加得很快。因此，其过程几乎是绝热的。

（9）超压　超压是由冲击波引起的作用在物体上的压力。

思　考　题

1. 什么是燃烧的氧学说？
2. 什么是燃烧？什么是爆炸？两者有什么区别？
3. 化学爆炸三要素是什么？

第二章 燃烧及其灾害

第一节 燃烧条件

一、燃烧的定义

燃烧俗称着火，是指可燃物与氧化剂作用发生的放热反应，通常伴有火焰、发光和/或发烟的现象。燃烧具有三个特征，即化学反应、放热和发光。在化学反应中，失掉电子的物质被氧化，获得电子的物质被还原，所以，氧化反应并不限于同氧的反应。本书所指的燃烧除特别说明外，均指可燃物与空气中的氧混合所发生的燃烧反应。

二、燃烧条件

（一）燃烧三角形

燃烧的本质因素是燃料、氧化剂和引燃源，这些因素可通过如图 2-1 所示的燃烧三角形进行阐明，这三个因素就是我们通常所说的燃烧三要素。

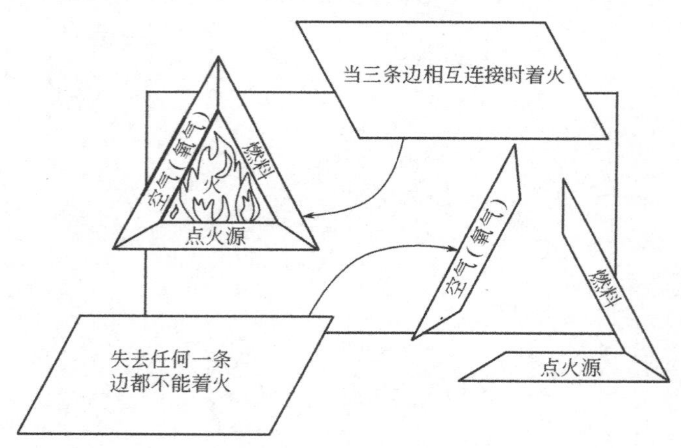

图 2-1　燃烧三角形

当燃料、氧化剂和引燃源处于所需要的水平时，燃烧就会发生。如果没有燃料或燃料量不足、没有氧化剂或氧化剂量不足、引燃源的能量不足以引发燃烧时，燃烧均不会发生。也就是说，燃烧三要素仅仅是燃烧发生的必要条件，而不是充分条件。

1. 燃烧极限

在可燃性气体混合物中，可燃气体与空气（或氧气）的比例只在一定的范围内才可以发生燃烧。高于或低于这个范围都不会燃烧。通常，把 1atm（101325Pa）下可燃气体在其与空气的混合物中能发生燃烧的最低体积浓度称为燃烧下限（lower flammability limit，LFL），而将最高体积浓度称为燃烧上限（upper flammability limit，UFL）。在燃烧上限与燃烧下限之间的浓度，则称为可燃物的燃烧浓度范围。

燃烧上限和燃烧下限的火灾危险性与具体的操作条件有关。正压操作情况下应该严防下限较低的危险物质，燃烧下限相对较低的物质少量泄漏就能达到燃烧浓度范围；负压操作应该严防上限低的危险物质，因为容器稍有泄漏，少量空气的进入就可以达到燃烧浓度范围。

表 2-1 列出某些可燃性气体和蒸气的燃烧极限数据。

表 2-1 某些可燃性气体和蒸气的燃烧极限数据

物质	下限(LFL)体积分数/%	上限(UFL)体积分数/%
碳氢化合物		
甲烷	5.0	15
乙烷	3.0	12.4
乙烯	2.7	36
丙烷	2.1	9.5
丁烷	1.8	8.4
1-丁烯	1.6	10
1,3-丁二烯	2.0	12.0
正戊烷	1.4	7.8
己烷	1.2	7.4
庚烷	1.05	6.7
乙炔	2.5	100
丙烯	2.4	11
环状化合物		
甲苯	1.2	7.1
二甲苯	1.1	6.4
苯乙烯	1.1	6.1
环丙烷	2.4	10.4
环己烷	1.3	7.8
环庚烷	1.1	6.7
甲基环己烷	1.1	6.7
氧化乙烯	3.6	100
氧化丙烯	2.8	37
一氯化物		
氯甲烷	7	—
氯乙烯	3.6	33
氯乙烷	3.8	—

物质	下限(LFL)体积分数/%	上限(UFL)体积分数/%
乙酸类		
乙酸	5.4	—
乙酸乙酯	2.2	11.0
乙酸戊酯	1.0	7.1
乙烯基乙酸酯	2.6	
醇类		
甲醇	6.7	36
乙醇	3.3	19
丙醇	2.2	14
异丙醇	2.0	11.8
1-丁醇	1.7	12.0
环已醇	1.2	
醚类		
二乙醚	1.9	36
二甲醚	3.4	27
甲基乙基醚	2.2	—
酮类		
丙酮	2.6	13
甲基乙基酮	1.4	10
醛类		
乙醛	4.0	60
丙醛	2.3	21
其他化合物		
一氧化碳	12.5	74
硫化氢	4.0	44
氨	15	28
氢	4.0	75

必须指出，在实际使用时，人们习惯上将燃烧极限与爆炸极限看成是一回事，互换使用，即燃烧上限也称为爆炸上限，燃烧下限也称为爆炸下限，事实上这是不准确的，对有些物质，达到燃烧的最低体积浓度和达到爆炸的最低体积浓度是不一样的，对有些物质达到最高体积浓度的数值也是不一样的，如氢气在空气中的体积浓度达到 4%就可以燃烧，但要达到 18.3%才发生爆炸。表 2-2 列出了一些燃烧极限和爆炸极限差别较大的常见气体。

表 2-2 燃烧极限和爆炸极限差别较大的常见气体比较

混合物	下限(LFL),体积分数/%		上限(UFL),体积分数/%	
	燃烧	爆炸	爆炸	燃烧
H_2-O_2	4.65	15	90	94
H_2-空气	4.0	18.3	59	74
CO-O_2(潮湿)	15.5	38	90	93.9
(CO+H_2)-空气	12.5	19	58.7	74.2
C_2H_2-空气	2.5	4.2	50	80
$C_4H_{10}O$(乙醚)-O_2	2.1	2.6	40	82
$C_4H_{10}O$-空气	1.85	2.8	4.5	36.5

2. 极限氧浓度（LOC）

燃烧三角形表明一般没有氧是不会发生燃烧的。但对可燃性气体而言，并不是在任何氧浓度下都可以发生燃烧，存在一个可引起燃烧的最低氧浓度，即极限氧浓度（LOC）。低于极限氧浓度时，燃烧反应就不会发生，因此极限氧浓度也称为最小氧浓度（MOC），或者最大安全氧浓度（MSOC）。从安全角度考虑可燃性气体的防火防爆时，极限氧浓度就是可燃混合气体中氧的最高允许浓度。对可燃性气体常采取的防火防爆措施之一就是在混合物体系中提高惰性气体的浓度，从而降低氧的浓度，使其降低至极限氧浓度以下，这种通过稀释氧浓度而防火防爆的方法被称为可燃气体的惰化防爆。各种可燃性气体的极限氧浓度在不同的惰性气体中是不同的。表 2-3 列出了部分可燃气体的极限氧浓度。

表 2-3 部分可燃气体的极限氧浓度（体积分数） 单位：%

气体或蒸气	N_2/Air	CO_2/Air	气体或蒸气	N_2/Air	CO_2/Air
甲烷	12	14.5	煤油	10(150℃)	13(150℃)
乙烷	11	13.5	天然气	12	14.5
丙烷	11.5	14.5	二氯甲烷	19(30℃)	—
正-丁烷	12	14.5		17(100℃)	—
异丁烷	12	15	1,2-二氯乙烷	13	—
正-戊烷	12	14.5		11.5(100℃)	—
异戊烷	12	14.5	三氯乙烷	14	—
正-己烷	12	14.5	三氯乙烯	9(100℃)	—
正-庚烷	11.5	14.5	丙酮	11.5	14
乙烯	10	11.5	二硫化碳	5	7.5
丙烯	11.5	14	一氧化碳	5.5	5.5
1-丁烯	11.5	14	乙醇	10.5	13
异丁烯	12	15	乙醚	10.5	13
丁二烯	10.5	13	氢气	5	5.2
3-甲基-1-丁烯	11.5	14	硫化氢	7.5	11.5
苯	11.4	14	甲酸异丁酯	12.5	15
甲苯	9.5	—	甲醇	10	12
苯乙烯	9.0	—	乙酸甲酯	11	13.5
乙苯	9.0	—	汽油		
甲基苯乙烯	9.0	—	(73/100)	12	15
二乙基苯	8.5	—	(100/130)	12	15
环丙烷	11.5	14	(115/145)	12	14.5

极限氧浓度表示燃烧反应时氧气的量占燃烧反应物质总量的百分数，因此通过简单变换，可以由燃烧下限来计算极限氧浓度。

$$\mathrm{LOC}=\frac{\text{氧气的量}}{\text{燃烧反应物总量}}=\frac{\text{燃料的量}}{\text{燃烧反应物总量}}\times\frac{\text{氧气的量}}{\text{燃料的量}}=\mathrm{LFL}\frac{\text{氧气的量}}{\text{燃料的量}}=\mathrm{LFL}(z) \quad (2\text{-}1)$$

式中，z 为燃烧反应中氧的化学当量系数。

$$\text{燃料}+zO_2 \longrightarrow \text{燃烧产物}$$

z 可以通过具体化合物的燃烧化学反应方程来确定。

【例 2-1】 估算丁烷（C_4H_{10}）的 LOC。

解 该反应的化学计算是：

$$C_4H_{10}+6.5O_2 \longrightarrow 4CO_2+5H_2O$$

已知丁烷的 LFL 为 1.9%。根据式（2-1）有：

$$\mathrm{LOC}=\frac{\text{燃料的物质的量}}{\text{总物质的量}}\times\frac{\text{氧气的物质的量}}{\text{燃料的物质的量}}=\mathrm{LFL}\frac{\text{氧气的物质的量}}{\text{燃料的物质的量}}$$

代入有关数据，得到：

$$\mathrm{LOC}=1.9\%\times6.5=12.4\%$$

通过增加氮气、二氧化碳或水蒸气，直到氧浓度小于 12.4%，阻止丁烷的燃烧。然而，并不建议添加水蒸气，因为在任何情况下，冷凝水将会把氧气浓度重新带回可燃范围之内。

3. 最小引燃能（MIE）

各种可燃性物质或爆炸性混合物，包括粉尘，在外界火源作用下被引燃或引爆时都存在一个最小的引燃能量或点燃能量，称为最小引燃能（MIE）。低于这个能量就不会发生燃烧或爆炸。因此，最小引燃能是表示可燃性混合物爆炸危险性的一项重要参数，该能量越小爆炸危险性就越大。表 2-4 列出一些化合物的最小引燃能。

有实验研究表明混合物的压力增加时引燃能降低，而且氧气浓度增加时引燃能随之减小，表明引燃能随氧气浓度降低而减小。此外，粉尘的引燃能比可燃性气体的引燃能要高

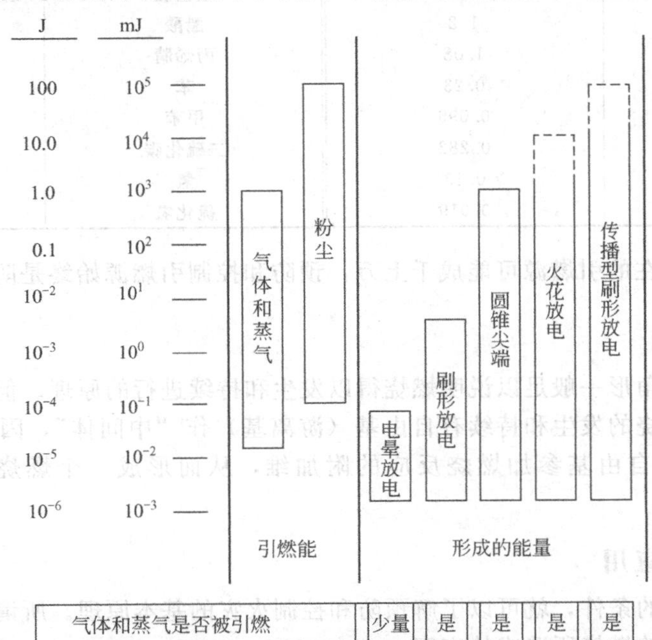

	电晕放电	刷形放电	圆锥尖端	火花放电	传播型刷形放电
气体和蒸气是否被引燃	少量	是	是	是	是
粉尘是否被引燃	否	否	是	是	是

图 2-2 引燃源释放能量与可燃性气体及粉尘最小引燃能的比较

得多。

另一方面，不同的引燃源产生的引燃能量是不同的。引起火灾或爆炸的引燃源很多，有统计报道多达数千种。常见的主要引燃源有明火类，如吸烟、火柴、燃气炉、电焊火花等；冲击或摩擦类，如物体下落撞击产生火花、物体之间摩擦生热或产生火花；高温类，如高温蒸汽管道表面、加热炉和加热釜等高温物体及其表面；静电类，包括静电放电等。各种引燃源产生的能量大小需要根据实际的情况来实验测定，目前还没有非常标准的数据可供参考，但有些引燃源的能量范围也有一些估算的数据可以参考。比如，普通的火花塞放出的能量约为25mJ，在地毯上行走摩擦产生的静电能量可达22mJ。对比表2-4中的可燃性气体的引燃能可见，这些能量足以使大多数碳氢化合物引燃引爆，非常危险。许多形式的静电放电能量已有一些估算的数据，如图2-2所示。将这些能量范围与可燃性气体以及粉尘的最小引燃能比较，可以预测引燃引爆的可能性。

表2-4　一些化合物的最小引燃能

化学物质	最小引燃能/mJ	化学物质	最小引燃能/mJ
甲烷	0.28	乙醛	0.376
乙烷	0.25	丙醛	0.32
丙烷	0.25	丙烯乙醛	0.13
丁烷	0.25	丙酮	1.15
异丁烷	0.52	丁酮	0.27
异戊烷	0.21	二乙醚	0.19
己烷	0.24	二甲醚	0.29
庚烷	0.24	醋酸乙酯	0.46
环丙烷	0.17	甲醇	0.14
环己烷	0.22	异丙醇	0.65
环戊烷	0.23	乙胺	2.4
环氧乙烷	0.065	三乙胺	1.15
氯丁烷	1.2	醋酸	0.62
氯丙烷	1.08	丙烯腈	0.16
氧化丙烷	0.23	苯	0.20
乙烯	0.096	甲苯	2.5
丙烯	0.282	二硫化碳	0.009
1,3-丁二烯	0.13	氢	0.019
乙炔	0.019	硫化氢	0.077

必须注意，潜在的引燃源可能成千上万，预防和控制引燃源始终是防火防爆极其重要的环节。

（二）燃烧四面体

经典的燃烧三角形一般足以说明燃烧得以发生和持续进行的原理。但是根据燃烧的链式反应理论，很多燃烧的发生和持续有自由基（游离基）作“中间体”，因此燃烧三角形应扩大到包括一个说明自由基参加燃烧反应的附加维，从而形成一个燃烧四面体，如图2-3所示。

三、燃烧条件的应用

掌握发生燃烧的条件，就可以了解预防和控制火灾的基本原理。所谓火灾，是指在时间或空间上失去控制的燃烧所造成的灾害。

（一）防火方法

根据燃烧四面体，可以提出以下防火方法。

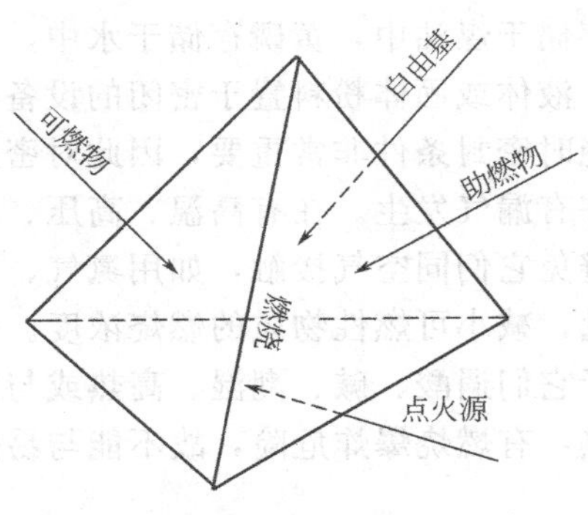

图 2-3 燃烧四面体

1. 控制可燃物

燃料是燃烧发生最根本的要素，因此消除或控制燃料是防火的根本措施。不过一般情况下，不可能完全消除燃料，而更多的是采取有效措施控制燃料，以达到防火的目的。燃料有气体、液体和固体之分，且种类繁多、性质各异，实际情况非常复杂，需根据具体的情况采取不同的措施。

一般对气态可燃物，可根据燃料的燃烧极限、密度等特性控制，使其不形成爆炸性混合气体。如在密闭容器内的可燃气体，可以改变浓度，控制在燃烧极限浓度范围内，避免燃烧爆炸；如果是在较大室内空间散发出可燃性气体或蒸气，则可以通过加强通风换气的方式，防止形成爆炸性气体混合物。通风排气口应根据气体密度选择设在上部或下部。对易燃易爆气体采用机械通风时还要注意通风过程引发的燃烧与爆炸，必要时要对气体进行惰性气体稀释，遇温度较高气体时对通风设备及仪表要有耐热保护，对于含有爆炸粉尘的气体则还要先进行除尘处理等。

对于液态可燃物，可利用其闪点、燃点等特性进行控制。通过降低液体的温度，降低液面上可燃蒸气的浓度，使其低于燃烧浓度下限，即使该液体的温度低于其闪点。或通过加入不燃液体，提高混合液体的闪点，减少爆炸危险性。例如用水稀释乙醇就可以提高乙醇混合液体的闪点。

对于固态可燃物，则可根据其汽化温度、分解温度、燃点、自燃点等特性参数来控制。固体物质一般要先熔融蒸发或分解成可燃性气体方能被点燃或引起自燃而燃烧，因此通过降低温度、屏蔽保护、添加阻燃剂或其他阻燃处理都可以防止火灾发生或抑制火灾发展。硫、磷等单质物质受热时先熔化，然后蒸发为蒸气而燃烧，因此控制温度极为重要。而聚合物、木材等高分子材料则在超过其分解温度时分解成可燃性气体，引发燃烧，因此添加阻燃剂，提高分解温度，或使分解气体成为不可燃成分，或减少分解成分都可以降低火灾发生的可能性。阻燃的方法很多，通过表面涂覆阻燃涂料也可以起到保护的作用。当然，用难燃材料代替可燃材料则更安全。还有一些物质彼此接触也会发生燃烧，如电石与水接触产生的乙炔气体，极易燃烧，因此必须对电石采取措施防潮。而活泼金属钾、钠等遇水（包括空气中的水分），能发生剧烈反应，放出易燃气体和热量，极易燃烧爆炸，也必须防止两者的接触。此类遇水反应放出可燃气体和热量从而引发燃烧的物质还有轻金属及其合金、钠、钾、金属氢化物（氢化钾/氢化铝）、硼氢化物；金属磷化物，如磷化钙[$Ca_3P_2+6H_2O=3Ca(OH)_2+2PH_3+Q$]、磷化锌；金属硅化物，如 $Mg_2Si+4H_2O=2Mg(OH)_2+SiH_4+Q$。

2. 隔绝空气

将空气、氧气或其他助燃物质与可燃性气体、液体或固体隔绝，避免相互接触，可以避免发生燃烧或爆炸，如将钠存储于煤油中，黄磷存储于水中，二硫化碳用水封存等可以起到这样的作用。将可燃性气体、液体或固体粉料置于密闭的设备中储存或操作，可以防止它们与空气接触而燃烧。密闭隔绝时密封条件非常重要，因此对密封圈材料、管件接头、压力设备等的要求非常严格，不容许有漏气发生。在有高温、高压、易燃、易爆气体的生产中，采用惰性气体加以保护也可以避免它们同空气接触，如用氮气、二氧化碳、水蒸气等，它们的作用是隔绝空气或降低氧含量，减小可燃性物质的燃烧浓度。另外，对于氧化剂，如过氧化物、氯酸钾、硝酸钾等，由于它们遇酸、碱、潮湿、高热或与还原剂、易燃物质接触能迅速分解，放出氧原子和大量的热，有燃烧爆炸危险，故不能与易燃物质同储。

3. 消除或控制点火源

点火源是指能够使可燃物与助燃物（包括某些爆炸性物质）发生燃烧或爆炸的能量来源。这种能量来源常见的是热能，还有电能、机械能、化学能、光能等。根据产生能量的方式的不同，点火源可分成明火焰（有焰燃烧的热能）、高温物体（无焰燃烧或载热体的热能）、电火花（电能转变为热能）、撞击与摩擦（机械能变为热能）、绝热压缩（机械能变为热能）、光线照射与聚焦（光能变为热能或光引发连锁反应）、化学反应放热（化学能变为热能）七类。

虽然并不是所有可燃物质的燃烧都需要火源，但绝大多数火灾是由火源引发的，因此消除或控制火源对防火极其重要。

（1）蒸气明火焰的点燃与控制措施　常见的明火焰有火柴火焰、打火机火焰、蜡烛火焰、煤炉火焰、液化石油气灶具火焰、工业蒸汽锅炉火焰、酒精喷灯火焰、气焊气割火焰等。

经实验证明，绝大多数明火焰的温度超过 700℃，而绝大多数可燃物的自燃点低于 700℃。所以，在一般条件下，只要明火焰与可燃物接触（有助燃物存在），可燃物经过一定时间加热便会被点燃。当明火焰与爆炸性混合气体接触时，气体分子会因火焰中的自由基和离子的碰撞及火焰的高温而引发连锁反应，瞬间导致燃烧或爆炸。当明火焰与可燃物之间有一定距离时，火焰散发的热量通过传导、对流、辐射三种方式向可燃物传递，促使可燃物升温，当温度超过可燃物自燃点时，可燃物将被点燃。在明火焰与可燃物之间的传热介质为空气时，通常只考虑它们之间的辐射换热；在传热介质为固体不燃材料时，通常只考虑它们之间的传导传热。在实际中曾有过液化石油气灶具火焰经 2h 左右点燃 13cm 远木板墙壁而造成火灾的事例。在火场上也有油罐火灾时的冲天火焰点燃周围 50m 以内地面上杂草的事例。

对于明火焰的常见控制对策大致有以下几点。

① 对于储存易燃物品的仓库，应有醒目的“禁止烟火”等安全标志，严禁吸烟，入库人员严禁带入火柴、打火机等火种。

② 烘烤、熬炼、蒸馏使用明火加热炉时，应用砖砌实体墙完全隔开。烟道、烟囱等部位与可燃建筑结构应用耐火材料隔离，操作人员必须临场监护。

③ 使用气焊气割、喷灯进行安装或维修作业时，应遵守规章制度办理动火证，危险场所备好灭火器材，确认安全无误后才能动火。

（2）高温物体的点燃及其控制对策　所谓高温物体一般是指在一定环境中向可燃物传递热量，能够导致可燃物着火的具有较高温度的物体。高温物体按其本身是否燃烧可分为无焰燃烧放热（如木炭火星）和载热体放热（如电焊金属熔渣）两类；按其体积大小可分为较大体积的和微小体积两类。

常见较大体积的高温物体有铁皮烟囱表面、火炕及火墙表面、电炉子、电熨斗、电烙铁、白炽灯泡及碘钨灯泡表面、铁水、加热的金属零件、蒸汽锅炉表面、热蒸汽管及暖气片、高温反应器及容器表面、高温干燥装置表面、汽车尾气排气管等。

常见微小体积的高温物体有烟头、烟囱火星、蒸汽机车和船舶的烟囱火星、发动机排气管排出的火星、焊割作业的金属熔渣等，另外还有撞击或摩擦产生的微小体积的高温物体，如砂轮磨铁器产生的火星、铁制工具撞击坚硬物体产生的火星、带铁钉鞋摩擦坚硬地面产生的火星等。

对高温物体的常见控制对策如下。

① 铁皮烟囱　一般烧煤的炉灶烟囱表面温度在接近炉灶处可超过500℃，在烟囱垂直伸到平房屋顶天棚处，烟囱表面温度往往也能达到200℃左右，因此，应避免烟囱接近可燃物，烟囱通过可燃材料时应用耐火材料隔离。

② 发动机排气管　汽车、拖拉机、柴油发电机等运输或动力工具的发动机是一个温度很高的热源。发动机燃烧室内的温度一般可达2000℃，排气管的温度随管的延长逐渐降低，在排气口处，温度一般还可能高达150～200℃，因此，在汽车进入棉、麻、纸张、粉尘等易燃物品储存场所时，应保证路面清洁，防止排气管高温表面点燃易燃物品。

③ 无焰燃烧的火星　煤炉烟囱、蒸汽机车烟囱、船舶烟囱及汽车和拖拉机排气管飞出的火星是各种燃料在燃烧过程中产生的微小炭粒及其他复杂的炭化物等，这些火星一般处于无焰燃烧状态，温度可达350℃以上，若与易燃的棉、麻、纸张及可燃气体、蒸气、粉尘等接触便有点燃危险。因此，规定汽车进入火灾爆炸危险场所时，排气管上应安装火星熄灭器（俗称防火帽）；蒸汽机车进入火灾爆炸危险场所时烟囱上应安设双层钢丝网、蒸汽喷管等火星熄灭装置；在码头及车站货场上装卸易燃物品时，应注意严防来往船舶和机车烟囱飞出的火星点燃易燃物品；蒸汽机车进入货场时应停止清灰，防止炉渣飞散到易燃物品附近而造成火灾。

④ 烟头　无焰燃烧的烟头是一种常见的引火源。烟头中心部温度在700℃左右，表面温度为200～300℃。烟头一般能点燃沉积状态的可燃粉尘、纸张、可燃纤维、二硫化碳蒸气及乙醚蒸气等，因此，在储运或加工易燃物品的场所，应采取有效的管理措施，设置“禁止吸烟”安全标志，严防有人吸烟，乱扔烟头。

⑤ 焊割作业金属熔渣　气焊气割作业时产生的熔渣，温度可达1500℃；电焊作业时产生的熔渣，温度要超过2000℃，熔渣粒径大小一般在0.2～3mm。在地面作业时熔渣水平飞散距离可达0.5～1m，在高处作业时熔渣飞散距离较远。熔渣在飞散或静止状态下，温度随时间的延长而逐渐下降。一般来说，熔渣粒径越大，飞散距离越近，环境温度越高，则熔渣越不容易冷却，也就越容易点燃周围的可燃物。

在动火焊接检修设备时，应办理动火证。动火前应撤除或遮盖焊接点下方和周围的可燃物品和设备，以防焊接飞散出的熔渣点燃可燃物。

⑥ 照明灯　白炽灯泡表面温度与功率有关，60W灯泡可达137～180℃，100W灯泡可达170～216℃，200W灯泡可达154～296℃，1000W的碘钨灯的石英玻璃管表面温度可高达500～800℃，400W的高压汞灯玻璃壳表面温度可达180～250℃。易燃物品与照明灯接触便有被点燃的危险，因此，在有易燃物品的场所，照明灯下方不应堆放易燃物品；在散发可燃气体和可燃蒸气的场所，应选用防爆照明灯具。

⑦ 其他高温物体　电炉的电阻丝在通电时呈赤热状态，能点燃任何可燃物。火炉、火炕及火墙等表面，在长时间加热温度较高时，能点燃与之接触的织物、纸张等可燃物。工业锅炉、干燥装置、高温容器的表面若堆放或散落有易燃物，如浸油脂的废布、衣物、包装

袋、废纸等，在长时间蓄热条件下都有被点燃的危险。化学危险物品仓库内存放的二硫化碳、黄磷等自燃点较低的物品，若一旦泄漏接触到暖气片（温度100℃左右）也会被立即点燃。因此，在储运或生产加工过程中，应针对高温物体采取相应的控制对策，如使高温物体与可燃物保持一定安全距离、用隔热材料遮挡等。

(3) 电火花的点燃及其控制对策　电火花是一种电能转变成热能的常见引火源。常见的电火花有电气开关开启或关闭时发出的火花、短路火花、漏电火花、接触不良火花、继电器接点开闭时发出的火花、电动机整流子或滑环等器件上接点开闭时发出的火花、过负荷或短路时保险丝熔断产生的火花、电焊时的电弧、雷击电弧、静电放电火花等。

通常的电火花，因其放电能量均大于可燃气体、可燃蒸气、可燃粉尘与空气混合物的最小点火能量，所以，都有可能点燃这些爆炸性混合物。雷击电弧、电焊电弧因能量很高，能点燃任何一种可燃物。

对电火花的主要控制对策包括以下几个方面。

① 防雷电主要对策

a. 对直击雷采用避雷针、避雷线、避雷带、避雷网等，引导雷电进入大地，使建筑物、设备、物资及人员免遭雷击，预防火灾爆炸事故的发生。

b. 对雷电感应，应采取将建筑物内的金属设备与管道以及结构钢筋等予以接地的措施，防放电火花引起火灾爆炸事故。

c. 对雷电侵入波应采用阀型避雷器、管型避雷器、保护间隙避雷器、进户线接地等保护装置，预防电气设备因雷电侵入波影响造成过电压，避免击毁设备，防止火灾爆炸事故，保证电气设备的正常运行。

② 防静电火花的主要对策

a. 采用导电体接地消除静电。接地电阻不应大于1000Ω。防静电接地可与防雷、防漏电接地相连并用。

b. 在爆炸危险场所，可向地面洒水或喷水蒸气等，通过增湿法防止电介质物料带静电。该场所相对湿度一般应大于65%。

c. 绝缘体（如塑料、橡胶）中加入抗静电剂，使其增加吸湿性或离子性而变成导电体，再通过接地消除静电。

d. 利用静电中和器产生与带电体静电荷极性相反的离子，中和消除带电体上的静电。

e. 爆炸危险场所中的设备和工具，应尽量选用导电材料制成，如将传动机械上的橡胶带用金属齿轮和链条代替等。

f. 控制气体、液体、粉尘物料在管道中的流速，防止高速摩擦产生静电，管道应尽量减少摩擦阻力。

g. 爆炸危险场所中，作业人员应穿导电纤维制成的防静电工作服及导电橡胶制成的导电工作鞋，不准穿易产生静电的化纤衣服及不易导除静电的普通鞋。

(4) 撞击和摩擦的点燃及其控制对策　撞击和摩擦属于物体间的机械作用。一般来说，在撞击和摩擦过程中机械能转变成热能。当两个表面粗糙的坚硬物体互相猛烈撞击或摩擦时，往往会产生火花或火星，这种火花实质上是撞击和摩擦物体产生的高温、发光的固体微粒。

撞击和摩擦发出的火花通常能点燃沉积的可燃粉尘、棉花等松散的易燃物质，以及易燃的气体、蒸气、粉尘与空气的爆炸性混合物。实际中的火镰引火、打火机（火石型）点火都是撞击和摩擦火花具体应用的实例。实际中也有许多撞击和摩擦火花引起火灾的案例，如铁器互相撞击点燃棉花、乙炔气体等。在易燃易爆场所，不能使用铁制工具，而应使用铜制或木制工具；不准穿带钉鞋，地面应为不发火花地面等。

硬度较低的两个物体，或一个较硬与另一个较软的物体之间互相撞击和摩擦时，由于硬度较低的物体，通常熔点、软化点较低，则使物体表面变软或变形，因而不能产生高温发光的微粒，即不能产生火花。但撞击和摩擦的机械能转变成的热能却会点燃许多易燃易爆的物质。实际中也有许多撞击和摩擦发热引起火灾的案例，如爆炸性物质、氧化剂及有机过氧化物等受振动、撞击和摩擦而引起的火灾爆炸事故；车床切削下来的废铁屑（温度很高）点燃周围可燃物而造成的火灾事故等。在装卸搬运爆炸性物品、氧化剂及有机过氧化物等对撞击和摩擦敏感度较高的物品时，应轻拿轻放，严禁撞击、拖拉、翻滚等，以防引起火灾和爆炸；对于车床切削应有冷却措施；对机械传动轴与轴套，应定期加润滑油，以防摩擦发热引燃轴套附近散落的可燃粉尘等。

（5）绝热压缩点燃及其控制对策　绝热压缩点燃是指气体在急剧快速压缩时，气体温度会骤然升高，当温度超过可燃物自燃点时，发生的点燃现象。气体绝热压缩时的温度升高值可通过理论计算和实验求得。据计算，体积为10L、压力为1atm（1atm＝101325Pa）、温度为20℃的空气，经绝热压缩使体积压缩成1L，这时的压力可达21.1atm，温度会升高到463℃。如果压缩的程度再大（压缩后的体积再小一些），则温度上升会更高。在生产加工和储运过程中应注意这种点火危险。设想在一条高压气体管路上安设两个阀门，阀门预先是关闭的，两阀门之间的管路较短，管内存留有低压空气。当快速开启接近高压气源一端的阀门时，两阀门间的空气会受到高压气体的压缩，由于时间很短，这一压缩过程可近似地看成绝热的。如果高压气体的压力足够高，则会使两阀门之间管路内的空气急剧升高温度，达到很高的温度。如果阀门或管路连接法兰中的密封件是可燃的或易熔、易分解的，这时则会发生泄漏，导致火灾爆炸事故。另外，如果阀门之间的管路中的气体或高压气体是可燃的，或者高压气体是氧气，则会因这种绝热压缩作用，有可能引起混合气体爆炸或引起铁管在高压氧气流中的燃烧等事故。因此，在开启高压气体管路上的阀门时，应缓慢开启，以避免这种点火现象。

在化学纤维工业生产中也有绝热压缩点火的实例。如大量黏胶纤维胶液注入反应容器时，由于黏胶纤维胶液中包含有空气气泡，胶液由高处向下投料便使空气气泡受到绝热压缩而升高温度，因而使容器底部残留的二硫酸碳蒸气发生爆炸或燃烧。在生产和使用液态爆炸性物质（如硝酸甘油、硝化乙二醇、硝酸甲酯、硝酸乙酯、硝基甲烷等）和熔融态炸药（如梯恩梯、苦味酸、特屈儿等）以及某些氧化剂与可燃物的混合物（如过氧化氢与甲醇的混合物）时，物料中若混有气泡，便会因撞击或高处坠落而发生这种绝热压缩点火现象。

（6）光线照射和聚焦的点燃及其控制对策　光线照射和聚焦点燃主要是指太阳热辐射线对可燃物的照射（暴晒）点火和凸透镜、凹面镜等类似物体使太阳热辐射线聚焦点火。另外，太阳光线和其他一些光源的光线还会引发某些自由基链式反应，如氢气与氯气、乙炔与氯气等爆炸性混合气体在日光或其他强光（如镁条燃烧发出的光）的照射会发生爆炸，这种情况也应引起注意。

日光照射引起露天堆放的硝化棉发热而造成的火灾在国内已发生多起。因此，易燃易爆物品应严禁露天堆放，避免日光暴晒。还应对某些易燃易爆容器采取洒水降温和加设防晒棚措施，以防容器受热膨胀破裂，导致火灾爆炸。

日光聚焦点火引起的火灾也时有所闻。引起聚焦的物体大多为类似凸透镜和凹面镜的物体，如盛水的球形玻璃鱼缸及植物栽培瓶、四氯化碳灭火弹（球状玻璃瓶）、塑料大棚积雨水形成的类似凸透镜、不锈钢圆底（球面一部分）锅及道路反射镜的不锈钢球面镶板等。因此，对可燃物品仓库和堆场，应注意日光聚焦点火现象。易燃易爆化学物品仓库的玻璃应涂白色或用毛玻璃。

(7) 化学反应放热的点燃及其控制对策　化学反应放热能够使参加反应的可燃物质和反应后的可燃产物温度升高，当超过可燃物自燃点时，则使其发生自燃。能够发生自燃的物质在常温、常压条件下发生自燃都属于这种化学反应放热点火现象，这类点火现象举例如下。

① 黄磷在空气中与氧气反应生成五氧化二磷，并放出热量，导致自燃。其反应式为：

$$P_4+5O_2 = P_4O_{10}+3098.23\text{kJ}$$

② 金属钠与水反应生成氢氧化钠与氢气，并放出热量，导致氢气和钠自燃。其反应式为：

$$2Na+2H_2O = 2NaOH+H_2+371.79\text{kJ}$$

③ 过氧化钠与甲醇反应生成氧化钠、二氧化碳及水，反应放出热量，而导致自燃。其反应式为：

$$CH_3OH+3Na_2O_2 = 3Na_2O+CO_2+2H_2O$$

能发生化学反应放热点火现象的物质有自燃物品、遇湿易燃物品、氧化剂与可燃物的混合物等。对能自燃的物质，生产加工与储运过程中应避免造成化学反应的条件，如自燃物品隔绝空气储存；遇湿易燃物品隔绝水储存及防雨雪、防潮等；氧化剂隔绝可燃物储存；混合接触有自燃危险的两类物品分类分库和隔离储存等。

另外，还有一类放热反应，反应过程中的反应物和产物都不是可燃物，反应放出的热量不能造成反应体系自身发生自燃，但可以点燃与反应体系接触的其他可燃物，造成火灾爆炸事故，如生石灰与水反应放热点燃与之接触的木板、草袋等可燃物。生石灰与水发生的放热反应为：

$$CaO+H_2O = Ca(OH)_2+64.9\text{kJ}$$

反应放热能使氢氧化钙的温度升高到 792.3℃（56kg 氧化钙与 18kg 水反应），这一温度超过了木材等可燃物的自燃点，因此能引起木材燃烧造成火灾。能发生此类化学反应放热点火现象的物质还有许多，如漂白精、五氧化二磷、过氧化钠、过氧化钾、五氯化磷、氯磺酸、三氯化铝、三氧化二铝、二氯化锌、三溴化磷、浓硫酸、浓硝酸、氢氟酸、氢氧化钠、氢氧化钾等遇水都会发生放热反应导致周围可燃物着火。因此，对易发热的物质应避免使用可燃包装材料，储运中应加强通风散热，以防化学反应放热点火引起火灾爆炸事故。

以上简要介绍的能够引起火灾爆炸的七大类点火源，尚未包括原子能、微波（一种电磁波）能、冲击波能等能量来源，但这些能量都可归入七大类点火源中，例如原子能可看作是化学能转变成热能，可归入化学反应放热点火源；微波可看作是电能转变为热能，可归入电火花点火源；冲击波可以看作是绝热压缩作用由机械能转变成热能，可归入绝热压缩点火源。系统中的点火能量因素是系统发生火灾爆炸事故的最重要因素，因此控制和消除点火源也就成为防止一个系统发生火灾爆炸事故的最重要手段。在实际防火工作中，应针对产生点火源的条件和点火源释放能量的特点，采取控制和消除点火源的技术措施及管理措施，以防止火灾爆炸事故的发生。

(二) 灭火方法

根据燃烧四面体，可以提出以下灭火方法。

1. 隔离法

将可燃物质同燃烧火场隔离开，燃烧就会停止，如管道泄漏可燃性气体或液体着火，可以将燃料管道的阀门关闭，隔绝燃料与火场，则燃烧即可停止。将可燃物从火场中移走，远离未燃烧的可燃物，则燃烧因缺乏燃料而熄灭。在火场和邻近的可燃物之间形成水幕或其他阻火区域，造成隔火带，燃烧因缺乏新的燃料，也会因燃料燃尽而熄灭。

2. 窒息法

窒息法是在燃烧过程中消除氧或其他助燃剂成分，使燃烧反应因缺少助燃物质而停止燃烧。采取的措施包括阻止助燃物质进入火焰区，或用惰性介质或阻燃物质稀释助燃物质，使燃烧得不到足够的氧化剂而熄灭。例如用石棉布、砂土等不燃或难燃材料覆盖燃烧物，隔绝空气；向燃烧区内通入水蒸气、氮气、二氧化碳等惰性气体；封盖门窗阻止新鲜空气进入室内，使燃烧窒息等。

3. 冷却法

对燃烧物体进行降温，使其降低至着火温度以下，使燃烧停止。如用水等灭火剂喷洒到燃烧物上，或喷洒到邻近未燃的可燃物或易燃易爆设备上，使之降温，降温达到一定程度时可以避免新的燃烧或避免发生爆炸。

4. 抑制法

燃烧四面体为抑制法提供了理论依据，这种方法的原理是，使灭火剂参与到燃烧反应中去，它可以销毁燃烧过程中产生的自由基，形成稳定分子或低活性自由基，从而使燃烧反应终止。

根据燃烧的条件，防火和灭火最根本的原理就是防止燃烧条件的形成和破坏已形成的燃烧条件。

第二节 物质燃烧历程及形式

一、燃烧历程

可燃物质的燃烧一般是在气相中进行的。由于可燃物质的状态不同，其燃烧历程也不尽相同。

气态物质最易燃烧，燃烧所需要的热量只用于本身的氧化分解，并使其达到着火点。气体在极短的时间内就能全部燃尽。

液态物质在火源作用下，先蒸发成蒸气，而后氧化分解进行燃烧。与气体燃烧相比，液体燃烧消耗更多的热量，因为部分热量用于使液体蒸发为蒸气。

固体燃烧有两种情况，对于硫、磷等简单物质，受热时首先熔化，而后蒸发为蒸气进行燃烧，无分解过程；对于复杂物质，受热时首先分解生成气态和液态产物，而后气态产物和液态产物蒸气着火燃烧。

各种物质的燃烧过程如图 2-4 所示。由图 2-4 可知，任何可燃物质的燃烧都经历氧化分解、着火、燃烧等阶段。物质燃烧过程的温度变化如图 2-5 所示。$T_{初}$ 为可燃物质开始加热的温度，初始阶段，加热的大部分热量用于可燃物质的熔化或分解，温度上升比较缓慢。温度到达 $T_{氧}$，可燃物质开始氧化，由于温度较低，氧化速率不快，氧化产生的热量尚不足以抵消向外界的散热。此时若停止加热，尚不会引起燃烧，如继续加热，温度上升很快，到达 $T_{自}$，即使停止加热，温度仍自行升高，到达 $T'_{自}$ 就着火燃烧起来。这里，$T_{自}$ 是理论上的自燃点，$T'_{自}$ 是开始出现火焰的温度，为实际测得的自燃点，$T_{燃}$ 为物质的燃烧温度。由 $T_{自}$ 到 $T'_{自}$ 间的时间间隔称为燃烧诱导期，或着火延滞期，在安全上有一定实际意义。

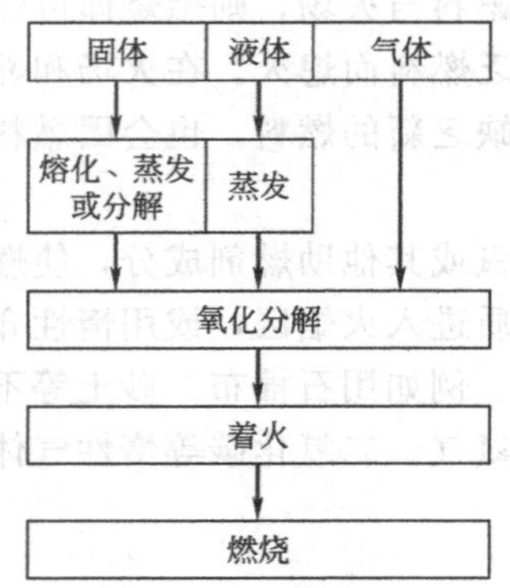

图 2-4 各种物质的燃烧过程

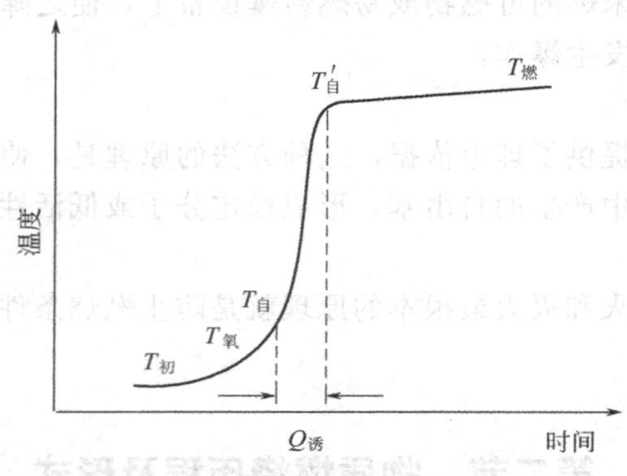

图 2-5 物质燃烧过程的温度变化

二、燃烧的形式

可燃物质和助燃物质存在的相态、混合程度和燃烧过程不尽相同，其燃烧形式也是多种多样的。

1. 均相燃烧和非均相燃烧

按照可燃物质和助燃物质相态的异同，可分为均相燃烧和非均相燃烧。均相燃烧是指可燃物质和助燃物质间的燃烧反应在同一相态进行，如氢气在氧气中的燃烧，煤气在空气中的燃烧。非均相燃烧是指可燃物质和助燃物质并非同一相态，如石油（液相）、木材（固相）在空气（气相）中的燃烧。与均相燃烧比较，非均相燃烧比较复杂，需要考虑可燃液体或固体的加热，以及由此产生的相变化。

2. 预混燃烧和扩散燃烧

可燃气体与助燃气体燃烧反应有预混燃烧和扩散燃烧两种形式。可燃气体与助燃气体预先混合而后进行的燃烧称为预混燃烧。可燃气体由容器或管道中喷出，与周围的空气（或氧气）互相接触扩散而产生的燃烧，称为扩散燃烧。预混燃烧速率快、温度高，一般爆炸反应属于这种形式。在扩散燃烧中，由于与可燃气体接触的氧气量偏低，通常会产生不完全燃烧的炭黑。

3. 蒸发燃烧、分解燃烧和表面燃烧

可燃固体或液体的燃烧反应有蒸发燃烧、分解燃烧和表面燃烧几种形式。

蒸发燃烧是指可燃液体蒸发出的可燃蒸气的燃烧。通常液体本身并不燃烧，只是由液体蒸发出的蒸气进行燃烧。很多固体或不挥发性液体经热分解产生的可燃气体的燃烧称为分解燃烧，如木材和煤大都是由热分解产生的可燃气体进行燃烧。而硫黄和萘这类可燃固体是先熔融、蒸发，再进行燃烧，也可视为蒸发燃烧。

可燃固体和液体的蒸发燃烧和分解燃烧，均有火焰产生，属火焰型燃烧。当可燃固体燃烧至分解不出可燃气体时，便没有火焰，燃烧继续在所剩固体的表面进行，称为表面燃烧。金属燃烧即属表面燃烧，无汽化过程，无需吸收蒸发热，燃烧温度较高。

此外，根据燃烧产物或燃烧进行的程度，还可分为完全燃烧和不完全燃烧。

第三节　燃烧的种类

根据燃烧发生的瞬间特点的不同，燃烧可以分为闪燃、点燃、自燃和爆炸四个种类。

一、闪燃及闪点

(一) 概念

液体表面都有一定量的蒸气存在，由于蒸气压的大小取决于液体的温度，因此，蒸气的浓度也由液体的温度所决定。可燃液体表面的蒸气与空气形成的混合气体与火源接近时会发生瞬间燃烧，出现瞬间火苗或闪光，这种现象称为闪燃。闪燃的最低温度称为闪点。可燃液体之所以会发生一闪即灭的现象，主要因为液体在闪燃温度下蒸发速率慢，所蒸发出来的蒸气仅能维持短时间的燃烧，而来不及提供足够的蒸气补充维持燃烧，故闪燃一下就熄灭了。可燃液体的温度高于其闪点时，随时都有燃烧的危险。

闪点这个概念主要适用于可燃液体。某些可燃固体，如樟脑和萘等，也能升华为蒸气，因此也有闪点。闪点是用来描述液体火灾爆炸危险性的主要参数之一，闪点越低，火灾危险性就越大；反之，则越小。

(二) 闪点的测量

闪点可使用如图 2-6 所示的克里夫兰开杯闪点测定仪来确定。需要测定的液体置于开口杯中。使用温度计测量液体温度，使用本生灯（煤气灯）加热液体。在可移动的短棒的末端点燃形成微弱的火焰。加热期间，短棒在敞开的液池上方来回缓慢地移动，最终达到某一温度，在该温度液体挥发出足够多的可燃性蒸气，并产生瞬间的闪燃火焰。首先发生这一现象的温度称为闪点。需要注意的是，在闪点处，仅仅产生瞬间火焰；较高一点的温度称为燃点，在该点产生连续的火焰。

开杯闪点测定过程存在的问题是开杯上方的空气流动可能会改变蒸气浓度而使实验测定的闪点值偏高，为了防止出现这些情况，更多新式的闪点测定方法都采用闭杯式。对于这种仪器，在杯的顶部有一个需要手工打开的小门。液体放在预先加热的杯中，并停留一段时间，随后打开这个小门，液体暴露于火焰中。

值得引起注意的是，不同资料来源的闪点数据常有一些出入，这是因为在测定闪点时存在如下一些影响因素。

(1) 点火源的大小与离液面的距离　点火火焰过大，由于点火能量大，测得试样的闪点值偏低。可燃液体蒸气在液面上有一个浓度梯度（开杯式更为显著），火源距离液面越近，测得试样的闪点值就越偏低，因此测试时点火火焰大小及离液面距离应恒定。

(2) 加热速率　加热过快，液相温度梯度较大，导致液面上试样蒸气分布不均，测得的

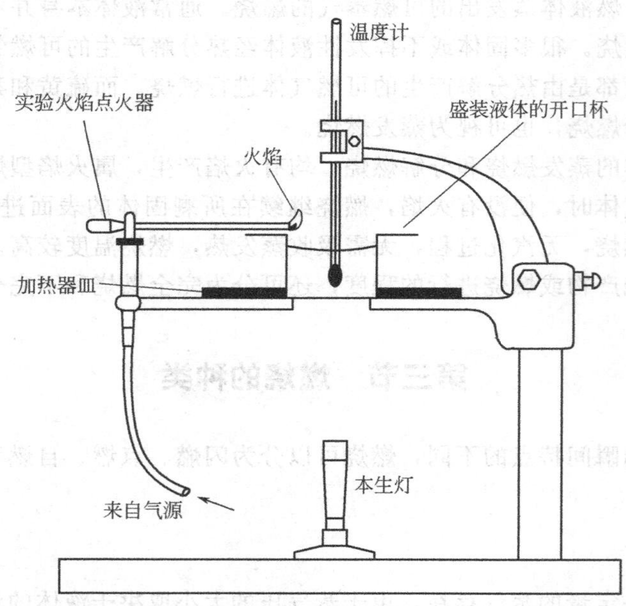

图 2-6 克里夫兰开杯闪点测定仪

闪点值偏高。

(3) 试样的均匀程度 在测试过程中，要进行搅拌，否则试样浓度不均（温度也不均），影响测定数值。

(4) 试样的纯度 能溶于水的试样，随水分含量的增高，闪点升高。

(5) 测试容器 用闭杯式时，试样蒸气不散失，故测得的闪点值要比开杯式测得的数值低，因此在用开杯式闪点测定时，环境的气流变化要小，尽可能用屏风遮挡，即便使用闭杯式测定时，也应避免盖子不必要的开启。

(6) 大气压力的影响 在 1atm 以下，测得的闪点值偏低；大气压力在大于 1atm 时，测得的闪点值偏高，因此，在测试时要按实际气压进行修正。

(三) 闪点的估算

Satyanarayana 和 Rao 指出，纯物质的闪点同液体的沸点关联得很好。使用如下的方程，能够使超过 1200 种化合物的闪点值的预测误差低于 1%。

$$T_f = a + \frac{b(c/T_b)^2 e^{-c/T_b}}{(1-e^{-c/T_b})^2} \tag{2-2}$$

式中，T_f 是闪点，K；T_b 是物质的沸点，K；a、b 和 c 是常数，见表 2-5，K。

表 2-5 a、b、c 的取值

化学分类	a	b	c
烃	225.1	537.6	2217
醇	230.8	390.5	1780
胺	222.4	416.6	1900
酸	323.2	600.1	2970
醚	275.9	700.0	2879
硫黄	238.0	577.9	2297
酯	260.8	449.2	2217
酮	260.5	296.0	1908

续表

化学分类	a	b	c
卤	262.1	414.0	2154
醛	264.5	293.0	1970
含磷化合物	201.7	416.1	1666
含氮化合物	185.7	432.0	1645
石油馏分	237.9	334.4	1807

如果多组分混合物中仅有一种组分是可燃的，并且如果该可燃组分的闪点已知，那么就可以估算该混合物的闪点。这种情况下，通过确定在某温度下混合物中的可燃组分的蒸气压等于该组分在纯净状态下闪点时的蒸气压来估算混合物的闪点。对于可燃组分超过一种的多组分混合物，推荐使用实验测定闪点。

【例 2-2】 甲醇的闪点为 12.2℃，该温度下的蒸气压为 62mm Hg（1mmHg＝133.322Pa）。请问质量分数分别为 75％甲醇和 25％水的混合溶液的闪点是多少？

解 使用拉乌尔（Raoult）定律确定每一组分的摩尔分数。假设有 100g 的溶液，求解步骤如下。

项目	质量/g	分子量	物质的量	摩尔分数
水	25	18	1.39	0.37
甲醇	75	32	2.34	0.63
合计	—	—	3.73	1.00

运用 Raoult 定律计算纯甲醇的蒸气压（p^{sat}），根据闪燃所需分压：

$$p = x p^{sat}$$

$$p^{sat} = p/x = 62/0.63 = 98.4\ (\text{mmHg})$$

运用蒸气压随温度变化的图表，见图 2-7，得到该溶液的闪点为 20.5℃。

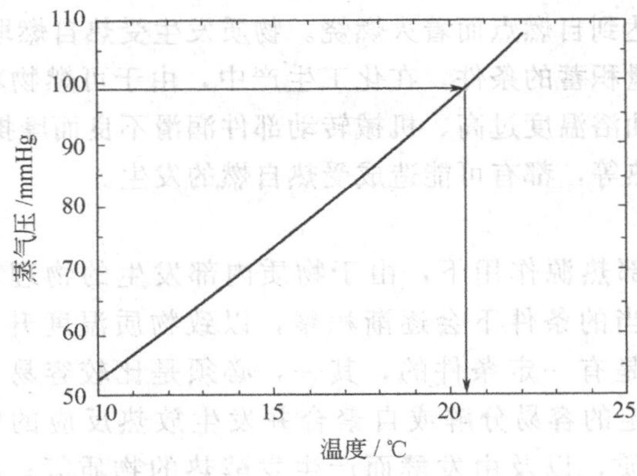

图 2-7 甲醇的饱和蒸气压

二、点燃及燃点

可燃物与火源接触，达到某一温度，产生有火焰的燃烧并在火源移去后能持续燃烧 5min 以上的现象称为点燃。点燃的最低温度称为燃点，可燃液体的燃点约高于其闪点 5～20℃，但闪点在 100℃以下时，两者往往相同。在没有闪点数据的情况下，可以用燃点衡量其火灾危险程度，物质的燃点越低，则越易着火，危险性越大。也可以用燃点表征物质的火灾爆炸危险程度。几种典型物质的燃点数据见表 2-6。

表 2-6　一些物质的燃点

物质名称	燃点/℃	物质名称	燃点/℃
黄磷	34	棉花	210
硫黄	207	布匹	200
蜡烛	190	松木	250
纸张	130	橡胶	120

燃点在消防中的应用如下。

① 控制可燃物温度，使其在燃点以下，以防止起火。

② 根据燃点，确定燃烧固体类别。易燃固体是指燃点小于或等于300℃的固体，如木材、棉花；可燃固体是指燃点高于300℃的固体。

③ 根据燃点，决定火场抢救物质的先后。在火场上，如果燃点不同的物质处在相同的条件下，受到火源作用时，燃点低的先着火，易蔓延。因此在抢救时，要先抢救或冷却燃点低的物质。

燃点对于可燃固体和闪点比较高的可燃液体，则具有实际意义。根据可燃物的燃点高低，可以衡量其火灾危险程度，以便在防火和灭火工作中采取相应的措施。

对于易燃液体来说，其燃点比闪点高1～5℃。因此，在评定易燃液体的火灾危险时，一般以闪点为参数。

三、自燃及自燃点

在无外界火源的条件下，物质自行引发的燃烧称为自燃。自燃的最低温度称为自燃点。物质自燃有受热自燃和自热自燃两种类型。

（一）受热自燃

当有空气或氧存在时，可燃物虽未与明火直接接触，但在外部热源的作用下，由于传热而使可燃物温度上升，达到自燃点而着火燃烧。物质发生受热自燃取决于两个条件，一是要有外部热源；二是有热量积蓄的条件。在化工生产中，由于可燃物料靠近或接触高温设备、烘烤过度、熬炼油料或油浴温度过高、机械转动部件润滑不良而摩擦生热、电气设备过载或使用不当造成温升而加热等，都有可能造成受热自燃的发生。

（二）自热自燃

某些物质在没有外部热源作用下，由于物质内部发生的物理、化学或生化过程而产生热量，这些热量在适当的条件下会逐渐积聚，以致物质温度升高，达到自燃点而着火燃烧。引起自热自燃也是有一定条件的，其一，必须是比较容易产生反应热的物质，例如，那些化学性质不稳定的容易分解或自聚合并发生放热反应的物质，能与空气中的氧作用而产生氧化热的物质，以及由发酵而产生发酵热的物质等；其二，此类物质要具有较大的比表面积或是呈多孔隙状的，如纤维、粉末或重叠堆积的片状物质，并有良好的绝热和保温性能；其三，热量产生的速率必须大于向环境散发的速率。满足了上述三个条件，自热自燃才会发生。

因此预防自热自燃的措施，也就是要设法防止这三个条件的形成。物质自热自燃有如下几种类型。

1. 由于氧化热积蓄引起的自燃

油脂类的自燃主要是含有大量不饱和脂肪酸的甘油酯，如亚麻油、桐油、棉籽油等，当其双键在空气中氧化时会放出较高的热量。不饱和油脂的自燃能力与不饱和程度有关，通常油脂的不饱和度用碘值来表示，碘值（以 I_2 计）小于 80mg/100g 的油脂通常不会自燃，亚麻油的碘值较高，所以亚麻油具有较大的自燃性，动物油次之，而矿物油若非废油或其中掺有植物油，一般不能自燃。油脂类自燃与其所处条件有关，含油破布、棉纱、木屑等由于有很大氧化表面能引起自热自燃，而油脂盛于容器中或倒出成薄膜状时不会自燃。

煤的自热自燃是由于煤的氧化与吸附作用的结果，尤以氧化为主。

金属硫化物如硫化铁极易自燃，在硫化染料、二硫化碳、石油炼制与某些气体燃料的生产中，由于设备受腐蚀而生成的硫化铁，在接触空气时，便有可能引起自燃。

硫化铁类的自燃主要是在常温下发生氧化。

$$FeS_2+O_2 \longrightarrow FeS+SO_2$$

$$FeS+\frac{3}{2}O_2 \longrightarrow FeO+SO_2$$

$$2FeO+\frac{1}{2}O_2 \longrightarrow Fe_2O_3$$

在化工生产中，由于硫化氢的存在生成硫化铁的机会较多，如设备腐蚀。在常温下：

$$2Fe(OH)_3+3H_2S \longrightarrow Fe_2S_3+6H_2O$$

在 310℃以上：

$$2H_2S+O_2 \longrightarrow 2H_2O+2S$$

$$4FeS+S \longrightarrow 2Fe_2S_3$$

$$Fe_2O_3+4H_2S \longrightarrow 2FeS_2+3H_2O+H_2\uparrow$$

上述反应均为放热反应，因此极易自燃。

2. 由分解发热而引起的自燃

积蓄分解热而引起自燃的物质有硝化棉、赛璐珞和有机过氧化物等。硝化棉，由于化学不稳定性，即使在常温下也会产生微量的 NO 气体，NO 在空气中氧化为 NO_2，NO_2 又起着促进硝化棉分解的自催化作用，加速硝化棉的分解。硝化棉分解放热，使温度进一步提高，当达到 180℃时，就会自燃起火，引起爆炸性燃烧。乙醇（或异丙醇）可以吸收因分解而生成的 NO 或 NO_2，使硝化棉失去自催化作用，从而提高了硝化棉的稳定性。所以市售或储存的硝化棉应浸润在乙醇或异丙醇混合液中，防止成干燥状态而发生自燃。

3. 由于聚合热、发酵热引起的自燃

在高分子工业中，对具有较高化学活性的单体，在聚合时由于反应失控，在储存时由于未加入阻聚剂或加入量不足或存在促聚作用的物质，使聚合作用自发进行，放出大量聚合热，使温度升高，聚合反应加速，放出更大量的热量，使系统压力升高，造成容器或管道破裂，泄漏出来的物质遇空气而自燃。如环氧丙烷、丁二烯等均有可能由于聚合热的产生而引发爆炸和自燃。

未经充分干燥的木屑、麦草等由于水分的存在，植物因细菌活动放出热量，在散热条件不良时，热量聚积而使温度上升，达到自燃点而引发燃烧。

4. 由于化学品混合接触而引起的自燃

某些化学品与空气接触或者在互相混合时发热而引起自燃，属于这一类的物质在储存、运输、制造或使用时，有可能引起火灾事故，这种物质又可分为以下三类。

（1）接触空气而自行燃烧的物质　这类物质大都自燃点较低，与空气接触会迅速氧化发热而引起自燃，如黄磷、磷化氢等。黄磷的自燃点低，约为 30℃，遇空气强烈氧化，很快使温度升到自燃点而自燃，因此必须把黄磷储存在有水的密闭的容器中。

（2）接触水分能引起自燃的物质　属于这一类的物质有碱金属钾、钠及磷化钙、硼氢化物等。遇水反应：

$$2Na+2H_2O \longrightarrow 2NaOH+H_2\uparrow+Q(\text{热量})$$

$$NaH+H_2O \longrightarrow NaOH+H_2\uparrow+Q\ (\text{热量})$$

$$B_2H_6+6H_2O \longrightarrow 2H_3BO_3+6H_2\uparrow+Q\ (\text{热量})$$

在反应中析出氢，同时放出反应热导致氢气的自行燃烧。

还有某些金属硅化物，如 Mg_2Si、Fe_2Si 等，在水汽的作用下析出氢化硅，氢化硅在空气中能自行着火燃烧。其反应如下：

$$Mg_2Si+4H_2O \longrightarrow 2Mg(OH)_2+SiH_4+Q(\text{热量})$$

（3）相互混合引起自燃的物质　属于这一类的物质很多，如压缩氧气、氯气、溴、硝酸、过氧化钠、高锰酸钾、铬酐、氯酸盐、漂白粉等，大都为氧化剂，当它们遇到有机物时就能因反应放热而自行燃烧。乙炔、氢气、甲烷等与氯气，在光能作用下能剧烈燃烧并析出单质碳。如：

$$C_2H_2+Cl_2 \longrightarrow 2HCl+2C$$

（三）自燃点的测定及影响因素

用自燃点测试仪可测定可燃液体或气体的自燃点。

由引燃机理知，自燃点（引燃温度）不是一个恒定的物理常数，是随一系列条件的变化而变化的。其影响因素如下。

1. 可燃物浓度

可燃气（蒸气）-空气混合气有各种配比，在可燃极限范围内，其组分为化学计算量时，自燃点最低。

2. 压力

压力愈高，自燃点愈低；压力愈低，自燃点愈高。表 2-7 给出了汽油在不同压力下测得的自燃点。

表 2-7　汽油自燃点与压力的关系

压力/MPa	自燃点/℃	压力/MPa	自燃点/℃
0.1	480	1.5	290
0.5	350	2.0	280
1.0	310	2.5	250

3. 容器

试样容器的直径、材质以及表面的物理状态对自燃点的测定值有影响。容器的直径越小，越易散热，自燃点测定值便越高。不同的容器材质对自燃点也有影响，如汽油在铁管中测得的自燃点是 680℃，在石英管中测得的是 585℃，而在铂坩埚中测得的是 390℃。

4. 添加剂或杂质

含有过氧基化合物的烃类试样，自燃点会降低；而含卤素或卤代烷，则对烃类燃烧起抑制作用，自燃点升高。

5. 固体物质的粉碎度

粉碎度越细，粒径越小，其自燃点越低，见表 2-8。

表 2-8　不同粒度硫铁矿的自燃点

筛子网眼尺寸/mm	自燃点/℃
0.20～0.15	406
0.15～0.10	401
0.10～0.086	400

对于受热分解后，析出气体的固体物质，析出气体越多，自燃点越低。

四、爆炸

按照爆炸的能量来源可将其分为物理爆炸、化学爆炸和核爆炸三大类。在研究化工工厂防火防爆技术中，通常只谈及物理爆炸和化学爆炸。如图 2-8 所示，对爆炸类型进行了归类。表 2-9 给出了这几种爆炸类型的典型例子。

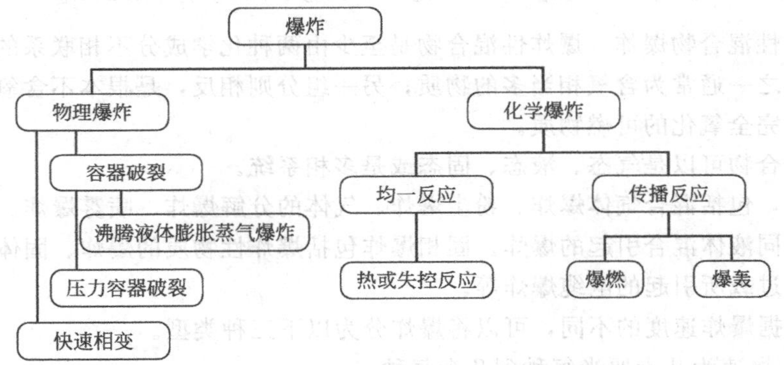

图 2-8　不同爆炸类型之间的关系图

表 2-9　各种爆炸类型举例

爆炸类型	举　例
快速相变	用泵将热油送入盛水的容器中 管线阀门打开，使水进入热油中
沸腾液体膨胀蒸气爆炸	热水加热器因腐蚀发生故障 丙烷储罐破裂
容器破裂	盛有高压气体容器发生机械故障 盛有气体的容器出现过压 过压时压力释放装置失效
均一反应	连续搅拌反应器出现热失控
传播反应	燃料罐内可燃蒸气的燃烧 管线内可燃蒸气的燃烧

1. 物理爆炸

物理爆炸由物理变化所致，其特征是爆炸前后系统内物质的化学组成及化学性质均不发生变化。

2. 化学爆炸

化学爆炸是由化学变化造成的，其特征是爆炸前后物质的化学组成及化学性质都发生了变化。化学爆炸按爆炸对所发生的化学变化的不同又可分为三类。

（1）简单分解爆炸　引起简单分解爆炸的爆炸物，在爆炸时并不一定发生燃烧反应。爆炸能量是由爆炸物分解时产生的。属于这一类的有叠氮类化合物（如叠氮铅、叠氮银等）、乙炔类化合物（如乙炔铜、乙炔银等），这类物质是非常危险的，受轻微振动即能起爆。如：

$$PbN_6 \xrightarrow{振动} Pb + 3N_2$$

爆速可达 5123m/s。

（2）复杂分解爆炸　这类物质爆炸时有燃烧现象，燃烧所需的氧由自身供给。如硝化甘油的爆炸反应：

$$C_3H_5(ONO_2)_3 \longrightarrow 3CO_2 + 2.5H_2O + 1.5N_2 + 0.25O_2$$

（3）爆炸性混合物爆炸　爆炸性混合物是至少由两种化学成分不相联系的组分所构成的系统。混合物之一通常为含氧相当多的物质；另一组分则相反，是根本不含氧的或含氧量不足以发生分子完全氧化的可燃物质。

爆炸性混合物可以是气态、液态、固态或是多相系统。

气相爆炸，包括混合气体爆炸、粉尘爆炸、气体的分解爆炸、喷雾爆炸。液相爆炸包括聚合爆炸及不同液体混合引起的爆炸。固相爆炸包括爆炸性物质的爆炸、固体物质混合引起的爆炸和电流过载所引起的电缆爆炸等。

另外，根据爆炸速度的不同，可以将爆炸分为以下三种类型。

① 轻爆：爆速为几十厘米每秒到几米每秒。

② 爆炸：爆速为 10m/s 到数百米每秒。

③ 爆轰：爆速为 1km/s 到数千米每秒。

第四节　燃烧机理

一、活化能理论

物质分子间发生化学反应，首先的条件是分子相互碰撞。在标准状态下，单位时间、单位体积内气体分子相互碰撞约 10^{28} 次。但相互碰撞的分子不一定发生反应，而只有少数具有一定能量的分子相互碰撞才会发生反应，这种分子称为活化分子。活化分子所具有的能量要比普通分子高出一定值。这种高过分子平均能量的定值，可使分子活化并参加反应，使普通分子变为活化分子所必需的能量称为活化能。

活化能的理论可用图 2-9 说明，纵坐标表示所研究系统分子能量，横坐标表示反应过程。若系统由状态Ⅰ转变为状态Ⅱ，由于状态Ⅰ的能量大于状态Ⅱ的能量，所以该过程是放热的，其反应热效应等于 Q_v，Q_v 即等于状态Ⅰ与状态Ⅱ的能级差。状态 K 的能级大小相当于使反应发生所必需的能量，所以状态 K 的能级与状态Ⅰ的能级之差等于正向反应的活化能（ΔE_1），状态 K 与状态Ⅱ的能级之差等于逆向反应的活化能（ΔE_2），ΔE_1 与 ΔE_2 之差（$\Delta E_1 - \Delta E_2$）等于反应热效应。

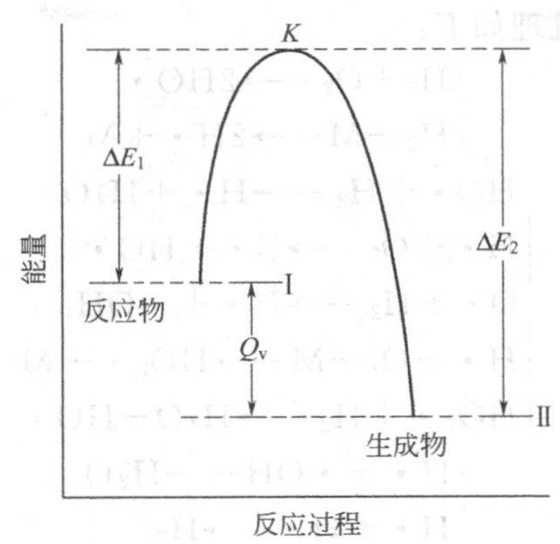

图 2-9　活化能理论示意图

二、过氧化物理论

气体分子在各种能量（热能、辐射能、电能、化学反应能等）作用下可被活化。在燃烧反应中，首先是氧分子在热能作用下活化，被活化的氧分子形成过氧键—O—O—，这种基团加在被氧化物分子上而成为过氧化物。此种过氧化物是强氧化剂，不仅能氧化形成过氧化物的物质，而且也能氧化其他较难氧化的物质。

如在氢和氧的反应中，先生成过氧化氢，而后是过氧化氢再与氢反应生成 H_2O。其反应式如下：

$$H_2+O_2 \longrightarrow H_2O_2$$

$$H_2O_2+H_2 \longrightarrow 2H_2O$$

在有机过氧化物中，通常可看作是过氧化氢 H—O—O—H 的衍生物，即在其中有一个或两个氢原子被烷基所取代而生成 H—O—O—R。所以过氧化物是可燃物质被氧化的最初产物，是不稳定的化合物，能在受热、撞击、摩擦等情况下分解甚至引起燃烧或爆炸。如蒸馏乙醚的残渣中常由于形成过氧乙醚（C_2H_5—O—O—C_2H_5）而引起自燃或爆炸。

三、链式反应理论

根据链式反应理论，气态分子间的作用，不是两个反应分子直接简单作用得到最后生成物，而是由一连串的反应组成的。该反应只要一经引发生成自由基，就会相继发生一系列基元反应。先由自由基（活性基团）与另一分子起作用，从而产生新的自由基和产物，新的自由基又迅速参与反应，如此下去，直到反应物消耗殆尽，或通过外加因素使链中断而停止反应。

链式反应通常分直链反应与支链反应两大类。

氯和氢的反应是典型的直链反应，其基元反应机理如下：

链的引发
$$Cl_2 \longrightarrow 2Cl\cdot$$

链的传递
$$\begin{cases} Cl\cdot+H_2 \longrightarrow HCl+H\cdot \\ H\cdot+Cl_2 \longrightarrow HCl+Cl\cdot \end{cases}$$

链的终止
$$\begin{cases} H\cdot+Cl\cdot \longrightarrow HCl \\ Cl\cdot+Cl\cdot \longrightarrow Cl_2 \\ H\cdot+H\cdot \longrightarrow H_2 \end{cases}$$

氢和氧的反应是典型的支链反应。在支链反应中，链发生分支生成多于一个的自由基，使反应变得更为复杂。反应机理如下：

链的引发
$$\begin{cases} H_2+O_2 \longrightarrow 2HO\cdot \\ H_2+M \longrightarrow 2H\cdot+M \end{cases}$$

链的传递
$$\begin{cases} HO\cdot+H_2 \longrightarrow H\cdot+H_2O \\ H\cdot+O_2 \longrightarrow O\cdot+HO\cdot \\ O\cdot+H_2 \longrightarrow H\cdot+\cdot OH \\ H\cdot+O_2+M \longrightarrow HO_2\cdot+M \\ HO_2\cdot+H_2 \longrightarrow H_2O+HO\cdot \end{cases}$$

链的终止
$$\begin{cases} H\cdot+\cdot OH \longrightarrow H_2O \\ H\cdot+H\cdot \longrightarrow H_2 \end{cases}$$

任何链式反应都由三个阶段组成，即链的引发、链的传递和链的终止。

大多数碳氢化合物的燃烧反应进行得比较缓慢，因为碳氢化合物的燃烧是一种退化的支链反应，即新的链环要依靠中间生成物分子的分解才能发生，且分子结构越复杂其反应机理也越复杂。

以甲烷的燃烧过程为例，其完全燃烧的当量反应式为：

$$CH_4+2O_2 \longrightarrow CO_2+2H_2O$$

该反应式是最终的反应式，整个过程由链引发、链支化和链终止构成。在反应过程存在一系列的基元反应，基元反应中含有一些反应活性很高的自由基中间体，如$\cdot H$、$\cdot OH$、$\cdot CH_3$等，这些自由基在火焰中瞬时存在，正是这些自由基迅速地消耗着燃料物质，它们的浓度通过一系列的生成反应而维持着。甲烷燃烧过程中主要的基元反应如下。

$$CH_4+M == \cdot CH_3+H\cdot+M \tag{1}$$
$$CH_4+\cdot OH == \cdot CH_3+H_2O \tag{2}$$
$$CH_4+H\cdot == \cdot CH_3+H_2 \tag{3}$$
$$CH_4+O\cdot\cdot == \cdot CH_3+\cdot OH \tag{4}$$
$$O_2+H\cdot == O\cdot+\cdot OH \tag{5}$$
$$\cdot CH_3+O_2 == CH_2O+\cdot OH \tag{6}$$
$$CH_2O+O\cdot\cdot == \cdot CHO+\cdot OH \tag{7}$$
$$CH_2O+\cdot OH == \cdot CHO+H_2O \tag{8}$$
$$CH_2O+H\cdot == \cdot CHO+H_2 \tag{9}$$
$$H_2+O\cdot\cdot == H\cdot+\cdot OH \tag{10}$$
$$H_2+\cdot OH == H\cdot+H_2O \tag{11}$$
$$\cdot CHO+O\cdot\cdot == CO+\cdot OH \tag{12}$$
$$\cdot CHO+\cdot OH == CO+H_2O \tag{13}$$
$$\cdot CHO+H\cdot == CO+H_2 \tag{14}$$
$$CO+\cdot OH == CO_2+H\cdot \tag{15}$$
$$H\cdot+\cdot OH+M == H_2O+M \tag{16}$$
$$H\cdot+H\cdot+M == H_2+M \tag{17}$$
$$H\cdot+O_2+M == HO_2\cdot+M \tag{18}$$

式中，M为任意第三反应物，参加自由基的链引发和链终止反应，如反应（1）、（13）、（14）、（16）、（17）。甲烷燃烧的速率可由反应（2）～（4）的消耗反应表示，即

$$\frac{-\mathrm{d}[CH_4]}{\mathrm{d}t}=k_b[CH_4][\cdot OH]+k_c[CH_4][H\cdot]+k_d[CH_4][O\cdot\cdot]$$

$$=(k_b[\cdot OH]+k_c[H\cdot]+k_d[O\cdot\cdot])[CH_4] \tag{2-3}$$

式中，k 为反应系数；方括号内表示浓度；由式（2-3）可见，甲烷的消耗速率直接与反应体系中的自由基浓度有关。而自由基浓度取决于自由基的引发反应（1）和终止反应（13）、（14）、（16）、（17）。此外，如果支链反应（5）非常活跃，则会产生活性极大的氧自由基，这会导致自由基的浓度大大地增加。由反应（4）、（7）、（10）可见，一个氧自由基可以产生两个其他自由基，大大增加了体系中自由基的浓度。按照支链反应（5），有些观点认为，在燃烧火焰中 H· 自由基的作用非常关键，如果其他分子能与氧竞争氢自由基［如反应（3）、（9）、（14）］，则这种导致自由基成倍增长的支链反应（5）即可被阻止或减弱，有利于阻燃。

第五节　燃烧极限及计算

一、燃烧极限的概念

可燃性气体或蒸气预先按一定比例与空气均匀混合后点燃，较缓慢的扩散过程已经在燃烧以前完成，燃烧速率仅取决于化学反应速率。在这样的条件下，气体的燃烧就有可能达到爆炸的程度。这种可燃气体或蒸气与空气的混合物，称为爆炸性混合气。这种混合气并不是在任何混合比例下都是可燃烧或爆炸的，而且混合的比例不同，燃烧的速率也不同。由实验可知，当混合物中可燃气体的含量接近化学当量时，燃烧最快或最剧烈；若含量减少或增加，火焰传播速度均下降；当浓度高于或低于某一极限值时，火焰便不再蔓延。所以可燃气体或蒸气与空气（或氧）组成的混合物在点火后可以使火焰蔓延的最低浓度，称为该气体或蒸气的燃烧下限；同理，能使火焰蔓延的最高浓度称为燃烧上限。浓度在燃烧下限以下或燃烧上限以上的混合物是不会着火或爆炸的。浓度在燃烧下限以下时，体系内含有过量的空气，由于空气的冷却作用，阻止了火焰的蔓延，此时活化中心的销毁数大于产生数。同样，当浓度在燃烧上限以上时，含有过量的可燃性物质，空气（氧）不足，火焰也不能蔓延，但此时若补充空气，是有火灾或爆炸危险的。故对燃烧上限以上的可燃气（蒸气）-空气混合气不能认为是安全的。

可燃性气体（蒸气）的爆炸极限可按标准 GB/T 12474—2008 规定的方法测定。爆炸极限一般用可燃性气体（蒸气）在混合物中的体积分数（φ/%）来表示，有时也用单位体积中可燃物含量来表示（单位符号为 g/m^3 或 mg/L）。

二、燃烧极限的影响因素

燃烧极限值是随多种不同条件影响而变化的，但如果掌握了外界条件变化对燃烧极限的影响规律，那么在一定条件下测得的燃烧极限就有一定的参考价值，其主要的影响因素介绍如下。

1. 起始温度

爆炸性气体混合物的起始温度越高，则燃烧极限范围越宽，即燃烧下限降低而燃烧上限增高。因为系统温度升高，其分子内能增加，这时活性分子也就相应增加，使原来不燃不爆的混合物变为可燃可爆，所以温度升高使爆炸的危险性增加。图 2-10 是温度对不同的烃类燃料在空气中的燃烧下限的影响。

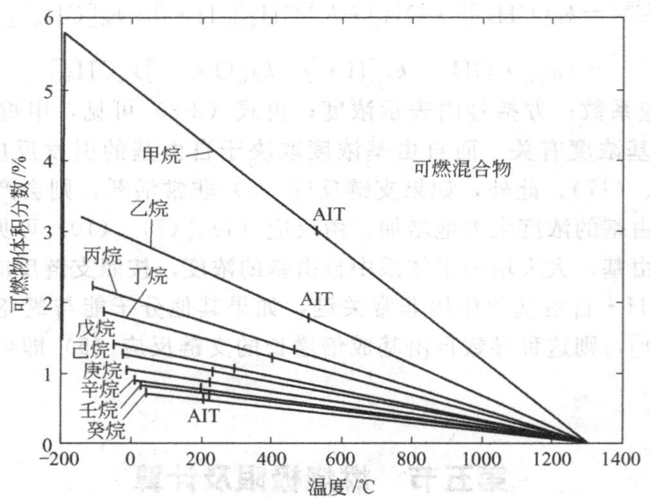

图 2-10 温度对不同的烃类燃料在空气中燃烧下限的影响

随温度的升高，燃烧极限范围变宽。式（2-4）和式（2-5）为经验公式，适用于蒸气。

$$\mathrm{LEL}_T=\mathrm{LFL}_{25}-\frac{0.75}{\Delta H_c}(T-25) \tag{2-4}$$

$$\mathrm{UFL}_T=\mathrm{UFL}_{25}+\frac{0.75}{\Delta H_c}(T-25) \tag{2-5}$$

式中，ΔH_c 为净燃烧热，kcal/mol（1cal=4.1868J）；T 为温度，℃。

2. 起始压力

在增加压力的情况下，燃烧极限的变化不大。一般压力增加，燃烧极限范围扩大，且燃烧上限随压力增加较为显著。这是因为系统压力增加，物质分子间距缩小，碰撞概率增加，使燃烧的最初反应和反应的进行更为容易。压力降低，则气体分子间距拉大，燃烧极限范围会变小。待压力降到某一数值时，其燃烧上限即与燃烧下限重合，出现一个临界值；若压力再下降，系统便成为不燃不爆。因此，在密闭容器内进行负压操作，对安全生产是有利的。

图 2-11 表明了甲烷-空气混合物在减压条件下的爆炸范围，由图 2-11 可见，原始温度越高爆炸的临界压力越低。

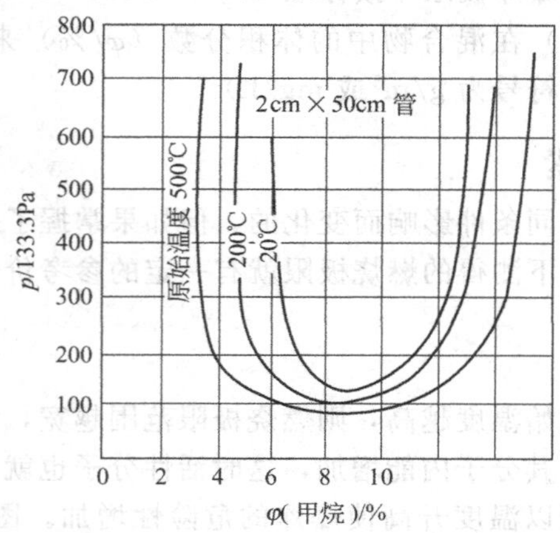

图 2-11 甲烷-空气混合物在减压下的爆炸范围

压力增加对上限的影响，可用式（2-6）计算。

$$UFL_p = UFL + 20.6(\lg p + 1) \tag{2-6}$$

式中，p 是压力（绝对压力），MPa；UFL 是燃烧上限（1atm 下燃料在空气中的体积分数），%。

【例 2-3】 如果物质的 UFL 在表压为 0.0MPa 下为 11.0%，那么，在表压为 6.2MPa 下的 UFL 是多少？

解　绝对压力为 p/MPa＝6.2＋0.101＝6.301。由式（2-6）计算 UFL：

$$UFL_p/\% = UFL/\% + 20.6(\lg p + 1) = 11.0 + 20.6(\lg 6.301 + 1) = 48$$

3. 惰性介质

若混合物中加入惰性气体，则爆炸极限范围缩小，惰性气体的浓度提高到某数值时，可使混合物不燃不爆。

图 2-12 表明了加入惰性气体（N_2、CO_2、Ar、He、CCl_4、水蒸气）浓度对甲烷混合气爆炸极限的影响。由图 2-12 可见，随惰性气体的增加对燃烧上限的影响较之对燃烧下限的影响更显著。

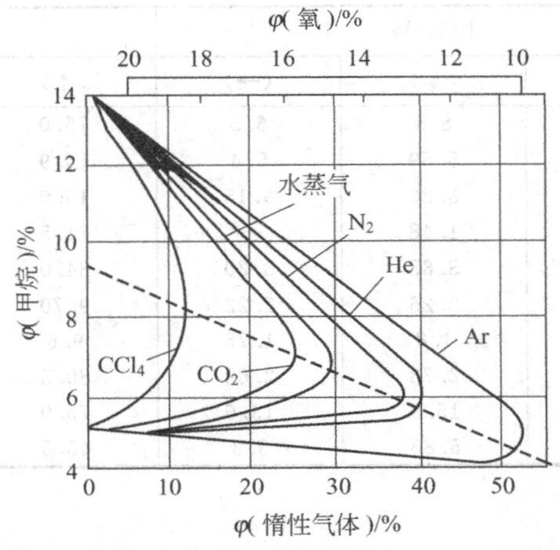

图 2-12　各种惰性气体浓度对甲烷混合气爆炸极限的影响

4. 容器

容器的大小对燃烧极限亦有影响。实验证明，容器直径越小，爆炸范围越窄。这可从传热和器壁效应得到解释。从传热来说，随容器或管道直径的减小，单位体积的气体就有更多的热量消耗在管壁上。有文献报道，当散出热量等于火焰放出热量的 23%时，火焰即会熄灭，所以热损失的增加必然降低火焰的传播速度并影响燃烧极限。

器壁效应，可用链式反应理论说明。燃烧之所以能持续下去，其条件是新生的自由基数量必须等于或大于消失的自由基数，可是，随着管径的缩小，自由基与反应分子间的碰撞概率也不断减少，而自由基与器壁碰撞的概率反而不断增大。当器壁间距小到某一数值时，这种器壁效应就会使火焰无法继续。其临界直径可按式（2-7）计算。

$$d = 2.48\sqrt{\frac{E_{点}}{2.35\times10^{-2}}} \tag{2-7}$$

式中，d 为临界直径，cm；$E_{点}$ 为某一物质的最小点火能量，J。

还应当注意一些容器的材质。

5. 点火能源

爆炸性混合物的点火能源（如电火花的能量）、炽热表面的面积、火源与混合物接触时间长短等，对燃烧极限都有一定影响。随着点燃能量的加大，燃烧范围变宽。点燃能量对甲烷-空气混合气燃烧极限的影响见表 2-10。

表 2-10　标准大气压下点燃能量对甲烷-空气混合气的燃烧极限的影响（容器 $V=7L$）

点燃能量/J	$L_{下}$/%	$L_{上}$/%	点燃能量/J	$L_{下}$/%	$L_{上}$/%
1	4.9	13.8	100	4.25	15.1
10	4.6	14.2	10000	3.6	17.5

6. 火焰的传播方向（点火位置）

当在燃烧极限测试管中进行燃烧极限测定时，可发现在垂直的测试管中于下部点火，火焰由下向上传播时，燃烧下限值最小，上限值最大；当于上部点火时，火焰向下传播，燃烧下限值最大，上限值最小；在水平管中测试时，燃烧上、下限值介于前两者之间，见表2-11所列数据。

表 2-11　火焰传播方向对燃烧极限的影响

气体名称	LFL/%			UFL/%		
	(↑)	(↓)	(→)	(↑)	(↓)	(→)
氢	4.15	8.8	6.5	75.0	74.5	—
甲烷	5.35	5.59	5.4	14.9	13.5	14.0
乙烷	3.12	3.26	3.15	15.0	10.2	12.9
新戊烷	1.42	1.48	—	74.5	4.64	—
乙烯	3.02	3.38	3.20	34.0	15.5	23.7
丙烯	2.18	2.26	2.22	9.70	7.4	9.3
丁烯	1.7	1.8	1.75	9.6	6.3	6.0
乙炔	2.6	2.78	2.68	80.5	71.0	78.5
一氧化碳	12.8	15.3	13.6	75.0	70.5	—
硫化氢	4.3	5.85	5.3	45.5	21.3	33.50

7. 含氧量

空气中的氧含量为21%（体积分数），当混合气中氧含量增加时，燃烧极限范围变宽。由于处于燃烧下限时，其组分中氧含量已很高，故增加氧含量对燃烧下限影响不大；而增加氧含量使上限显著增加，是由于氧取代了空气中的氮，使反应更易进行。某些可燃气在空气和氧气中的燃烧极限见表 2-12。

表 2-12　某些可燃气在空气和氧气中的燃烧极限

物质名称	在空气中		在氧气中	
	UFL/%	LFL/%	UFL/%	LFL/%
甲烷	14	5.3	61	5.1
乙烷	12.5	3.0	66	3.0
丙烷	9.5	2.2	55	2.3
正丁烷	8.5	1.8	49	1.8
异丁烷	8.4	1.8	48	1.8
丁烯	9.6	2.0		3.0
1-丁烯	9.3	1.6	58	1.8
2-丁烯	9.7	1.7	55	1.7
丙烯	10.3	2.4	53	2.1
氯乙烯	22	4	70	4
氢	75	4	94	4
一氧化碳	74	12.5	94	15.5
氨	28	15	79	15.5

三、燃烧极限的估算

（一）纯净气体或蒸气燃烧极限的估算

具有爆炸危险性的气体或蒸气与空气或氧气混合物的燃烧极限，在应用时一般可查阅文献或直接测定以获得数据，也可以通过其他数据及某些经验公式计算来获得。下面介绍两种比较常用的方法。

对于许多烃类蒸气，LFL 和 UFL 是燃料化学计量浓度（C_{st}）的函数：

$$\text{LFL}=0.55C_{st} \tag{2-8}$$

$$\text{UFL}=3.50C_{st} \tag{2-9}$$

式中，C_{st}是燃料化学计量浓度，%。

大多数有机化合物的化学计量浓度，可使用通常的燃烧反应来确定，即

$$C_mH_xO_y+zO_2 \longrightarrow mCO_2+\frac{x}{2}H_2O$$

由化学计量学，有

$$z=m+\frac{x}{4}-\frac{y}{2}$$

式中，z 为氧气的物质的量，mol。

需要进行额外的化学计算和单位变换来确定作为 z 的函数的 C_{st}：

$$C_{st}=\frac{\text{燃料的物质的量}}{\text{燃料的物质的量}+\text{空气的物质的量}}\times 100$$

$$=\frac{100}{1+\dfrac{\text{空气的物质的量}}{\text{燃料的物质的量}}}=\frac{100}{1+\dfrac{1}{0.21}\times\dfrac{\text{氧气的物质的量}}{\text{燃料的物质的量}}}$$

$$=\frac{100}{1+\dfrac{z}{0.21}}$$

代入 z，得到

$$\text{LFL}=\frac{0.55\times 100}{4.76m+1.19x-2.38y+1} \tag{2-10}$$

$$\text{UFL}=\frac{3.50\times 100}{4.76m+1.19x-2.38y+1} \tag{2-11}$$

另外一种方法将燃烧极限表达为燃料燃烧热的函数。对于含有碳、氢、氧、氮和硫的 30 种有机物，由该方法得到了符合程度很好的结果。该关系式为：

$$\text{LFL}=\frac{-3.42}{\Delta H_c}+0.569\Delta H_c+0.0538\Delta H_c^2+1.80 \tag{2-12}$$

$$\text{UFL}=6.30\Delta H_c+0.567\Delta H_c^2+23.5 \tag{2-13}$$

式中，ΔH_c 是燃料的燃烧热，kJ/mol。

第二种方法中预测 UFL 的公式仅适用于 UFL 为 4.9%～23%的范围内。

上述两种方法的预测能力有限，对于氢的预测结果很差，对于甲烷和含碳量较高的碳氢化合物，预测结果有所提高。因此，这些方法仅被用作于快速的最初估算，不应该替代实际的实验数据。

【例 2-4】 估算（正）己烷的 LFL 和 UFL，将计算值同实际的实验值进行比较。

解 化学反应式为：

$$C_6H_{14}+zO_2 \longrightarrow mCO_2+\frac{x}{2}H_2O$$

由第一种方法，通过将化学反应配平得到 z、m、x 和 y 的值：

$$m=6, x=14, y=0$$

计算 LFL 和 UFL：

LFL/%=0.55×100/(4.76×6+1.19×14+1)=1.19；而实际的实验值为 1.2%；

LFL/%=3.5×100/(4.76×6+1.19×14+1)=7.57；而实际的实验值为 7.5%。

（二）混合气体或蒸气燃烧极限的估算

1. 混合气体中全部都是可燃气体或蒸气

这种情况下混合气体的燃烧极限用式（2-14）计算。

$$\mathrm{LFL_{mix}} = \frac{1}{\sum_{i=1}^{n} \frac{y_i}{\mathrm{LFL}_i}} \tag{2-14}$$

式中，LFL_i 是燃料-空气混合物中组分 i 的燃烧下限（体积分数），%；y_i 是组分 i 占可燃物质部分的摩尔分数，%；n 是可燃物质的数量。同理有式（2-15）。

$$\mathrm{UFL_{mix}} = \frac{1}{\sum_{i=1}^{n} \frac{y_i}{\mathrm{UFL}_i}} \tag{2-15}$$

式中，UFL_i 是燃料-空气混合物中组分 i 的燃烧上限（体积分数），%。

上述方程是勒夏特列（Le Chatelier）由经验得到的，并不具有普遍的适用性。Mashuga 和 Crowl 由热力学得到了 Le Chatelier 方程。公式推导显示，该方程中存在以下固有假设：①物质的热容是常数；②气体的物质的量是常数；③纯物质的燃烧动力学是独立的，并不受其他可燃物质的存在而变化；④燃烧极限内绝热温度的上升对于所有的物质都是相同的。

这些假设对于 LFL 的计算是非常有效的，但是，对于 UFL 的计算，有效性稍有降低。

【例 2-5】 某混合气体的组成及含量见下表，混合气体的 LFL 和 UFL 为多少？

解 基于可燃物质的摩尔分数的计算及 LFL 和 UFL 数据见下表：

物质		体积分数/%	基于可燃物质的摩尔分数/%	LFL/%	UFL/%
燃烧物质	（正）己烷	0.8	0.24	1.2	7.5
	甲烷	2.0	0.61	5.3	15
	乙烯	0.5	0.15	3.1	32.0
全体		3.3	—	—	—
空气		96.7	—	—	—

由式（2-14）和式（2-15）计算混合气体的 LFL 和 UFL：

$$\mathrm{LFL_{mix}}/\% = \frac{1}{\sum_{i=1}^{n} \frac{y_i}{\mathrm{LFL}_i}} = \frac{1}{\frac{0.24}{1.2}+\frac{0.61}{5.3}+\frac{0.15}{3.1}}$$
$$=1/0.363=2.75$$

$$\mathrm{UFL_{mix}}/\% = \frac{1}{\sum_{i=1}^{n} \frac{y_i}{\mathrm{UFL}_i}} = \frac{1}{\frac{0.24}{7.5}+\frac{0.61}{15}+\frac{0.15}{32.0}}$$
$$=12.9$$

由于混合物含有 3.3%的可燃物质，因此是可燃的。

2. 混合气体或蒸气中含有惰性气体

这种情况下混合气体的燃烧极限用式（2-16）计算。

$$L_{m}=L_{f}\times\frac{\left(1+\frac{B}{1-B}\right)}{100+L_{f}\frac{B}{1-B}}\times 100 \tag{2-16}$$

式中，L_m 是含有惰性混合气体的燃烧极限，%；L_f 是混合气体可燃部分的燃烧极限，%；B 是惰性气体的含量，%。

【例 2-6】 某干馏气体的成分为：含 1% C_nH_m（爆炸范围 3.1%～28.6%），含 3% CH_4（爆炸范围 5%～15%），含 3% CO（爆炸范围 12.5%～74.2%），含 10% H_2（爆炸范围 4.1%～74.2%），含 18% CO_2，含 65% N_2，计算爆炸极限。

解 可燃气体占总气体含量为 17%；惰性气体占总体积含量为 83%；在可燃气体中

C_nH_m：$\frac{1}{17}=5.9\%$　CH_4：$\frac{3}{17}=17.6\%$　CO：$\frac{3}{17}=17.6\%$　H_2：$\frac{10}{17}=58.8\%$

混合物可燃部分的 LFL 为

$$L'_{ml}=\frac{1}{\frac{5.9}{3.1}+\frac{17.6}{5}+\frac{17.6}{12.5}+\frac{58.8}{4.1}}\times 100=4.7(\%)$$

混合物可燃部分的 UFL 为

$$L'_{mv}=\frac{1}{\frac{5.9}{28.6}+\frac{17.6}{15}+\frac{17.6}{74.2}+\frac{58.8}{74.2}}\times 100=41.5(\%)$$

所以混合气体的 LFL 为

$$L_{ml}=4.7\times\frac{\left(1+\frac{0.83}{1-0.83}\right)}{100+4.7\times\frac{0.83}{1-0.83}}\times 100=22.5(\%)$$

混合气体中的 UFL 为

$$L_{mv}=41.5\times\frac{\left(1+\frac{0.83}{1-0.83}\right)}{100+\frac{0.83}{1-0.83}\times 41.5}\times 100=80.5(\%)$$

第六节 火　灾

火灾是火失去控制蔓延的一种灾害性燃烧现象，通常包括森林、建筑、油类等的火灾以及可燃混合气体的燃烧和粉尘爆炸。

火灾是各种灾害中发生最频繁且极具毁灭性的灾害之一，其直接损失约为地震的5倍，仅次于干旱和洪涝，而其发生的频度则居各灾害之首。同时，它还具有“自然”和“人为”的双重性。雷击导致的林火、地层引起的城市大火等属自然灾害，而烟头引燃高层宾馆、人为纵火等则属人为灾害。

根据火灾类型不同，其特点也有所不同。例如在高层建筑中，由于其具有楼层多、功能全、人员密集、装饰布置可燃材料品种多样、电气设备及配电线路密如蛛网、管道竖井纵横交错等特点，因此其火灾具有以下特点。

① 火灾隐患多，危险性大。由烟头或线路事故引发的火灾事件屡见不鲜，甚至一个小小火星即可酿成一场巨大的灾难。

② 由于风力作用，加之可燃物燃烧猛烈，火势发展极为迅速。

③ 由于竖井管道的“烟囱效应”，烟气运动快，甚至在 1min 之内烟气即可传播到 200m

的高度，烟气是造成火势蔓延和人员伤亡的重要原因。

④ 人员疏散、营救以及灭火难度大。

⑤ 人员伤亡惨重。

对于森林而言，林火是经常发生的现象，微小的火并不会给森林造成明显的损害，因此，所谓森林火灾确切地说主要是指森林大火所造成的灾害。其主要特点如下。

① 延烧时间长，大多为几天、十几天，甚至几十天或更长。

② 火烧面积大，大多为数百、数千公顷，甚至数万、数十万公顷或更大。

③ 火蔓延速度快，其方式主要有两种，有飞火和无飞火。无飞火时火蔓延速度一般不超过 10m/min，有飞火时火蔓延速度可超过 10m/min，甚至达到 100m/min 或更大。

④ 火强度大、有明显的对流柱，火线强度一般超过 700kW/m 而达到 2.5MW/m 以上时，可能有飞火和火旋风出现，那就更容易跳越和飞跃各种障碍（防火线、道路、河流等）。

⑤ 受可燃物种类、环境、地形、气象等条件影响大。在长期干旱的末期，森林含水量约在 15%以下，有大风时发生的森林大火是一种十分复杂而又异常可怕的灾害现象。

⑥ 对林木的危害严重，可使 70%～100%的林木被烧死，同时对生态和环境也构成不同程度的破坏。

此外，因油类具有易燃、易爆、易挥发、易流动扩散、挥发组分易受热膨胀、易产生静电等特点，且其生产设施价值高，所以油类火灾具有易发生、挥发分蔓延快、扑救困难、经济损失大等特点。这里主要介绍石油化工生产过程中常见的，池火灾和喷射火灾两类。

一、池火灾

化工企业中的绝大多数液态原料、中间体和产品是可燃易燃物，其在生产、运输、储存过程中都可能发生池火灾。池火灾发生后导致的直接损失都非常巨大，对环境生态导致的间接损失更是无法估量。

（一）池火灾的类型

池火灾是在可燃物的液池表面上发生的火灾。

从可燃物在常温下所处的物质状态来看，池火灾主要包括两类，一类是可燃物在常温下为液态，另一类是可燃物在常温下为固态，燃烧熔融后发生池火灾。

通常意义上的池火灾是常温下为液态的可燃物的火灾，后文中谈到的池火灾主要是指这类池火灾。典型的池火灾包括在储罐、储槽等容器内的可燃液体被引燃而形成的火灾，以及泄漏的可燃液体在体积、形状限制条件下（如防火堤等人工边界、沟渠、特殊地形等）汇集并形成液池后被引燃而发生的火灾。泄漏的可燃液体在流动的过程中着火燃烧形成的火灾则为运动的液体火灾。气相中的可燃液滴、雾或气体冷凝沉降后有时也可形成液池，从而引发池火灾。

某些常温为固态的物质受热熔化（如石蜡），会由固态变为液态，也很容易形成液池。还有一些常温下的固体，如热塑性塑料，受热后会软化、熔融流动，这是由于其高温下黏度下降而产生流动，这类大分子量物质在火灾条件下还会在高温条件下分解为小分子量物质，分子量的降低是黏度下降产生流动的另一个重要原因。固体可燃物发生流动后就有可能形成液池。由此，对于这些常温下为固态的物质发生火灾时就需要考虑从固体火灾到池火灾的转变。

根据池火燃烧的燃料气来源不同，可将池火灾分为两类，一类为可燃物的蒸发燃烧，另一类为可燃物的分解燃烧。通常，液体的池火燃烧首先需要液体挥发或汽化为可燃蒸气，而后与空气中的氧发生燃烧反应，属于蒸发燃烧；而常温为固体的可燃物有的因为分子量较大，分子链较长，分子间力大于化学键的键能，本身没有气态，因而不可能汽化产生燃料气，只能通过分解产生可燃气体，而后可燃气与空气进行燃烧反应，属于分解燃烧。

(二) 池火灾的发展历程

池火灾是一种气相有焰燃烧，首先液体的挥发气与空气混合形成可燃气体混合物，在可燃浓度范围内的可燃气体混合物遇到足够能量的外界火源、电火花等会被引燃，然后部分火焰能量传递到液体促使其温度升高，加速挥发或汽化，可燃气则不断燃烧，达到一定程度时液体被点燃并发生持续燃烧。随后火焰会蔓延至整个液池表面，并逐渐进入稳定燃烧阶段。对于石油等非均相、多组分形成的液池，往往在池火灾过程中还可能出现后果异常严重的现象，如沸溢、喷溅。下面将介绍池火燃烧的条件、火焰蔓延。

1. 液体燃烧的条件

要点燃液体，在其表面产生持续的火焰，可燃气的供给速率必须不小于燃烧时可燃气的消耗速率，即

$$\dot{m}'' \leqslant \dot{m}_{\mathrm{v}}'' = \frac{\dot{q}_{\mathrm{net}}''}{L_{\mathrm{v}}} = \frac{\dot{q}_{\mathrm{e}}'' + \dot{q}_{\mathrm{f}}'' - \dot{q}_{\mathrm{l}}''}{L_{\mathrm{v}}} = \frac{\dot{q}_{\mathrm{e}}'' + f\Delta H_{\mathrm{c}}\dot{m}'' - \dot{q}_{\mathrm{l}}''}{L_{\mathrm{v}}} \tag{2-17}$$

式中，$\dot{m}''$为可燃气消耗速率，即质量燃烧速率，kg/ (m^2 · s)；$\dot{m}_{\mathrm{v}}''$为可燃气供给速率，即燃料汽化速率，kg/ (m^2 · s)；$\dot{q}_{\mathrm{net}}''$为液面的净热通量 W/m^2；$\dot{q}_{\mathrm{f}}''$为火焰传给液体的热通量 W/m^2；$\dot{q}_{\mathrm{e}}''$为外部热源给予液体表面的热通量，W/m^2；$\dot{q}_{\mathrm{l}}''$为液体表面单位面积的热损失速率，W/m^2；f 为液体燃烧热反馈到液体表面的百分数；ΔH_{c} 为蒸气的燃烧热，J/kg；L_{v} 为液体从初始温度状态到蒸发或分解为可燃气所需的热量，或称为广义汽化热，J/kg。

L_{v} 包括汽化潜热或分解热、从初始温度到沸点或分解温度所需热：

$$L_{\mathrm{v}} = \Delta H_{\mathrm{v}} + C_p(T_{\mathrm{v}} - T_0) \tag{2-18}$$

式中，ΔH_{v} 为汽化或分解为可燃气所需的热；C_p 为液体的平均定压热容，J/(kg · K)；T_{v} 为沸点或分解温度，有时统称为汽化温度；T_0 为液体的初始温度。

如果燃料气的供应不足，则即使发生瞬间闪燃也不会形成液体的持续燃烧。如漂浮于水面上的油膜，因为可燃液层只有大约几个分子的厚度，不能连续供应充足的可燃气，因而不能点燃，这也是海上运输中原油泄漏后不能通过燃烧来处理的原因之一。某些物质的池火灾中外部火源是个重要的影响因素，当存在外部点火源时式（2-17）得以满足，液体能够燃烧，但是当外部火源撤离或消失时，式（2-17）不能得到满足，燃烧会自行熄灭。

除了液体形状、外界点火源等因素外，液体物质自身的物性及其初始温度状态是决定液池能否点燃的关键因素。比热容、汽化热（或分解热）越大，初始温度越低，液体越难被点燃。这几个因素都体现在参数 L_{v} 中。另一个重要参数就是燃烧热，燃烧热越大液体越易被点燃。有的物质没有闪点或缺乏数据时，有时近似用燃烧热与 L_{v} 的比值大小来比较易燃性。

实际判断液体点燃难易及其火灾危险性时通常根据其闪点、燃点、自燃点。

液体发生燃烧有点燃和自燃两种形式。若液池中的液体温度达到或高于燃点温度，则由燃点的定义可知，液体与引火源接触后会发生持续燃烧。若液体温度达到或高于自燃点温度，则即使不接触引火源也能发生持续燃烧。

对低闪点液体，若其闪点低于环境温度，液面上的蒸气浓度在可燃浓度范围内，其蒸气与空气的混合物遇到引火源时就会出现火焰，满足式（2-17）时液体会一边汽化一边与空气混合发生燃烧，否则只是发生闪燃。对于高闪点液体，若其闪点高于环境温度，液面上的蒸气浓度低于燃烧下限，遇到引火源也不会被点燃，除非使得液体表面温度高于燃点，或者利用灯芯点燃。灯芯的热导率小，不易通过传导散热，而且灯芯上的液层很薄，对流散热也很难，因而遇火源后局部温度会迅速升高，很容易被点燃。液池及其附近的一些多孔材料（如抹布）均可能成为灯芯。灯芯被点燃后会加热附近的液体使其温度高于燃点，引起液体表面的燃烧和火焰蔓延。

2. 火焰在液池表面蔓延的过程

液池局部被点燃后，火焰会在液体表面蔓延，逐步扩大液池着火面积，直至整个液池表面。火焰的蔓延可以看作火焰前方液体的不断点燃，火焰既是热源又是引火源。通常以火焰前锋的移动速度表示火焰蔓延速度。

液体温度低于燃点时，液体表面火焰蔓延与液体的表面张力有关。因为液体表面张力随着温度升高而下降，而火焰外围的液体温度低于火焰下方的液体温度，所以火焰下方的热液体会向外流动，取代外围的冷液层。火焰随着热液体的流动而蔓延。

如图 2-13 所示为初始温度低于闪点的液体表面火焰的蔓延。火焰前锋为蓝色，外观上类似于预混火焰，在主火焰前方发生闪燃。这是因为主火焰前方该区域的液面温度介于闪点和燃点之间，只要蒸气达到可燃浓度就会不时地发生这种闪燃。提高液池整体温度可以减少闪燃的频率，同时火焰蔓延速度会增加。当液体温度低于闪点且液池较浅时，火焰蔓延速度会随着液池深度的减小而降低，这主要是因为液池深度减小，由表面张力引起的液体内部对流运动受限。

液体温度高于燃点时，液面上方有大量可燃浓度范围内的可燃蒸气-空气混合物，火焰蔓延速度决定于火焰在该可燃蒸气-空气混合物中的传播速度。如果液体温度使得其蒸气-空气混合物中蒸气与氧气的比例等于燃烧反应的化学计量比时，火焰蔓延速度会接近极限值。

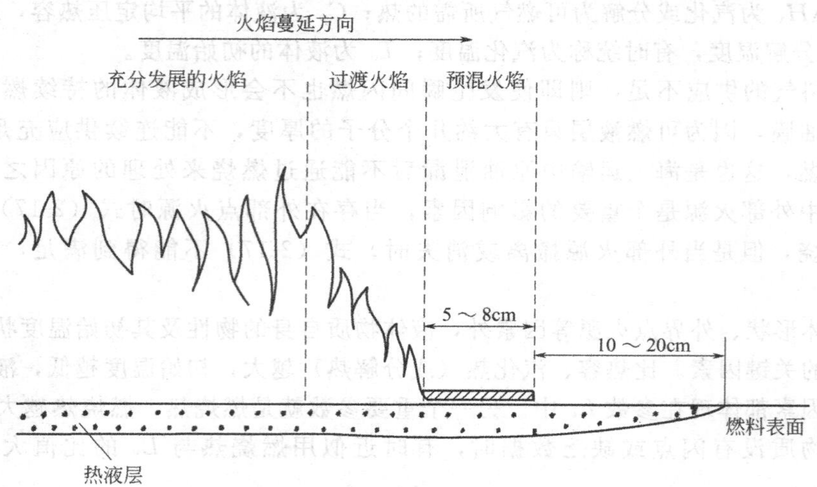

图 2-13　初始温度低于闪点的液体表面火焰的蔓延

（三）池火的危害及防护

除了烟气的毒性和腐蚀性、对环境的危害及引发二次事故外，池火的危害主要在于其高温及辐射危害。

火焰温度主要取决于可燃液体种类，一般石油产品的火焰温度在900～1200℃之间，不发光的酒精火焰的温度比烃类火焰温度高得多。这是因为烃类火焰由于有烟颗粒，辐射系数较大，会通过辐射向外损失大部分的热。

从油面到火焰底部存在一个蒸气带，见图2-14（液池边缘处蒸气区域的厚度，苯为50mm；汽油为40～50mm；柴油为25～30mm）。火焰辐射的热量有一部分被蒸气带吸收，因此，温度从液面到火焰底部迅速增加；到达火焰底部后有一个稳定阶段；高度再增加时，则由于向外损失热量和卷入空气，火焰温度逐渐下降。

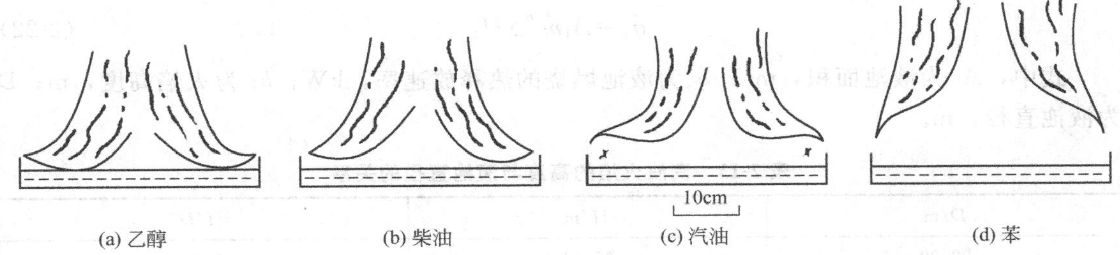

图2-14　燃烧液体表面上方的火焰形状

池火火焰对物体的热辐射与池火的高度、池火的热释放速率、火焰的温度与厚度、火焰内辐射粒子的浓度、火焰与目标物之间的几何关系、风速等众多因素有关。

火焰高度通常是指由可见发光的炭微粒所组成的柱状体的顶部高度，它取决于液池直径和液体种类。液池直径小时，火焰呈层流状态，这时空气向火焰面扩散，可燃液体蒸气也向火焰面扩散，所以燃烧的主要方式是扩散燃烧，液体燃烧时所产生的火焰高度决定于液体从自由表面上蒸发的速率与蒸气燃烧的速率。扩散火焰的表面是蒸气运动速度与蒸气燃烧速率达于平衡的界限。如果降低液体的蒸发速率则火焰体积缩小并接近液体表面，如果降低空气中氧的浓度，则火焰体积增加并远离液体的表面。液池直径大时，火焰发展为湍流状态，火焰的形状由层流状态的圆锥形变为形状不规则的湍流火焰。大多数实际液体火焰为湍流火焰。在这种情况下，液面蒸发速率较快，火焰燃烧剧烈，由于火焰的浮力运动，在火焰底部与液面之间形成负压区，结果大量的空气被吸入，形成激烈翻卷的上下气流团，并使火焰产生脉动，烟柱产生蘑菇状的卷吸运动，使大量的空气被卷入。图2-15显示了池火火焰高度与液池直径的关系，横坐标为液池直径，纵坐标为火焰高度与液池直径的比值。从图2-15可看出，在层流火焰区域内（液池直径$D<0.03$m），h_f/D随D的增大而降低；而在湍流火

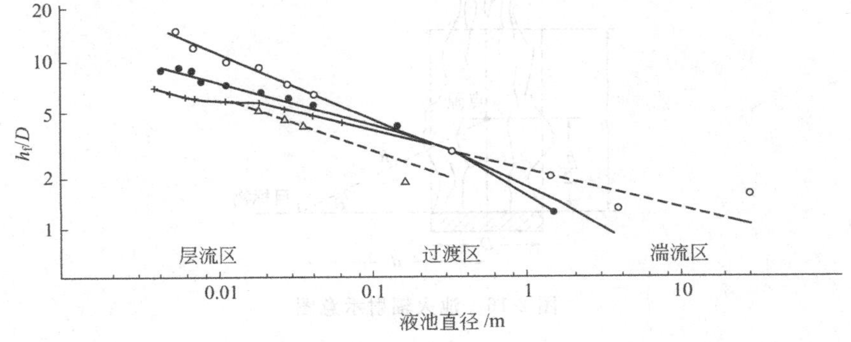

图2-15　池火火焰高度与液池直径的关系

○汽油；●煤油；△日光油；+柴油

焰区域内（液池直径 $D>1.0\text{m}$），h_f/D 基本上与 D 无关。一般地，这种关系可以表述为：

层流火焰区：
$$h_f/D \propto D^{-0.3\sim-0.1} \tag{2-19}$$

湍流火焰区：
$$h_f/D \approx 1.5\sim2.0 \tag{2-20}$$

由实验得出的汽油火焰的高度与液池直径的关系（见表 2-13）与式（2-19）和式（2-20）基本吻合。

Heskestad 对广泛的实验数据进行数学处理，得到了下面的火焰高度关联式：

$$h_f=0.23\dot{q}_t^{2/5}-1.02D \tag{2-21}$$

$$\dot{q}_t=A_l\dot{m}''\Delta H_c \tag{2-22}$$

式中，A_l 为液池面积，m^2；$\dot{q}_t$ 为液池燃烧的热释放速率，kW；h_f 为火焰高度，m；D 为液池直径，m。

表 2-13　汽油火焰的高度与液池直径的关系

D/m	H/m	H/D
22.30	35.01	1.56
5.40	11.45	2.12
0.38～0.44	1.30	3.25

通常假设液池是圆形的，对于非圆形液池，如果液池的大小恒定，如在容器、围堰、堤坝或特殊地形内的液体，则液池的直径为与液池面积相等的圆的直径。

式（2-21）在 $7\text{kW}^2/\text{m}<\dot{q}_t^{2/5}/D<700\text{kW}^2/\text{m}$ 的范围内与实验结果符合很好，对其他非液体燃料床也适用；对直径很大的液池（如 $D>100\text{m}$），由于火焰破裂为小火焰，式（2-21）不适用。

在确定了火焰高度、液池燃烧的热释放速率后，可以根据点源模型简单的估算某一目标物所受到的热辐射通量。该模型假定液池燃烧的热释放速率的30％以辐射能的方式向外传递，且假定辐射热是从火焰中心轴上离液面高度为 $h_f/2$ 处的点源发射出的（见图 2-16），则离点源 R 距离处的辐射热通量为：

$$\dot{q}_R''=0.3\dot{q}_t/(4\pi R^2) \tag{2-23}$$

式中，R 为点源与目标物之间的直线距离。

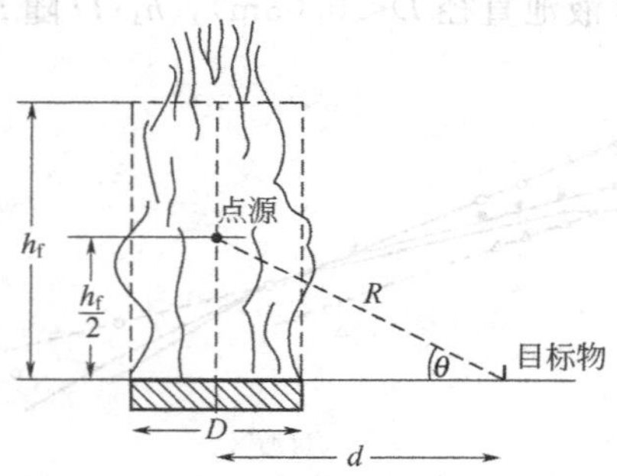

图 2-16　池火辐射示意图

若目标物与点源的视角为 θ，则目标物表面的辐射热通量为：

$$I=\dot{q}_R''\sin\theta=\dot{q}_R''h_f/2R=\dot{q}_R''h_f/(2\sqrt{h_f^2/4+d^2}) \tag{2-24}$$

式中，d 为点源与目标物之间的水平距离。

风会影响到池火的燃烧稳定性及火焰高度、火焰的倾斜角度，从而影响目标物所受的辐射强度，在此不做介绍。

防止池火发生或减少池火造成的损失，特别是油库、油罐火，需要消除火花源，防雷、防静电，减少或禁止可燃物堆积，注意监测油品的温度、液位，监控油品泄漏情况，注意油库、油罐中的水位，合理布置厂区，按照防火规范设置油罐距离、油品装卸作业线间的距离，设置防火堤，配备足够的消防力量，工艺改造要遵循设计规范并做安全评价。

二、喷射火灾

（一）喷射火灾的基本概念

加压气体和（或）液体由泄漏口释放到非受限空间（自由空间）并立即被点燃，就会形成喷射火灾。这类火灾的燃烧速率快，火势迅猛，在火灾初期如能及时切断燃料源则较易扑灭，若燃烧时间延长，可能因为容器材料熔化而造成泄漏口扩大，导致火势迅速扩大，则较难扑救。

一方面，喷射火灾的可燃物以射流形式喷出。可燃的固体粉尘（如煤粉）、液固混合物（如水煤浆）或原本不可燃的金属粉末泄出后若能形成射流并在射流过程中发生火灾，则也属于喷射火灾。其他类型火灾的火焰喷射不能简单地从现象上归为喷射火灾，如建筑物内发生火灾时火焰从烟道、通风口喷出，则该火灾不能认为是喷射火灾。另一方面，发生喷射火灾时可燃物喷出后立即被点燃，否则经过一段时间后，可燃物与空气混合形成可燃蒸气云，此时若被点燃则可能发生后果严重的蒸气云爆炸。很多情况下，喷射就会因容器破裂、磨擦或静电而产生火花而点燃可燃物，特别是当喷射速度较大时。在实际泄漏位置，可能会有一些设备、管线或建筑物限制射流火焰，因为情况复杂，此处不做讨论。

（二）喷射火的主要特点

有些使用燃料和氧化剂的混合物为进料的喷射燃烧器中喷射火焰为预混火焰，然而在发生喷射火灾时喷出的仅仅为燃料，因而火焰为扩散火焰。喷出的若为可燃气体，则接触到氧气时即可发生气相燃烧反应；若为液体，则需要首先蒸发汽化；若为固体粉尘，则可能需要首先受热分解为可燃挥发气；若为金属粉末，则氧气扩散到金属颗粒表面发生气固表面燃烧反应。因为燃气泄漏最常见且后果更严重，因而这里主要介绍可燃气体喷射火灾的特点。

气体喷射进入静止空气中，因为射流和周围空气之间剪切力的作用而卷吸空气。根据流场显示和流场探测，沿射流的前进方向可将射流分为 3 段，即如图 2-17(a) 所示的初始段、过渡段和自模段。射流离开喷口后，形成所谓的切向突跃面［见图 2-17(b) 截面 1 的速度示意］，因与外围气体之间有速度差，且有黏度存在，故将产生紊流旋涡层，与外围气体之间进行动量和质量的交换。这种紊流旋涡扩散侵蚀主流，形成楔形射流核，也叫射流核心，核内各截面仍保持喷口处的初始速度、温度及浓度，是射流的核心。射流核心区的边界面 BCA（即轴向流速保持初始速度的边界面）称为射流内边界。BN 与 AM 称为射流外边界。射流的内边界和外边界之间的区域即为混合层，也称剪切层或射流边界层，在其内存在速度梯度因而产生雷诺应力。严格说来，所谓的射流正是指这个混合区，而不是指高速流股本身。由于射流气体的卷吸作用，外围气体将跨流扩散并与主流混合，发生动量、质量、能量的交换，并随着混合区的逐渐扩大，最终在射流中心汇合，射流核心逐渐缩小而消失，射流沿程各截面上速度分布开始不断变化，直到成为相似速度分布，该段成为射流过渡段。过渡段之后进入自模段，也叫射流充分发展区，这时，射流沿程各断面上轴向流速都呈正态分布，见图 2-17(b)。

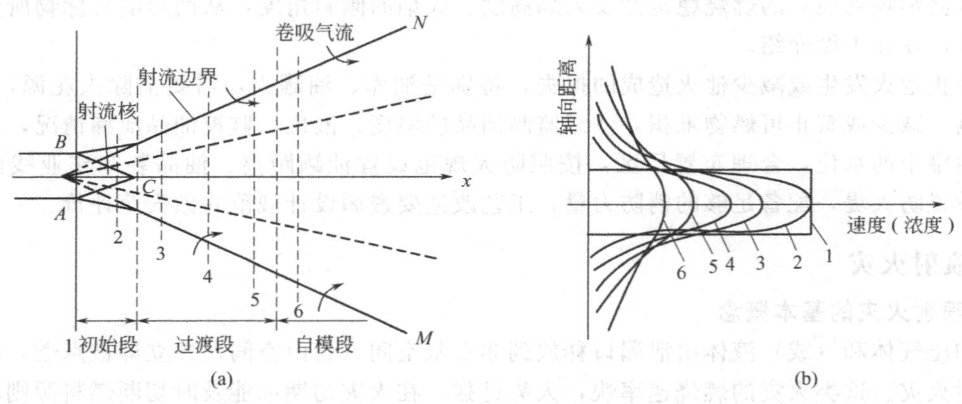

图 2-17 射流结构示意图（a）及速度（浓度）分布图（b）

对于射流过程中同时发生燃烧反应的射流火焰，若可燃物喷出的速度较低，则形成层流扩散火焰。整个火焰区分为中央的纯燃料区、外围的新鲜空气区、可燃气体与燃烧产物的混合区及空气与燃烧产物的混合区，见图 2-18。气体燃料射流燃烧是一个受扩散控制的过程。射流中的气体燃料和环境中的氧气通过对流扩散而相互迁移、混合，在一定的着火温度下燃烧化学反应发生。在燃料与氧处于化学当量比的各个位置，燃烧最为迅速，并形成火焰面。从喷口平面到轴向火焰面顶端的这段距离为火焰高度。实验发现，层流扩散火焰高度与可燃气燃烧所需的氧气量有关，等物质的量的可燃气燃烧所需的氧气的物质的量越多，其扩散火焰越长；环境氧浓度较低时，火焰越长。因为剪切力使得气流不稳定，层流扩散火焰会发生闪烁。

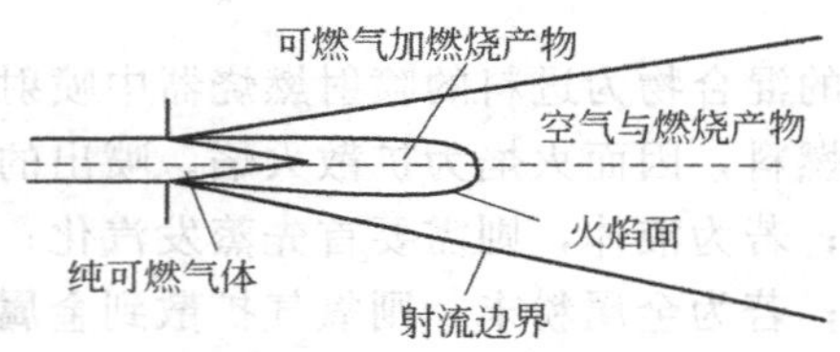

图 2-18 射流层流扩散火焰结构

射流扩散火焰有一个较宽的气体成分变化区域。图 2-19 表示出径向浓度分布的典型结果，在火焰内部，氧的浓度几乎等于零，因为在火焰面处氧已经燃烧完。在火焰外部，随径向距离增加，氧的浓度越来越大，直到等于空气中氧的浓度。火焰中心可燃气浓度最大，越向火焰面靠近，可燃气浓度越小，在火焰面处等于零。燃烧产物的浓度在火焰面处最大，离火焰越远越小。燃料和氧的浓度在火焰面处最小，而燃料产物的浓度在此处最大，这显然是燃烧反应的结果。火焰面处氧气和燃料全部消失将表明反应速率为无限大，即使反应速率为有限值时，火焰面也很薄。由于实际反应是发生在一个狭窄的区域之内，因此这些成分变化主要是由于反应物和燃烧产物的相互扩散引起的，燃料和氧的相互扩散的速率是按化学当量比进行的。扩散火焰的温度在火焰面处最高，离开火焰面，向内趋于某一值，向外趋于环境温度。

随着射流速度的逐渐增加，火焰高度逐渐增加，当射流速度超过一定值后，火焰开始出现不连续区，火焰高度开始下降，直至某一常数。如图 2-20 所示为射流火焰高度与射流速度的关系。在流速较低的层流扩散火焰区，因为层流扩散火焰长度正比于泄漏燃料气的体积

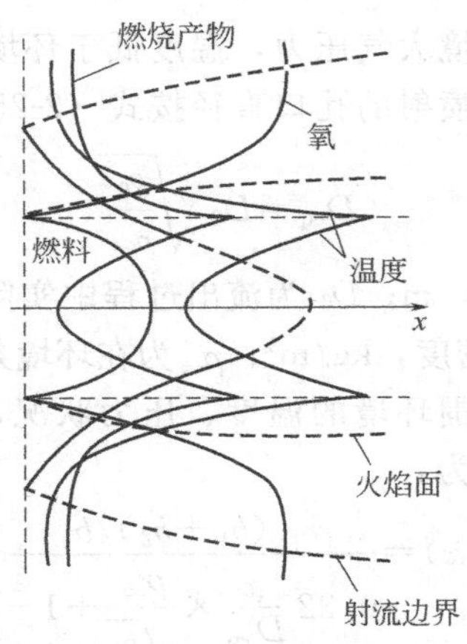

图 2-19 射流扩散火焰中各种成分分布

流量，即与喷口流速和喷口截面积成正比，所以喷口流速或喷口截面积越大，扩散火焰长度越大。在喷口处的局部雷诺数远大于 2000 后出现从层流到湍流火焰的过渡。湍流首先出现在焰舌，随着射流速度增加，湍流向喷口处发展，但始终不会达到喷口。在变为完全湍流燃烧的过程中，整个火焰面抖动越来越剧烈，火焰高度有所降低。在完全湍流燃烧时，因为湍流扩散火焰的高度正比于喷口直径，所以火焰高度与流速无关，基本保持不变。火焰高度由层流区的最大值到完全湍流区的常数值可以定性理解为涡流混合增加了空气的卷吸，使得更高效率地燃烧。因为湍流火焰燃烧效率高于层流扩散火焰，所以可能产生较少的炭颗粒，发射率会降低，辐射热损失在总燃烧热中所占比例也会下降。辐射热损失在层流扩散火焰中占到燃烧热的 25%～30%，而在湍流火焰中可能只占到 20%。因为射流速度较大，对层流扩散燃烧影响较大的浮力因素对完全湍流火焰的影响往往可以忽略。

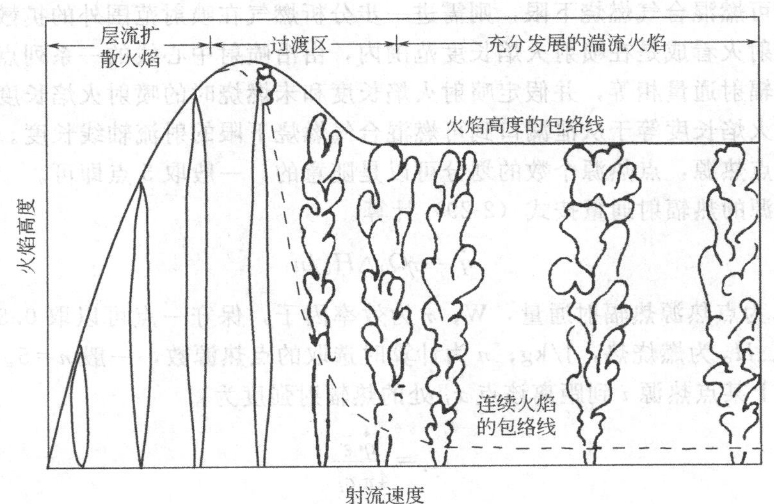

图 2-20 射流火焰高度与射流速度的关系

（三）喷射火的辐射危害及防护

对于喷射火灾可能造成的火焰辐射危害的估算，可以简单地先从气体喷射扩散的模型得出射流中的速度、浓度分布，根据确定的喷射长度及点辐射源计算目标接受的辐射通量。

TNO（1979 年）提出的喷射模型是一种较简单的模型，模型认为，大多数情况下气体直接喷出后，其压力高于周围环境大气压力，温度低于环境温度，在进行喷射计算时，应以等价喷射孔口直径来计算。等价喷射的孔口直径按式（2-25）计算：

$$D_{eq}=D_0\sqrt{\frac{\rho_0}{\rho_\infty}} \tag{2-25}$$

式中，D_{eq}为等价喷射孔直径，m；D_0 为流出过程中实际裂口直径，m；ρ_0 为在流出条件下气体的密度，即直接泄漏后的密度，kg/m^3；ρ_∞为在环境条件下气体的密度，kg/m^3。

如果气体泄漏能瞬间达到周围环境的温度、压力状况，即 $\rho_0=\rho_\infty$，则 $D_{eq}=D_0$。在喷射轴线上距孔口 x 处的气体浓度为：

$$C(x)=\frac{(b_1+b_2)/b_1}{0.32\dfrac{x}{D_{eq}}\times\dfrac{\rho_\infty}{\sqrt{\rho_0}}+1-\rho_\infty} \tag{2-26}$$

式中，$b_1=50.5+48.2\rho_\infty-9.95\rho_\infty^2$；$b_2=23.0+41.0\rho_\infty$。

在距离裂口轴向距离为 x，距离喷射轴线径向距离为 y 的位置，气体浓度为：

$$C(x,y)=C(x)\exp[-b_2(y/x)^2] \tag{2-27}$$

喷射速度随着轴线距离增大而减小，直到轴线上的某一点喷射速度等于风速为止，该点成为临界点。临界点以后的气体不再符合喷射规律。沿喷射轴线的速度分布由式（2-28）得出。

$$\frac{V(x)}{V_0}=\frac{\rho_0}{\rho_\infty}\times\frac{b_1}{4}\left[0.32\frac{x}{D_{eq}}\times\frac{\rho_\infty}{\rho_0}+1-\rho_\infty\right]\left(\frac{D_{eq}}{x}\right)^2 \tag{2-28}$$

式中，$V(x)$ 为喷射轴线上距离裂口 x 处的速度，m/s；V_0 为实际泄漏流出速度，m/s。

当临界点出的燃气浓度低于可燃混合气燃烧下限时，只需按喷射扩散来分析。但是若临界点浓度高于可燃混合气燃烧下限，则需进一步分析燃气在喷射范围外的扩散情况。

将整个喷射火看成是在喷射火焰长度范围内，由沿喷射中心线的一系列点热源组成，每个点热源的热辐射通量相等，并假定喷射火焰长度和未燃烧时的喷射火焰长度近似相等。理论上讲，喷射火焰长度等于从泄漏口到可燃混合气燃烧下限的射流轴线长度。因而只需在喷射长度上划分点热源，点热源个数的划分可以是随意的，一般取 5 点即可。

单个点热源的热辐射通量按式（2-29）计算。

$$\dot{q}=\eta Q_0\Delta H_c/n \tag{2-29}$$

式中，$\dot{q}$ 为点热源热辐射通量，W；η 为效率因子，保守一点可以取 0.35；Q_0 为泄漏速度，kg/s；ΔH_c 为燃烧热，J/kg；n 为计算时选取的点热源数，一般 $n=5$。

射流轴线上某点热源 i 到距离该点 x_i 处的热辐射强度为：

$$I_i=\frac{\dot{q}\varepsilon}{4\pi x_i^2} \tag{2-30}$$

式中，I_i 为点热源 i 到目标点 x 处的热辐射强度，W/m^2；ε 为发射率，取决于燃烧物质的性质，在喷射火灾中可取 0.2。

某一目标点的入射热辐射强度等于喷射火的全部点热源对目标的热辐射强度的总和，即：

$$I=\sum_{i=1}^{n}I_i \tag{2-31}$$

模型中未考虑风对火焰形状的影响。在高压源喷射时，喷射速度比风速大得多，所以风的影响很小。而对低压源，则明显受风速的影响。风会使下风向受体感受到的热辐射强度增加。

除了热辐射危害外，因为喷射火的可燃物多为燃气，具有很高的燃烧热值，因而喷射火的高温火焰对与其直接接触的物质、设备的危害相当大，应当谨防其造成其他后果更严重的事故，如沸腾液体扩展蒸气爆炸。

要预防喷射火灾的发生，首要任务就是经常检查、监控以防止泄漏的发生。喷射火灾发生后则可以设法降低喷射（泄漏）速度或断绝燃料气的供应。但是断绝燃料气供应时需要慎重考虑是否有产生回火爆炸的危险。在考虑减少燃料气供应的同时，应设法降低喷口周围及喷口所在设备的温度，以及受火焰热作用的设备的温度，转移周围的可燃物或设备。

思　考　题

1. 简述受热自燃和自热自燃的发生条件。
2. 简述抑制法的灭火机理。
3. 简述什么是燃烧的过氧化物理论。
4. 什么是燃烧的链式反应理论？并写出氢气在氯气中燃烧的链式反应。
5. 在进行闪点测量时，试分析哪些因素会影响到实验的测量结果？
6. 分别从传热和器壁效应分析为什么管道直径越小燃烧范围越窄。
7. 燃烧极限的影响因素有哪些？它们是如何影响的？
8. 池火灾的特点有哪些？它是如何蔓延的？

第三章 物质的燃烧

第一节 气体的燃烧

一、气体的着火

气体的着火方式分为自燃和强迫着火两种。

(1) 自燃 把一定体积的可燃混合气体预热到一定温度，气体混合物发生缓慢的氧化还原反应，放出热量，导致气体温度增加，反应速率逐渐加速，产生更多的热量，最终使反应速率急剧增大直至着火。气体自燃机理有热自燃机理和链式反应机理两种，将在本书第四章详细介绍。

(2) 强迫着火 可燃混合气体内某一部分用点火源点着相邻一层混合气，然后燃烧波自动传播到混合气的其余部分。

强迫着火与自燃着火在原理上是一致的，都是化学反应急剧加速的结果，但有不同之处：强迫着火在混合气体的局部进行，自燃在整个混合气体中进行；自燃过程必须使全部可燃气体在一定的温度下进行，而强迫着火全部混合气体处于较冷的状态，但局部的强迫着火温度比自燃温度高；自燃着火延迟时间较长，而强迫着火过程很快，点燃延迟时间很短。

强迫着火过程包括在混合气体中形成局部火焰和火焰在混合气中传播两个阶段。

点火的形式：热表面点燃、电火花点燃、外来火焰点燃等。

点火的条件：一定的可燃物浓度、一定的含氧量、一定的着火能量。

最小点火能（图 3-1）可由式（3-1）计算。

$$E_{\min}=\frac{\pi d_q^2\lambda}{W_s}(T_b-T_0) \tag{3-1}$$

式中，d_q 为电极距离；λ 为热导率；W_s 为反应速率；T_b 为燃烧面温度；T_0 为未燃烧的温度。

最小点火能的影响因素如下。

① 可燃物的种类和结构 碳链长、支链多的物质，引燃能量较大；烷烃的最小引燃能量最大，烯烃次之，炔烃较小；过氧化物的引燃能量较小。

② 可燃气体浓度的影响 一般情况下，当这种可燃气体浓度稍高于它的化学计量浓度时，其引燃能量最小。

③ 可燃混合气初温和压力的影响 初温增加，最小点火能减少；最小点火能随压力的升高而减少，随压力的降低而增加。当压力降到某一临界压力时，可燃气体就很难着火。

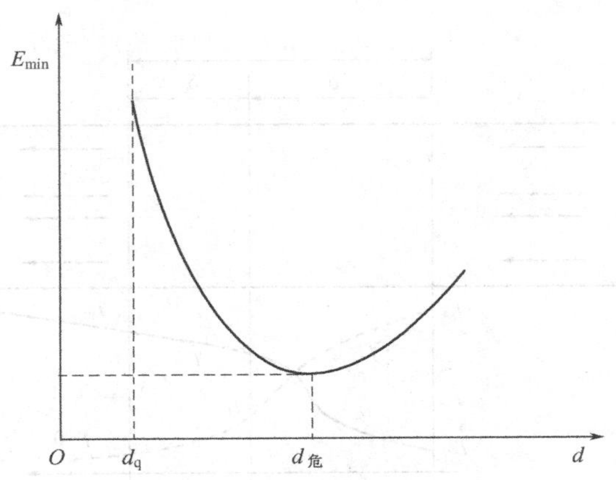

图 3-1　最小点火能

热导率越大，最小点火能 E_{min} 越大，混合气体不易引燃。

在给定条件下，电极距离有一最危险值，电极距离大于或小于最危险值时，最小点火能增加。电极距离等于最危险值时，最小引燃能最小。

二、气体燃烧

(一) 预混燃烧

1. 预混气体火焰传播的方式

(1) 正常火焰传播　主要依靠导热的作用将火焰中产生的热量传递给未燃气，使之升温并着火，从而使燃烧波在未燃气中传播的现象。

正常火焰传播的特点如下。

① 燃烧后气体的压力减小或接近不变。

② 燃烧后气体的密度减小。

③ 燃烧波以亚声速传播。

(2) 爆轰　主要依靠冲击波（激波）的高压，使未燃气受到近似绝热压缩的作用而升温着火，从而使燃烧波在未燃区中传播的现象。

爆轰的特点如下。

① 燃烧后气体的压力增大。

② 燃烧后气体的密度增大。

③ 燃烧波以超声速传播，声速为 340m/s（在空气中）。

2. 层流预混气中正常火焰传播速度（图 3-2）

(1) 传播机理

① 火焰前沿的定义　火焰在预混气中传播时，区分已燃区和未燃区的一层薄薄的化学反应发光区。

② 火焰前沿特点

a. 由预热区和化学反应区两部分组成。

b. 其中存在强烈的导热和物质扩散。

③ 火焰传播机理

a. 火焰传播的热理论　火焰能在混合气体中传播是由于火焰中化学反应放出的热量传播到新鲜冷混合气体中，使冷混合气体温度升高，化学反应速率加快的结果。

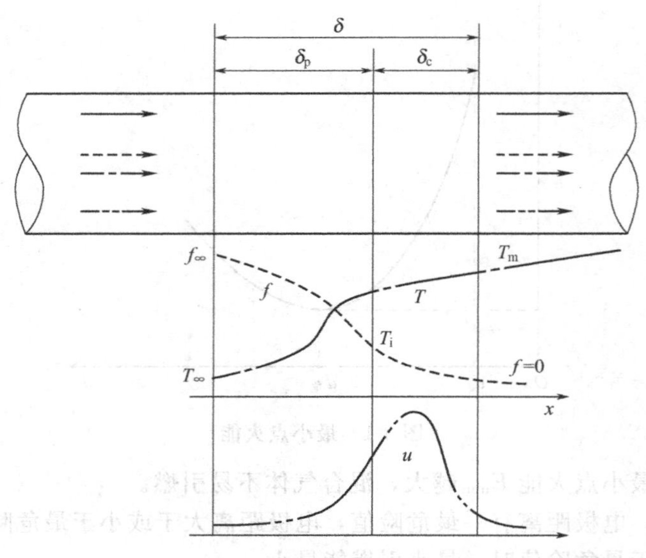

图 3-2　气体燃烧模型

p—压力；ρ—气体密度；T—温度；u—火焰传播速度

b. 火焰传播的扩散理论　凡是燃烧都属于链式反应。火焰能在新鲜混气中传播是由于火焰中的自由基向新鲜混合气体中扩散，使新鲜混气发生链式反应的结果。

(2) 层流火焰传播速度——马兰特简化分析

① 简化模型　见图 3-3。

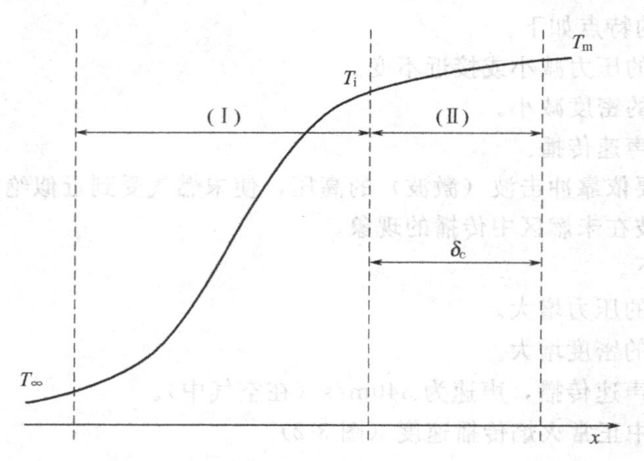

图 3-3　马兰特简化模型

② 反应区的温度分布

$$\frac{dT}{dx}=\frac{T_m-T_i}{\delta_c} \tag{3-2}$$

③ 热平衡式　见图 3-4 和图 3-5。

$$Gc_p(T_i-T_\infty)=FK\frac{T_m-T_i}{\delta_c} \tag{3-3}$$

$$G=\rho Fu=\rho_\infty S_l F, Gc_p(T_i-T_\infty)=FK\frac{T_m-T_i}{\delta_c} \tag{3-4}$$

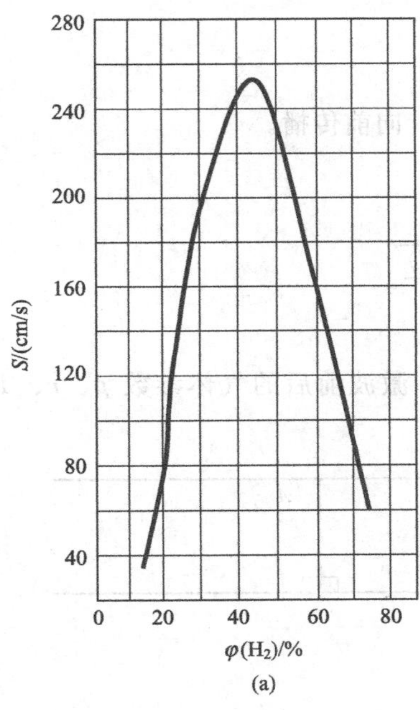

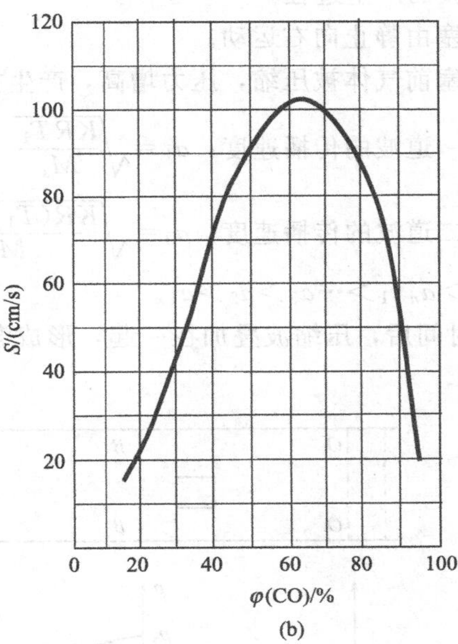

图 3-4 层流火焰传播速度

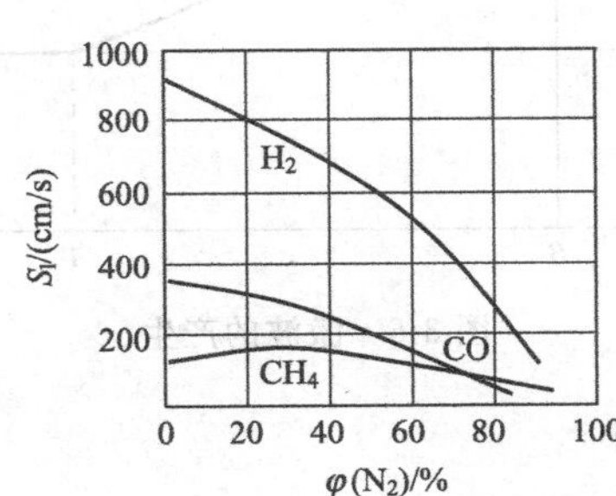

图 3-5 火焰传播速度影响因素

$$\rho_{\infty} S_l c_p (T_i - T_{\infty}) = K \frac{T_m - T_i}{\delta_c}$$

$$S_l = \frac{K(T_m - T_i)}{\rho_{\infty} c_p (T_i - T_{\infty}) \delta_c} = a \frac{(T_m - T_i)}{(T_i - T_{\infty}) \delta_c} \tag{3-5}$$

$$a = \frac{K}{\rho_{\infty} c_p} \qquad \delta_c = S_l \tau_c = S_l \frac{\rho_{\infty} f_{s\infty}}{W_s}$$

$$S_l = \sqrt{a \frac{T_m - T_i}{T_i - T_{\infty}} \times \frac{W_s}{\rho_{\infty} f_{s\infty}}} \tag{3-6}$$

$$W_s = K_{os} \rho_{\infty}^n f_{s\infty}^n e^{\frac{-E}{RT_m}}, a = \frac{K}{\rho_{\infty} c_p}$$

$$S_l = \sqrt{\frac{K(T_m - T_i) K_{os} \rho_{\infty}^{n-2} f_{\infty}^{n-1} e^{\frac{-E}{RT_m}}}{c_p (T_i - T_{\infty})}} \tag{3-7}$$

$$S_l \propto \sqrt{\rho_{\infty}^{n-2}} \propto \sqrt{p^{n-2}} = p^{\frac{n}{2}-1} \tag{3-8}$$

（二）爆轰

1. 激波的产生过程

① 活塞由静止向右运动。

② 活塞前气体被压缩，压力增高，产生扰动，向前传播。

③ 第一道波的传播速度：$a_1=\sqrt{\dfrac{KRT_1}{M_s}}$。

④ 第二道波的传播速度：$a_2=\sqrt{\dfrac{KR(T_1+\Delta T)}{M_s}}$。

⑤ $a_n > a_{n-1} > \cdots a_3 > a_2 > a_1$。

一段时间后，压缩波叠加在一起，形成激波，激波前后的气体参数 p、r、T 发生的突跃见图 3-6。

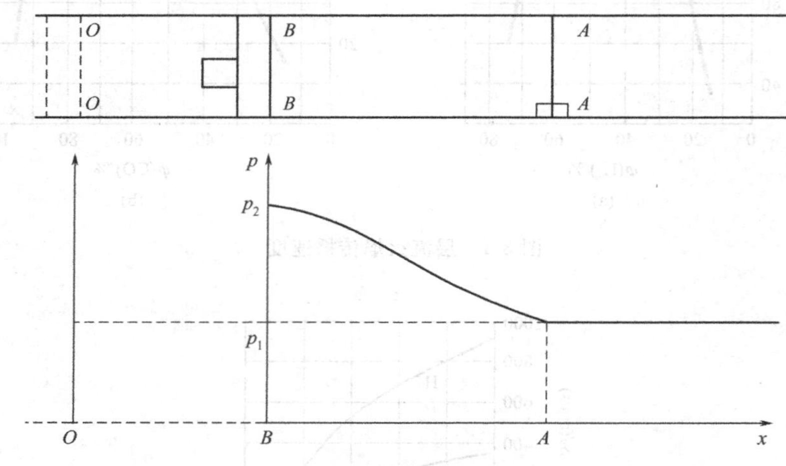

图 3-6　激波的产生

2. 爆轰的发生过程

爆轰的过程见图 3-7。

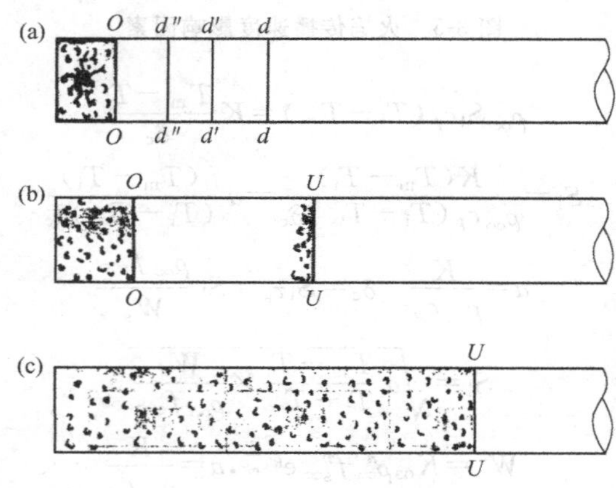

图 3-7　爆轰的过程

① 形成“燃气活塞”。

② 产生系列压缩波。

③ 形成激波。

④ 产生爆轰。

3. 爆轰形成的条件

① 初始正常火焰传播能形成压缩扰动。

② 管道足够长或容器空间足够大。

爆轰前期距离为管道中的可燃混合气体从开始燃烧到发生爆轰之间的距离。

③ 可燃气浓度处于爆轰极限浓度范围内时 H_2 爆炸极限 4%～75.6%，爆轰极限 18.3%～59%。

④ 管道直径大于爆轰临界直径。

临界直径为管道中的可燃混合气能形成爆轰的管道的最小直径，12～15mm。

4. 爆轰波速和压力

爆轰波速与压力的关系见表 3-1。

$$u_{\infty}^{2}=\frac{p_{p}-p_{\infty}}{\rho_{\infty}^{2}(1/\rho_{p}-1/\rho_{\infty})} \tag{3-9}$$

表 3-1　爆轰波速与压力的关系

混合物	$p/\times10^5$Pa	T/K	u/(m/s)	
			计算	实验
$2H_2+O_2$	18.05	3583	2806	2819
$(2H_2+O_2)+5O_2$	14.13	2620	1732	1700
$(2H_2+O_2)+5N_2$	14.39	2685	1850	1822
$(2H_2+O_2)+5H_2$	15.97	2975	3627	3527
$(2H_2+O_2)+5He$	16.32	2097	3617	3160

5. 爆轰波的破坏特点

① 爆轰波波速快，可能使常用的防爆泄压装置失去作用。

② 爆轰波波压大，碰到器壁时会产生反射增压现象。

③ 爆轰波对生物具有杀伤作用。

爆轰波超压与破坏效应见表 3-2。

表 3-2　爆轰波超压与破坏效应

超压值/$\times10^5$Pa	建筑物损坏情况
<0.02	基本没有破坏
0.02～0.12	玻璃窗的部分或全部破坏
0.12～0.3	门窗部分破坏,砖墙出现小裂纹
0.3～0.5	门窗大部分破坏,砖墙出现严重裂纹
0.5～0.76	门窗全部破坏,砖墙部分倒塌
>0.76	墙倒屋塌
超压值/$\times10^5$Pa	**生物杀伤情况**
<0.1	无损伤
0.1～0.25	轻伤,出现 1/4 的肺气肿,2～3 个内脏出血
0.25～0.45	中伤,出现 1/3 的肺气肿,2～3 片内脏出血,1 个大片内脏出血
0.45～0.75	重伤,出现 1/2 的肺气肿,3 个以上的片状出血,2 个以上大片内脏出血
>0.75	伤势严重,无法挽救,死亡

（三）扩散燃烧

扩散燃烧是指可燃气和未燃气没有预先混合，而是边混合边进行燃烧（图 3-8）。

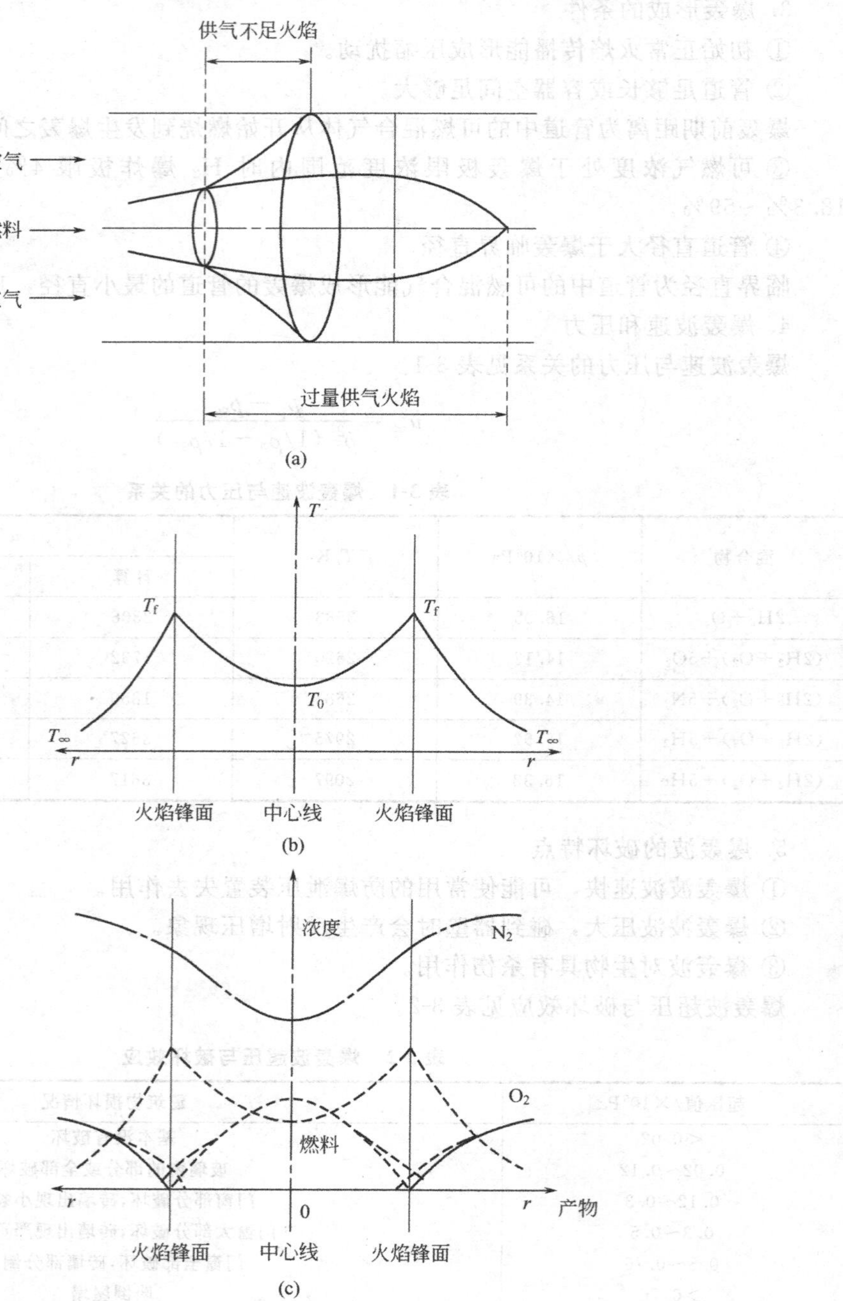

图 3-8 扩散燃烧模型

（1）扩散燃烧包括层流和湍流两种方式

① 层流 流体质点在流动时，各层间互不相混，互不干扰，各自沿直线向前流动，称层流。

② 湍流 流体质点在流动时，处于完全无规则的乱流状态，甚至出现旋涡，称湍流。

(2) 火焰高度的影响因素

① 层流扩散火焰高度　与容积容量成正比，即与可燃气的流速和喷嘴横截面积成正比。

② 湍流扩散火焰的高度　只与喷嘴横截面积成正比，而与流速无关。

③ 扩散火焰高度随可燃气流速的变化见图 3-9。

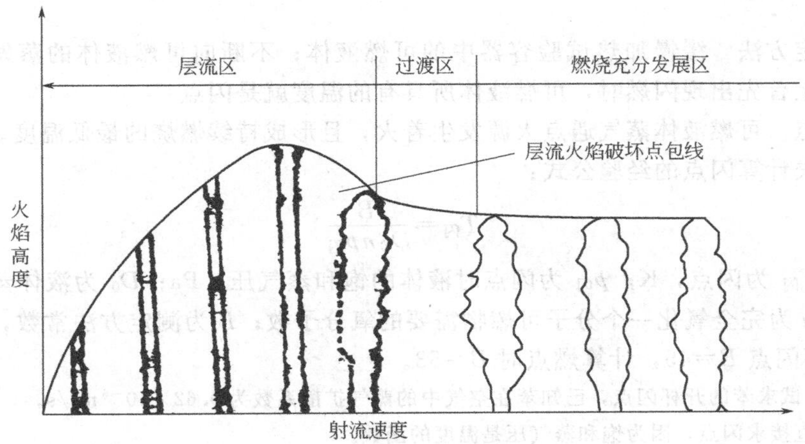

图 3-9　扩散火焰高度与可燃气流速的关系

第二节　液体的燃烧

一、液体的着火

(一) 液体着火过程

液体着火过程见图 3-10。

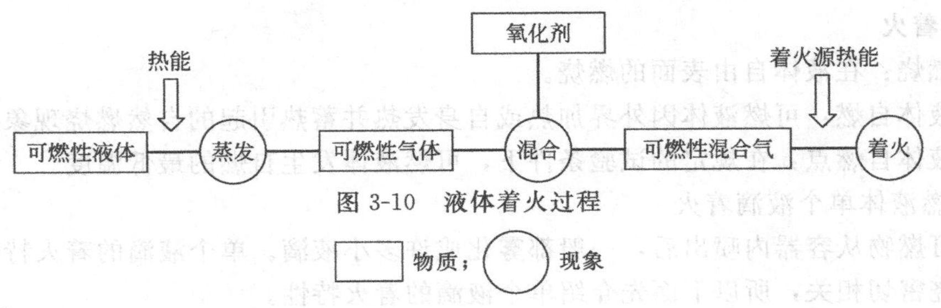

图 3-10　液体着火过程

物质；　现象

1. 蒸发

(1) 蒸气压　在一定条件下，液体和其蒸气处于平衡状态时，蒸气所具有的压力，称为饱和蒸气压（蒸气压）。

$$\frac{\mathrm{d}\ln p_{饱和}}{\mathrm{d}T}=\frac{Q_{蒸}}{RT^2} \tag{3-10}$$

$$p_{饱和}=p_0\,\mathrm{e}^{-\frac{Q_{蒸}}{RT}}$$

(2) 蒸发热　在一定的温度度和压力下，液体蒸发所必需吸收的热量。

2. 闪燃

(1) 闪燃　可燃液体遇火源后，在其表面上产生的一闪即灭的燃烧现象，是可燃液体着火的前奏或火险的警告。

（2）闪燃原因　在较低的温度下，可燃液体的蒸发速率较慢，当其小于蒸气燃烧时的消耗速率时，遇火源就只能维持瞬时燃烧。

（3）闪点　在规定的试验条件下，可燃液体表面上能产生闪燃时，可燃液体的最低温度。

（4）测定方法　缓慢加热试验容器中的可燃液体；不断向可燃液体的蒸发空间引入火源；在液面上首先出现闪燃时，可燃液体所具有的温度就是闪点。

（5）燃点　可燃液体蒸气遇点火源发生着火，且形成持续燃烧的最低温度。

布里诺夫计算闪点的经验公式：

$$T_{闪}=\frac{B}{D_0 n p_{闪}} \tag{3-11}$$

式中，$T_{闪}$ 为闪点，K；$p_{闪}$ 为闪点时液体的饱和蒸气压，Pa；D_0 为液体蒸气的扩散系数，m^2/s；n 为完全氧化一个分子可燃物需要的氧分子数；B 为测定方法常数，对闭杯闪点 $B=28$，开杯闪点 $B=45$，计算燃点时 $B=53$。

【例 3-1】 试求苯的开杯闪点，已知苯在空气中的蒸气扩散系数为 $9.62\times10^{-6}\,m^2/s$。

解　不能直接求闪点，因为饱和蒸气压是温度的函数。

$$T_{闪}p_{闪}=\frac{B}{D_0 n};\ B=45$$

$$C_6H_6+7.5O_2 = 6CO_2+3H_2O$$

$$n=7.5$$

$$T_{闪}p_{闪}=\frac{B}{D_0 n}=623.7\times10^3\,\text{Pa}\cdot\text{K}$$

温度为 270.4K 时饱和蒸气压 2666.4Pa，乘积为 721×10^3 Pa·K；

温度为 261.5K 时饱和蒸气压 1333.3Pa，乘积为 348.7×10^3 Pa·K。

用插值法：

$$T_{闪}=261.5\text{K}+\frac{(623.7\times10^3-348.7\times10^3)\times(270.4-261.5)}{721\times10^3-348.7\times10^3}\text{K}=268.1\text{K}$$

（二）液体着火

液面燃烧：在液体自由表面的燃烧。

可燃液体自燃：可燃液体因外界加热或自身发热并蓄热引起的自然燃烧现象。

可燃液体自燃点：在规定的试验条件下，可燃液体发生自燃的最低温度。

1. 可燃液体单个液滴着火

液体可燃物从容器内喷出后，一般都雾化成许多小液滴。单个液滴的着火特性与整个喷雾着火燃烧密切相关，所以下面先介绍单个液滴的着火特性。

假设在一个环境温度为 T_∞ 的空气中，气流速度为 u_∞，突然放入一个直径为 d_p 的可燃物滴，在满足什么样的条件下液滴才会着火呢？要回答这个问题，首先必须了解单个液滴在有相对速度环境中的蒸发规律，这些内容在燃烧学中均有介绍，请读者自行查阅，这里不重复了；其次是讨论着火条件。

在 Ar 数较大的情况下，化学反应主要集中在靠近高温侧的薄层内，即火焰远离液滴表面，发生在 $r_\xi\sim r_1$ 的薄层内（见图 3-11）。整个流场又可分为两个区，即反应的冻结区和反应区。假设 $L_g=1$，λ、c_p、ρ、D 等为常数，B_i 数、Re 数较小，过程为准定常过程。则 $\left(\frac{dT}{dr}\right)_{r=r_1}=0$ 时，就达到了着火临界条件。其中 r_1 为相对速度时的折算薄膜半径：

$$r_1=\frac{r_p}{1-\frac{2}{Nu^*}} \tag{3-12}$$

这里 $Nu^*=2(1+0.3Re^{1/2}pr^{1/3})$。

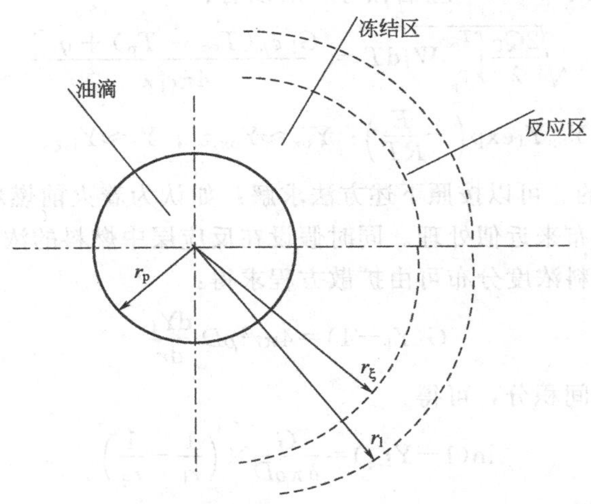

图 3-11　液滴的着火模型

在反应区中，能量方程简化为

$$\frac{1}{r^2}\times\frac{\mathrm{d}}{\mathrm{d}r}\left(r^2\lambda\frac{\mathrm{d}T}{\mathrm{d}r}\right)=-W_fQ_f \tag{3-13}$$

式中，W_f 为燃料的反应速度；Q_f 为燃料的反应热。

在 $r\geqslant r_\xi$ 处，由于 r_1 相对于（r_1-r_ξ）较大，所以可用平面来代替球面，此时式（3-13）简化为

$$\frac{\mathrm{d}}{\mathrm{d}r}\left(\lambda\frac{\mathrm{d}T}{\mathrm{d}r}\right)=-W_fQ_f \tag{3-14}$$

利用 $\lambda=$常数，$\left(\frac{\mathrm{d}T}{\mathrm{d}r}\right)_{r=r_1}=0$ 的条件，在 $r_\xi\rightarrow r_1$ 之间对式（3-14）积分，得到

$$\left(\frac{\mathrm{d}T}{\mathrm{d}r}\right)_{r=r_\xi}=\sqrt{\frac{2Q_f}{\lambda}\int_{T_\xi}^{T_\infty}W_f\mathrm{d}T} \tag{3-15}$$

$$\approx\sqrt{\frac{2Q_f}{\lambda}\int_{T_p}^{T_\infty}W_f\mathrm{d}T}$$

式中，T_p 为液滴温度，由于 B_i 数较小，液滴内部温度近似均匀一致，它可以由蒸发方程和克莱伯龙方程联立解得；T_∞ 为环境温度。

在 $r<r_\xi$ 区中，能量方程简化为：

$$\rho vc_p\frac{\mathrm{d}T}{\mathrm{d}r}=\frac{\mathrm{d}}{\mathrm{d}r}\left(\lambda\frac{\mathrm{d}T}{\mathrm{d}r}\right) \tag{3-16}$$

边界条件

$$\left(\lambda\frac{\mathrm{d}T}{\mathrm{d}r}\right)_{r=r_p}\approx\frac{q_vG}{4\pi r_p^2} \tag{3-17}$$

$$G=4\pi r_p^2\rho v=\pi\frac{\lambda}{c_p}Nu^*d_p\ln\left[1+\frac{c_p(T_\infty-T_p)}{q_v}\right] \tag{3-18}$$

式中，G 是蒸发速率；q_v 是蒸发潜热。

对式（3-17）积分可得：

$$\left(\frac{\mathrm{d}T}{\mathrm{d}r}\right)_{r=r_\xi}=\frac{G[c_p(T_\xi-T_p)+q_v]}{4\pi r_\xi^2\lambda}\approx\frac{G[c_p(T_\infty-T_p)+q_v]}{4\pi r_1^2\lambda} \tag{3-19}$$

显然式（3-15）与式（3-19）应当相等，所以有：

$$\sqrt{\frac{2Q_F}{\lambda}\int_{T_p}^{T_\infty}W_f\mathrm{d}T}=\frac{G[c_p(T_\infty-T_p)+q_v]}{4\pi r_1^2\lambda} \tag{3-20}$$

式中，$W_f=K_{0f}p_\infty^2Y_{ox}Y_f\exp\left(-\frac{E}{RT}\right)$；$Y_{ox}\approx Y_{ox,\infty}$；$Y_f\approx Y_{f,\xi}$。

其中，$Y_{f,\xi}$是未知的。可以按照下述方法求解：如认为着火前燃料的消耗不大，可以取无化学反应时的浓度分布来近似处理。同时假设在反应层中燃料的浓度均为$Y_{f,\xi}$。

无化学反应时的燃料浓度分布可由扩散方程求得：

$$G(Y_f-1)=4\pi r^2\rho D\frac{\mathrm{d}Y_f}{\mathrm{d}r} \tag{3-21}$$

将上式在$r_\xi\to r_1$之间积分，可得：

$$\ln(1-Y_{f,\xi})=\frac{G}{4\pi\rho D}\times\left(\frac{1}{r_1}-\frac{1}{r_\xi}\right) \tag{3-22}$$

对式（3-16）积分得：

$$G[c_p(T-T_p)+q_v]=4\pi r^2\frac{\lambda}{c_p}\times\frac{\mathrm{d}(c_pT)}{\mathrm{d}r}$$

再积分一次得：

$$\ln\frac{c_p(T_\xi-T_p)+q_v}{c_p(T_\infty-T_p)+q_v}=\frac{G}{4\pi\frac{\lambda}{c_p}}\left(\frac{1}{r_1}-\frac{1}{r_\xi}\right) \tag{3-23}$$

在Ar数较大的时候，可以近似取：

$$T_\xi\approx T_\infty-\frac{RT_\infty^2}{E}$$

代入式（3-23）可得：

$$\ln\frac{c_p\left(T_\infty-\frac{RT_\infty^2}{E}-T_p\right)+q_v}{c_p(T_\infty-T_p)+q_v}=\frac{G}{4\pi\frac{\lambda}{c_p}}\left(\frac{1}{r_1}-\frac{1}{r_\xi}\right) \tag{3-24}$$

比较式（3-22）和式（3-24）得：

$$Y_{f,\xi}=\frac{c_pRT_\infty^2}{E[c_p(T_\infty-T_p)+q_v]} \tag{3-25}$$

另外，

$$\int_{T_p}^{T_\infty}\mathrm{e}^{-\frac{E}{RT}}\mathrm{d}T\approx\mathrm{e}^{-\frac{E}{RT_\infty}}\left[1-\mathrm{e}^{-\frac{E}{RT_\infty^2}(T_\infty-T_p)}\right] \tag{3-26}$$

将式（3-25）和式（3-26）代入式（3-20）得：

$$\sqrt{\frac{2Q_fK_{0f}\rho_\infty^2Y_{0\infty}c_p\left[1-\mathrm{e}^{-\frac{E}{RT_\infty^2}(T_\infty-T_p)}\right]}{\lambda[c_p(T_\infty-T_p)+q_v]}\times\frac{RT_\infty^2}{E}\mathrm{e}^{-\frac{E}{RT_\infty}}}=\frac{G[c_p(T_\infty-T_p)+q_v]}{4\pi r_1^2\lambda} \tag{3-27}$$

由式（3-27）可以算出给定条件下的着火温度（T_∞）的值，即单个可燃性液滴的着火条件。

如果液滴和氧化剂的种类确定以后，式（3-27）中的Q_f，K_{0f}，λ，c_p，E，q_v，T_p，

ρ_∞，$Y_{0,\infty}$等参数均可查出。当环境的相对速度确定之后，r_1，G等即可算出，这样式（3-27）中唯一未知量就是T_∞，当然可以通过式（3-27）算出T_∞。不过因T_∞是以隐式形式给出的，计算时并不方便，希望做些简化，但目前还很困难，这正表明了该问题的复杂性。

一个已知初温为T_p的某种液滴，突然放到温度为T_∞（$T_\infty>T_p$）的环境中，由气体传导到液滴表面的热量用于实现汽化，传导到液滴内部的那部分热量对液滴加热。一般认为液滴的有效加热和激烈汽化是互相排斥的。开始的一瞬间，由于液滴为冷态，在它的表面平衡蒸气压很低，离开表面的质量传递速率也很小，即汽化速率很小。表明初期达到表面的热量主要用于液滴加热而不是汽化。当液滴温度达到稳定值时，液滴的加热变慢而汽化加速，液滴表面的蒸气浓度增高。所以只有达到中等温度的液滴才能着火，因此常把着火条件简化为环境温度T_∞。这里重要的是建立单个液滴着火的概念，为今后的学习打下基础。

2. 液滴群（液雾）的着火

这类问题属于两相流动的范围，在两相流中液滴的滴径有个分布规律（与雾化特性有关），当液滴群进入高温环境（高温气流、低温气流受点热源的影响而形成的局部高温），小液滴首先蒸发掉，大液滴的存在时间则要长得多。随着过程的发展，空间中燃料蒸气的浓度越来越大，因此可以产生液滴间预混可燃气的着火和液体本身着火的竞争过程，由于这种情况的多样性，必然导致着火条件的多样性和燃烧规律的多样性。但是分析问题的思想和方法同前面介绍的预混气体的着火、单个液滴的着火等是相同的，所以这里将不介绍整个问题的处理过程。而是把最后得出的结论介绍一下，并做些必要的说明。

无论是液滴间的混气着火，还是液滴着火，其着火条件都同反应动力学、散热和蒸发三个因素有关。实验研究和理论分析都证明：与液滴间的预混气着火相比，液滴的着火发生在更贫油的混合比条件下。对于平均液滴粒径为10～200μm的辛烷雾在温度为600～1600℃、压力为1atm的热空气流中，液滴间混气着火和液滴着火进行的计算结果见图3-12～图3-14。

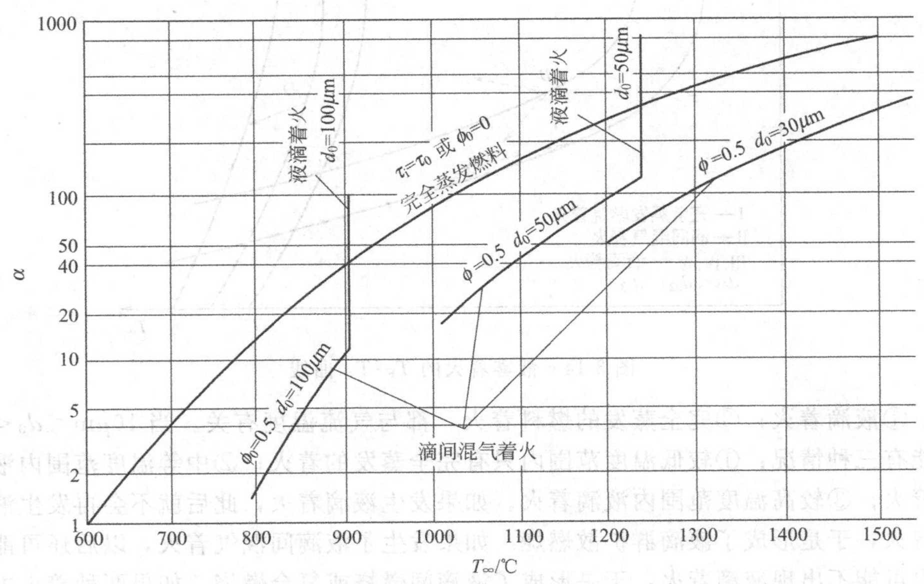

图3-12　液雾着火的α-T_∞曲线（Ⅰ）

图3-12～图3-14结果表明：不论α、T_∞取何值，当d_0<10μm时，由于相对蒸发损失大，液滴间混合物着不了火，着火只能发生在完全蒸发之后。当d_0>150μm时，可能有两

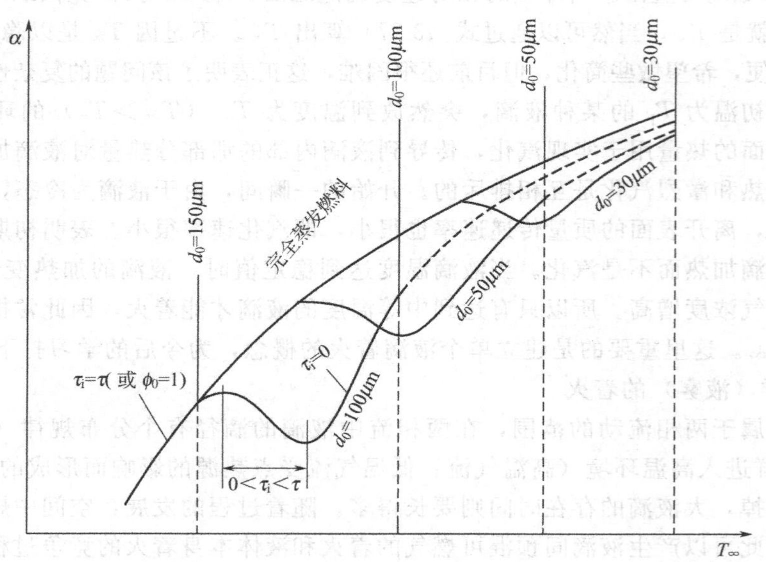

图 3-13 液雾着火的 α-T_∞ 曲线（Ⅱ）

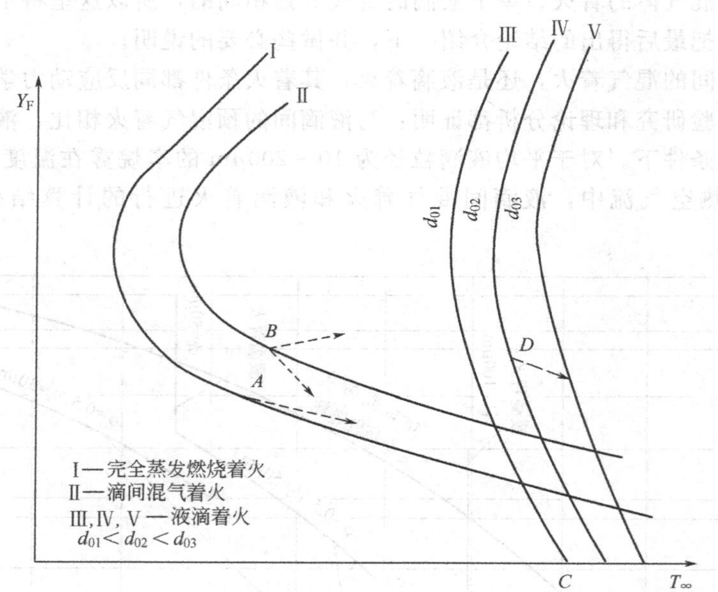

图 3-14 液雾着火的 T_F-T_∞ 曲线

种情况：①液滴着火；②完全蒸发的燃料着火，都与气流温度有关。当 $10\mu m<d_0<150\mu m$ 时，可能有三种情况：①较低温度范围内只有完全蒸发的着火；②中等温度范围内液滴间混合气体着火；③较高温度范围内液滴着火。如果发生液滴着火，此后就不会再发生液滴间混合气体着火，于是形成了液滴群扩散燃烧。如果发生了液滴间混气着火，以后还可能有液滴着火，也可能不出现液滴着火，于是形成了液滴间燃烧或复合燃烧。如果两种着火方式都不能实现，可能出现无蒸发的气相着火，或根本没有着火，这情况是流动、蒸发和反应动力学因素互相作用的综合结果。

上述结果表明：发生在火灾中的液气两相流的着火，一般着火条件不会太好，所以发生完全蒸发着火或液滴间混气着火的可能性更大一些。另外因火灾中的喷雾条件较差，雾化不好，大液滴多而且滴也大，似乎不大可能发生完全蒸发着火。从这两方面看着火条件是差一些，要准确地给出着火条件，还要结合火灾条件进行大量的实验研究和理论分析。

3. 液面着火

在液体可燃物自由表面上的燃烧称为液面燃烧。海上的油轮事故，常导致液面火灾。所以研究液面火的蔓延规律，对于扑救这种火灾具有重要意义。研究结果表明，可燃性液体的性质及周围环境条件，对液面火的蔓延速度影响很大。

在静止环境中液体的初温对火的蔓延速度影响显著。图 3-15 给出了甲醇液面火的蔓延速度与甲醇初温的关系，开始时甲醇液面火的蔓延速度随着甲醇初温的增高而加快，当温度超过某个值之后，液面火的蔓延速度趋于某个常数。这是因为甲醇的闪点为 11℃，当温度达到 20℃之后，在甲醇液面上方就形成了一定浓度的甲醇蒸气，该蒸气与空气混合后形成了具有一定混合比的预混可燃气，而这个预混可燃气的传播速度是一定的，表现出来就是甲醇液面火的蔓延速度趋于某个常数。这个常数值就是最大甲醇浓度与空气混合气的层流火焰传播速度。火焰传播速度不同，火焰形状也不同，图 3-16 为不同甲醇初温，给定时间间隔（距着火）时的纹影照片。从图 3-16 看出，火焰传播速度越快，火焰面的倾角越大。

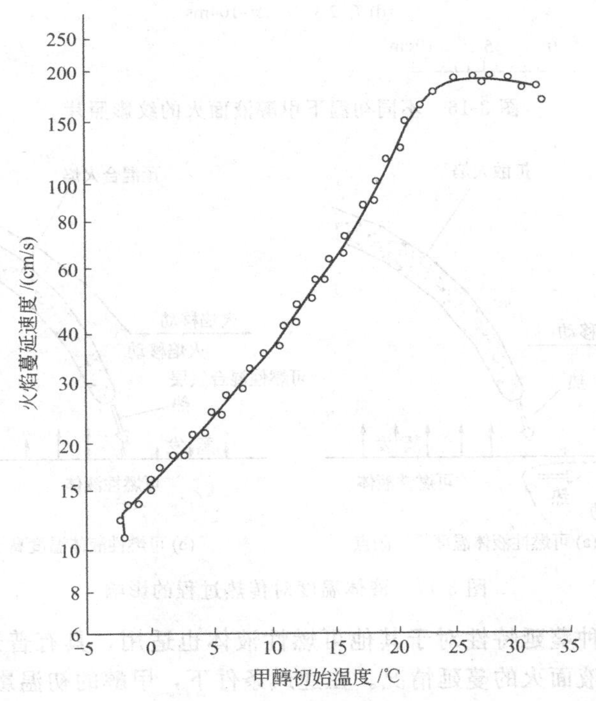

图 3-15　初温对液面火蔓延速度的影响

上述结果表明，火焰传播速度与温度有关，必然与传热过程有关。当甲醇初温低于闪点（11℃）温度时，形成的是扩散火焰。要维持液面火的蔓延，火焰前面的甲醇必须升温，以保证一定的蒸发速率。这样必须向火焰前面的液相甲醇传热，这样火焰前面的液相甲醇与火焰正下方的液相甲醇之间就产生了温差，这个温差就引起了表面张力差。在表面张力差的作用下产生了液相甲醇的表面流，使得温度高的液相甲醇流向火焰的前方，如图 3-17（a）所示。火焰的周期性变化［见图 3-17（b）］就是表面张力差引起的表面流的变化所致。

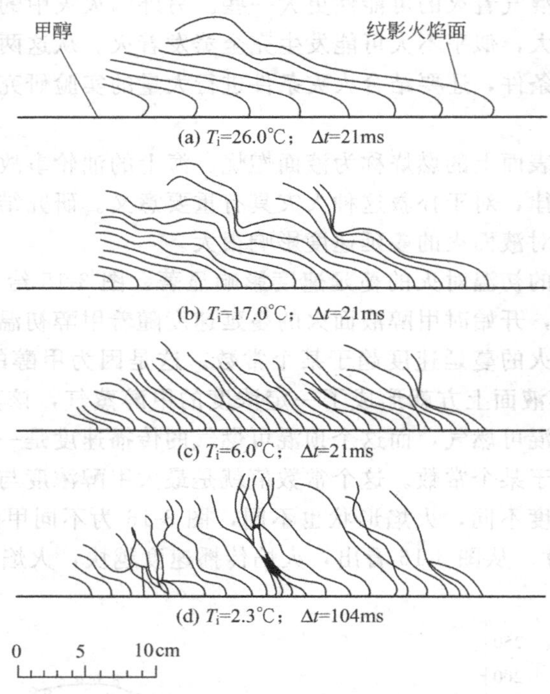

图 3-16　不同初温下甲醇液面火的纹影照片

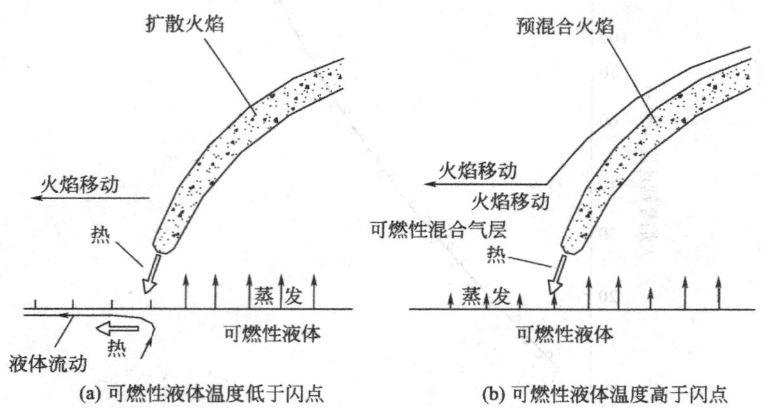

图 3-17　液体温度对传热过程的影响

甲醇液面火的这种蔓延特性对于其他可燃性液体也适用，具有普遍性。图 3-18 给出了在相对风速条件下，液面火的蔓延情况。在逆风条件下，甲醇的初温影响显著。在顺风条件下，初温几乎没有什么影响，主要受风速的影响。这个结果当然与甲醇的蒸发速率有关，研究蒸发问题，必须研究传热问题。另外还可看出，如果逆向以大于液面火蔓延速度数倍的风速吹来，就可将液面火扑灭。在扑救液面火灾时，不能顺着火焰方向吹风，否则火会越烧越旺。

实际火灾中，液面并非静止不动，所以今后应研究运动液面对液面火蔓延速度的影响，以便更真实地描述液面火灾的蔓延规律。

4. 高温（炽热）表面上液滴的着火

由于火灾中的喷雾条件较差，液滴较大，经常发生液滴落在炽热物体表面上的现象，以

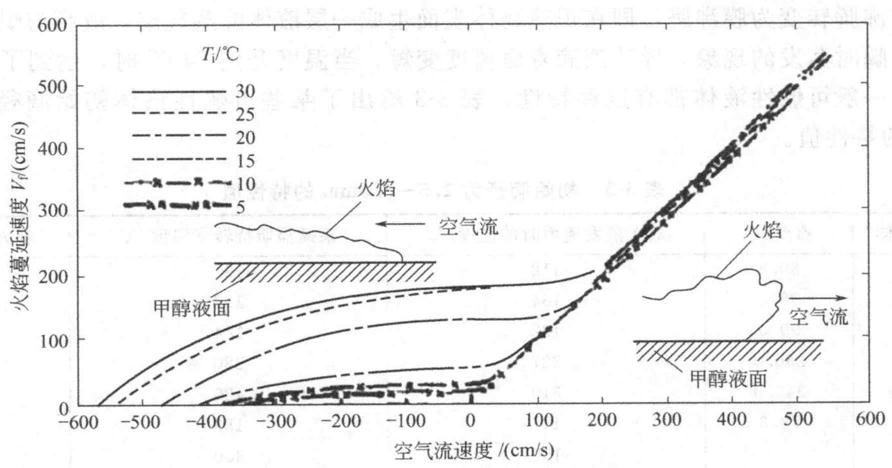

图 3-18 相对风速对液面火蔓延速度的影响

下分析这种液滴的着火条件及燃烧规律。

大量的研究结果表明，处在恒温的炽热物体表面的液滴寿命与炽热物体的温度有如图 3-19 所示的规律。其中液滴的寿命定义为从液滴与炽热物体表面接触开始到液滴蒸发（燃烧）终了所用的时间。实验中使用苯液滴，初始直径为 2.14mm，开始时液滴寿命随着炽热物体的温度升高而变短，在 118℃时达到最小值；然后随着炽热物体温度的升高而变长，在 195℃时达到最大值；以后随着炽热物体温度的升高再变短，在 840℃时发生了着火现象。为什么会有如此复杂的变化规律呢？

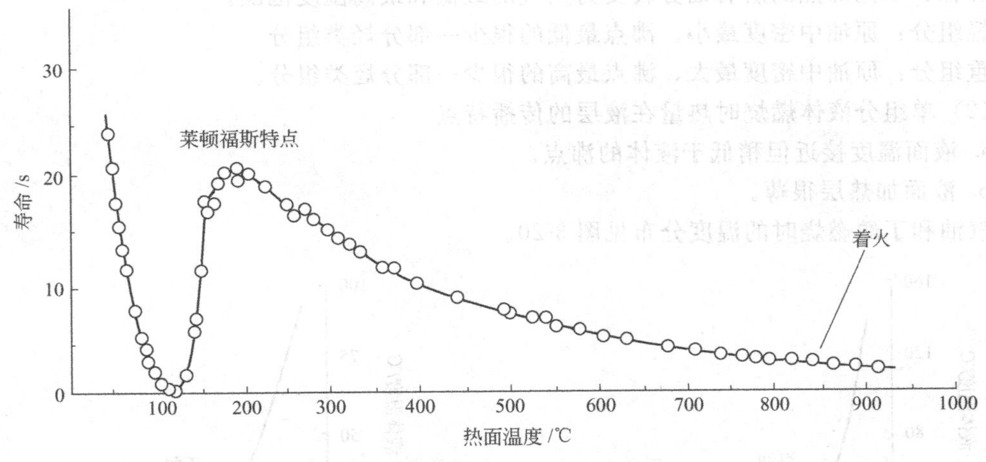

图 3-19 液滴寿命与炽热物体温度的关系

以苯液滴为例，苯在 80.2℃时沸腾，当炽热物体温度低于 118℃时，液滴是落在炽热物体表面上的。炽热物体通过导热（接触）向液滴传热，传热量随着温度的升高而增大，液滴的蒸发速率也相应增大，所以寿命减短。当炽热物体的温度高于液滴沸点温度 30～50℃时（118℃），蒸发速率达到最大，液滴寿命变得最短。随着炽热物体温度的进一步升高，液滴的沸腾减少了它与炽热物体的接触，导致传热量下降，所以液滴的寿命又增长了。这是液滴与炽热物体在热边界处发生了核沸腾的结果。当炽热物体的温度达到 195℃时，液滴的寿命达到极大值，此时所对应的温度称为莱顿福斯特转变温度。当炽热物体的温度继续升高时，液滴从核沸腾转变为膜沸腾，即在炽热物体表面生成一层液体的蒸气层，液滴与炽热物体之间形成了瞬时蒸发的现象，导致液滴寿命再度变短。当温度升到 840℃时，达到了着火温度而着火。一般可燃性液体都有这种特性，表 3-3 给出了某些可燃性液体初始滴径为 2.5～3.0mm 的特性值。

表 3-3　初始滴径为 2.5～3.0mm 的特性值

可燃性液体	沸点/℃	最大蒸发速率时的温度/℃	莱顿福斯特转变温度/℃	着火温度/℃
苯	80.2	118	195	840
庚烷	98.4	134	182	738
异辛烷	99.0	132	184	800
十六烷	288.0	327	380	720
α-甲基萘	243.0	310	420	852
乙醇	78.3	117	185	800
汽油		190	300	806
煤油		352	470	735
A 重油		570	645	750

如果环境压力升高，莱顿福斯特转变温度将向高温一侧移动。低温部分的寿命变长，高温部分的寿命变短。

5. 油品沸溢火灾和喷溅燃烧

(1) 基本概念

初沸点：原油中最轻的烃类沸腾时的温度。

终沸点：原油中最重的烃类沸腾时的温度。

沸程：不同沸点的所有馏分转变为蒸气的最低和最高温度范围。

轻组分：原油中密度最小、沸点最低的很少一部分烃类组分。

重组分：原油中密度最大、沸点最高的很少一部分烃类组分。

(2) 单组分液体燃烧时热量在液层的传播特点

a. 液面温度接近但稍低于液体的沸点。

b. 液面加热层很薄。

汽油和丁醇燃烧时的温度分布见图 3-20。

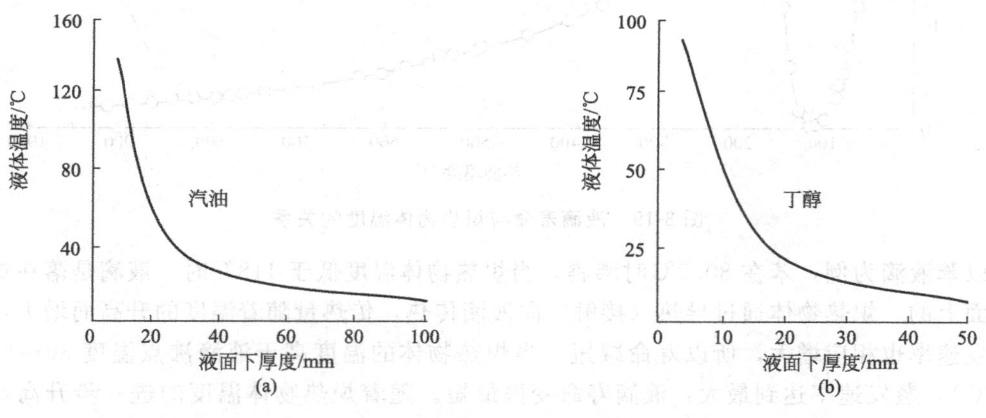

图 3-20　汽油和丁醇燃烧时的温度分布

(3) 原油燃烧时热量在液层中的传播特点

a. 热波　沸程较宽的混合液体在燃烧时，热量逐渐向液体深层传播时热的锋面。

b. 热波特性　原油和重质石油产品在燃烧时热量在油层中不断传播，使油品的被加热层不断增厚的特性。

c. 热波的传播速度　热波在液层中向下移动的速度称为热波的传播速度（见表 3-4）。

表 3-4　热波的传播速度

油品种类		热传播速度/(mm/min)	直线燃烧速度/(mm/min)
轻质油品	含水量<0.3%	7～15	1.7～7.5
	含水量>0.3%	7.5～20	1.7～7.5
重质燃油及燃料油	含水量<0.3%	约为 8	1.3～2.2
	含水量>0.3%	3～20	1.3～2.3
初馏分(原油轻馏分)		4.2～5.8	2.5～4.2

(4) 重质油品的沸溢和喷溅

① 沸溢　热波在油品中传播时，乳化水或自由水蒸发，形成大量油包气气泡，最后发生向外溢出的现象。

a. 沸溢的发生条件　原油具有形成热波的特性；原油中含有乳化水或自由水；原油的黏度较大。

b. 沸溢发生的时间　发生沸溢的时间与原油的种类、含水量有关。根据实验，含水量为 1%的石油，经 45～60min 燃烧就会发生沸溢。

c. 发生沸溢的征兆　火焰由红变白变亮，高度突然增加；烟气由浓黑变稀白；油面蠕动，有轻微呼隆和嘶嘶声响。

② 喷溅　热波下降到水垫层，使其中的水大量蒸发，蒸气压迅速升高，把上部的油品抛出罐外的现象。

a. 喷溅的发生条件　原油具有热波特性；原油底部存在水垫层；高温层与水垫层接触。

b. 喷溅发生时间　喷溅发生的时间与油层厚度、热波移动速度以及油的燃烧线速度有关。可近似用式 (3-28) 表示。

$$t=\frac{H-h}{V_t+V_l}-KH \tag{3-28}$$

式中，H 为油面高度，m；h 为水垫层高度，m；V_t 为热波传播速度，m/s；V_l 为燃烧速度，m/s；K 为修正系数。

【例 3-2】 黄岛油库 5 号油罐储存原油 16000t，油温为 39℃，着火后抽出原油为 4100t。罐内有 69 根立柱，每根立柱横截面积 0.25m²；罐长 72m、宽 48m。原油相对密度 0.89，含水量为 0.5%，原油燃烧线速度为 0.1025m/h，热波传播速度为 0.785m/h。试预计该油罐着火后可能发生喷溅的时间。

解 $H=\frac{16000-4100}{0.89\times(72\times48-69\times0.25)}\text{m}$

$=3.89\text{m}$

$h=\frac{16000\times0.5\%}{1\times(72\times48-69\times0.25)}\text{m}$

$=0.02\text{m}$

$t=\frac{3.89-0.02}{0.785+0.1025}\text{h}=4.36\text{h}(4\text{h}22\text{min})$

c. 喷溅发生的征兆　火焰由红变白变亮，高度突然增加；罐体发生轻微的振动沸溢，热波在油品中传播时，乳化水或自由水蒸发，形成大量油包气气泡，最后发生向外溢出的现象。

二、液体火灾蔓延

（一）油雾中火焰的蔓延

在钻井井喷火灾和液体燃料容器破裂后的火灾中，经常出现油雾中的火灾蔓延现象。在这种情况下因喷雾条件较差，雾化质量不高，液滴较大，而且大滴的密度也较高。形成的液雾火焰多为液群扩散火焰，为了使读者对这种火焰的特点有个概括了解，需要对液雾火焰作些说明。

液雾火焰大体分为下述四种。

① 预蒸发型气体燃烧　例如当环境温度较高，雾化较细，离喷嘴出口较远处的燃烧就接近这种类型，显然它具有预混可燃气燃烧的特点。

② 滴群扩散燃烧　例如当环境温度较低，雾化较粗，离喷嘴出口较近处的燃烧就接近这种类型，所以液滴的蒸发在整个过程中占有重要地位。

③ 预蒸发与滴群扩散燃烧的复合型　当小滴进入燃烧区之前已蒸发完，形成了具有一定浓度的预混可燃气，而大滴还没有蒸发完，进行着滴群扩散燃烧。

④ 预蒸发燃烧与滴群扩散蒸发的复合型　小滴进入燃烧区之前已蒸发完，形成了具有一定浓度的预混可燃气；而进入燃烧区的较大液滴虽然没有蒸发完，又因滴径过小而不能着火，只能继续蒸发，就形成了预蒸发燃烧与滴群扩散蒸发的复合型。

显然在火灾中，由于条件所限，滴群扩散燃烧是主要的形式，其他类型或多或少也会有所表现。

一般情况下，滴群较大，在燃烧过程中不断下落，滴群有可能落在地面上，形成含有可燃性液体的固面，同时引起可燃性固面上蔓延的火灾。如果是海上钻井台，则可能在水面上形成可燃性液面，又可出现沿可燃性液面蔓延的火灾。如果可燃性液体在某处集合，又可能出现油池火，所以必须同时注意综合效应。

为了说明滴群扩散燃烧的基本特性，可将滴群扩散燃烧简化为如图 3-21 所示的模型。即一个初始滴径均匀、液滴与气流之间没有相对运动的一维液雾火焰。如果初始气流环境温度不太高，但比液滴温度高，则应考虑对液雾的预热作用。此外，高温燃气一侧也对液雾有个预热作用，这样就形成了滴群的预热蒸发区，显然液体本身的蒸发特性、环境温度等对该区有很大影响。如果温度升高到某一个温度以上，可能出现已蒸发的蒸气与空气混合气的着火，形成预混火焰，然后液滴又着火，形成扩散火焰。可见随着条件的不同，有着不同的多相燃烧机理。

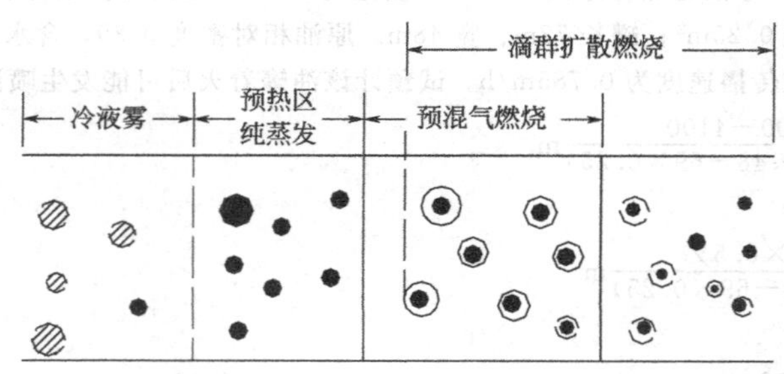

图 3-21　简化的滴群扩散燃烧模型

如果不能形成预混火焰，只有滴群扩散燃烧，就是我们要讨论的情况。此时虽然没有预混燃烧，但蒸发对气相流动是有影响的，不过仍可假设液滴与气流间没有相对运动，滴径均匀。

这样一维两相火焰的总体连续方程为：

$$\rho_\varepsilon u = m = 常数 \tag{3-29}$$

或

$$(\rho_g + \rho_l)u = m = 常数$$

式中，ρ_g 为气相的密度；ρ_l 为液相的密度；ρ_ε 为气液两相的总密度；u 为气液两相的平均速度；m 为气液两相的质量通量。

气相连续方程为：

$$\frac{d(\rho_g u)}{dx} = \overline{\rho_l}\frac{\pi d}{4}k_f N \tag{3-30}$$

令　$z = \dfrac{\rho_g}{\rho_\varepsilon}$

则

$$\frac{dz}{dx} = \frac{\overline{\rho_l}\dfrac{\pi d}{4}k_f N}{m} \tag{3-31}$$

式中，$\overline{\rho_l}$为液相的平均密度；d 为液滴直径；k_f 为扩散燃烧的蒸发常数；N 为液滴在单位容积内的数目。

两相一维火焰的能量方程为：

$$\frac{d}{dx}(\rho_g u h_g + \rho_l u h_l) = \frac{d}{dx}\left(\lambda\frac{dT}{dx} - \sum h_i \rho_g Y_i v_i\right) \tag{3-32}$$

式（3-32）两端同除以 $\rho_\varepsilon u = m$，并积分可得：

$$z h_g + (1-z)h_l + \frac{1}{m}\left(-\lambda\frac{dT}{dx} - \sum h_i \rho_g Y_i v_i\right) = 常数 \tag{3-33}$$

式中，i 表示第 i 种组分；h_i 为第 i 种组分的焓值；Y_i 为第 i 种组分的质量分数；v_i 为第 i 种组分的运动速度。所以有

$$h_g = \sum Y_i h_i$$

$$h_i = h_{i,0} + c_p(T - T_{g,0})$$

$$h_l = h_{l,0} + c_{pl}(T_l + T_{l,0})$$

$$T_{g,0} = T_{l,0} = 标准温度$$

这样式（3-33）又可写成

$$\frac{\lambda}{m}\times\left(\frac{dT}{dx}\right) = z(c_p T - Q') - z_0(c_p T_{g,0} - Q'_0) \tag{3-34}$$

式中，$Q'_0 = Q_f + q_v$，Q_f 为燃烧热，q_v 为蒸发潜热；下标 0 表示标准状态。

若将上式无量纲化，最终可以解得：

$$m \propto \frac{1}{d_0}\times\frac{1}{\sqrt{\rho_l}}\times\frac{\lambda}{c_p}\sqrt{p\,\overline{M_0}} \tag{3-35}$$

式中，$\overline{M_0}$为标准状态下混合气的平均分子量。

上述结果表明，滴群扩散燃烧火焰的质量蔓延速度随着液滴尺寸的减小而增大，其他物性参数和环境压力对质量蔓延速度也有较大影响。如果要考虑粒径的空间分布情况，可以想象到结果会更合理更真实，但也会更复杂。不过从估算的角度出发，采用最简单的模型是可行的。更精确的模型在这里就不介绍了，请读者参阅有关文献，这里着重介绍这个问题的处理思想和方法。

（二）液面燃烧火焰的蔓延

在油池火中，一般常用油面的下降速度表示油池火的燃烧速度（单位时间、单位面积上的燃料消耗量），而且得出了如图 3-22 所示的规律。为什么会有这样的规律呢？当然与这种燃烧火焰的特性有关，此时形成的是燃料蒸气的扩散火焰，必须注意这一点。

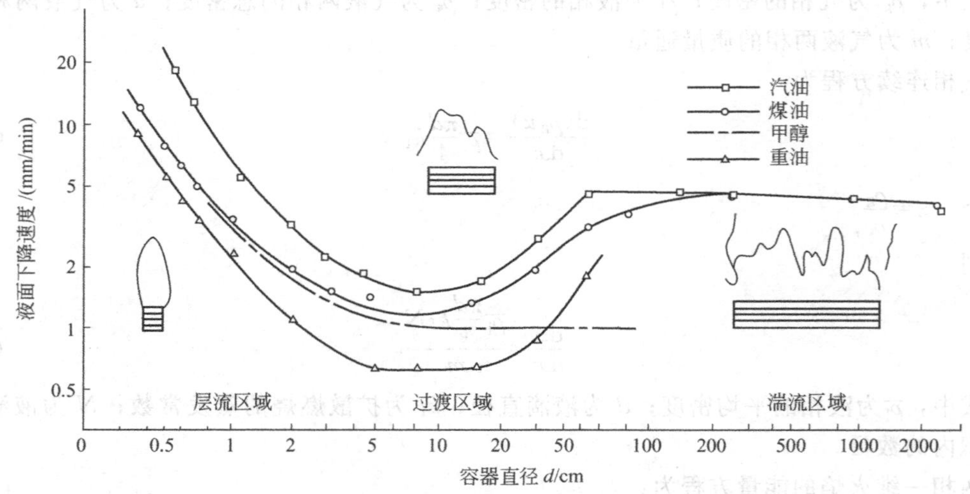

图 3-22 油池火液面下降速度与油池容器直径的关系

在油池直径较小时，形成的是层流扩散火焰。火焰长度随着油池直径的增大而变短，因此液面的下降速度随着油池直径的增加而减少。当油池直径增大到某一范围（这个范围与液体燃料的性质有关）之后，火焰就从层流扩散火焰向湍流扩散火焰过渡。在过渡区域中，液面的下降速度随油池直径的变化较慢，有时甚至无关。此时火焰中有大量的黑烟产生，火焰渐渐向湍流扩散火焰转变，火焰高度也很难判断。以后液面的下降速度又随油池直径的增加而增加，并最终趋于某个固定值。整个过程体现了层流扩散火焰向湍流扩散火焰转变的特点。

油池内液面下降的速度，显然应当等于火焰向液体传入的热量引起的液体蒸发而导致的液面下降速度。从火焰向液面传入的热量包括从容器的器壁向液体的传热、液面上方的高温气体向液体的对流传热、火焰及高温气体向液体的辐射传热等几部分。

由于容器器壁与火焰根部相距很近，器壁的温度可取为液体的温度（T_1）。这样在器壁附近，气体中的温度差可取为 T_f-T_1，其中 T_f 为火焰温度。从器壁向液体的热流量可用式（3-36）表示。

$$q_{cd}=k\pi d(T_f-T_1) \tag{3-36}$$

式中，d 为油池直径；k 为热传导系数。

液面上方的高温气体向液体传入的热流量可用式（3-37）表示。

$$q_{cv}=h\frac{\pi d^2}{4}(T_f-T_1) \tag{3-37}$$

式中，h 为对流传热系数，一般与油池直径 d 有关系。

火焰与高温气体向液体的辐射热流量可用式（3-38）表示。

$$q_{ra}=\frac{\pi d^2}{4}\sigma(\varepsilon_f\varphi_f T_f^4-\varepsilon_1 T_1^4) \tag{3-38}$$

式中，σ 为斯蒂芬-玻尔兹曼常数；ε_f 为火焰及高温气体的辐射率；φ_f 为火焰及高温气体对液面的形态常数；ε_l 为液面的辐射率。这里，假设高温气体的温度等于火焰的温度。

显然这些热流量的总和应当等于液体蒸发所需要的热量与液体本身升温所需热量之和，即：

$$q_{cd}+q_{cv}+q_{ra}=\frac{\pi d^2}{4}v_l\rho_l L_v+c_{pl}\left(M_l-\frac{\pi d^2}{4}v_l\rho_l\right)(T_l-T_\infty) \tag{3-39}$$

式中，ρ_l 为液体的密度；L_v 为液体的蒸发潜热；v_l 为液面的下降速度；c_{pl} 为液体的比热容；M_l 为油池内液体的总质量；T_∞ 为液体的初温。这样液面的下降速度可表示为式（3-40）。

$$v_l=\frac{q_{cd}+q_{cv}+q_{ra}-c_{pl}M_l(T_l-T_\infty)}{\frac{\pi d^2}{4}\rho_l[L_v-c_{pl}(T_l-T_\infty)]} \tag{3-40}$$

将式（3-36）～式（3-38）代入式（3-40）中得：

$$v_l=\frac{1}{\rho_l[L_v-c_{pl}(T_l-T_\infty)]}\left[\frac{4k}{d}(T_f-T_l)+h(T_f-T_l)+\sigma(\varepsilon_f\varphi_f T_f^4-\varepsilon_l T_l^4)-c_{pl}M_l(T_l-T_\infty)\right] \tag{3-41}$$

当 d 很小的时候，式（3-41）右端的第 1 项相对较大，所以有 v_l 与 d 近似成正比例的关系；当 d 很大时，式（3-41）右端的第 1 项相对较小，所以有 v_l 与 d 近似无关的关系；这些证明了图 3-22 结果是合理的。

另外可以看出，要防止这类火灾的蔓延，必须控制外部与液体的热交换过程。因此采用泡沫灭火剂在液面上生成一层泡沫层，既能减少热传递，又能防止液体的蒸发，是一种较好的防止火灾蔓延和灭火的方法。

如果在油池中有积水，水一般沉在油池的底部，但水的沸点（100℃）远低于油的沸点。根据前面的介绍，火焰向燃油传热的同时，燃油和池壁，也将向水传热，所以沉积在油池低部的水温度会不断升高。当水温上升到水的沸点温度时，水就要沸腾，而水面上部有一层油，这个油层的最上部又处于蒸发、燃烧状态。所以沸腾的水蒸气将带着蒸发、燃烧的油一起沸腾，这样就可能发生极其危险的扬沸现象，使火灾迅速扩大。水蒸气带着燃油滴的飞溅高度和散落面积对火灾的蔓延有重要影响，研究结果表明：飞溅高度和散落面积直径与油层厚度、油池直径有关，一般散落面积直径 D 与油池直径 d 之比均在 10 以上，即 $\frac{D}{d}>10$。由于喷出来的燃油必须穿过已燃烧的池火，这样池火就点燃了喷出来的燃油，再加上雾化条件、供氧条件的改善，喷出来的燃油比油池中的油燃烧得更猛烈，导致火灾的迅速扩大。如果在油池四周还有其他可燃物，其将被迅速点燃；如果在油池四周还有从事火灾扑救的人员和设备，将可能造成很大的伤亡和损失。所以对油池火灾而言，一定要避免扬沸现象的发生，一定要研究发生扬沸之前的特征，做好预报工作，防止火灾的蔓延与扩大。

（三）含可燃液体的固面火灾蔓延

实际生活中经常出现油泄漏到地面上，使地面变成了含有可燃性液体的固面，如果着火燃烧就形成了含油的固面火。研究这种火灾的蔓延规律是很有意义的，对扑救这类火灾具有指导作用。

大量的研究结果表明，这种固面火的燃烧规律与下列因素有关：①可燃性液体的闪点；②地面及可燃性液体的温度；③地面的形状及倾斜角度；④地面土质的粒径分布；⑤火焰引起的对流情况；⑥相对气流的大小和方向；⑦地面土质材料的热物理性能；⑧火焰的蔓延方向等。

为了深入研究上述因素对固面火燃烧的影响，设计了图 3-23 所示的实验装置。其中燃料容器为一个 60cm×12cm×1cm（长×宽×高）的长方形容器，容器的整体置于恒温槽内，维持一定的温度（可调）。燃料容器与恒温槽一起放入一个截面为 60cm×45cm 的风洞中，研究风速对燃烧速率的影响。在燃料容器中加入不同粒径的砂子，例如当平均粒径为 220μm 时，砂子的平均密度为 2.68g/cm^3，砂子之间的间隙为 0.32cm^3/g（体积分数约为 46%），然后用闪点为 50℃的煤油填满整个燃料容器。

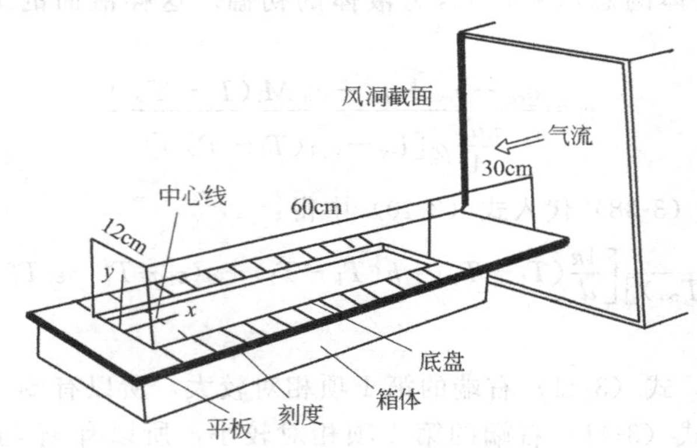

图 3-23 含油固面火燃烧的实验装置

为了今后实验方便，需在冷态条件下标定一下燃料容器上方的流场，图 3-24 为主流速度 300cm/s 时，燃料容器上方不同部位的气流平均速度和湍流速度分布图，坐标选择参看图 3-24，其中 U 为主流速度，u 为 x 方向的平均速度。

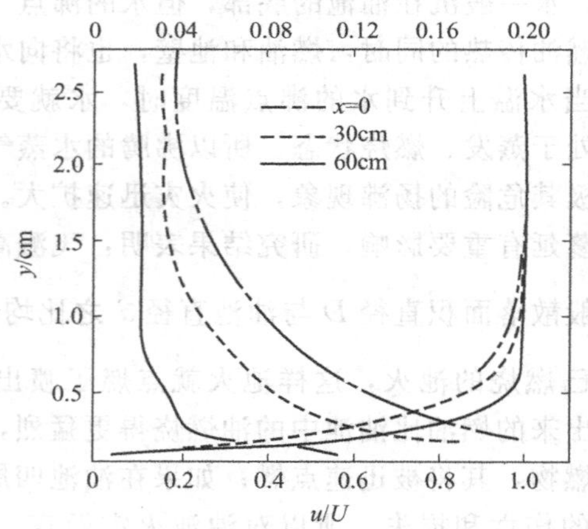

图 3-24 实验器上方的冷态流场

用酒精棉纱从一端将煤油点着，用摄影机记录整个燃烧过程，用事先在砂层内安装好的热电偶测量燃料容器中央 x=30cm 处的砂层温度分布。图 3-25 为热电偶的安装位置图。

图 3-26 给出了砂子初温为 20℃时，气流速度为 0、150cm/s、250cm/s 三种速度下的砂面火焰照片。从照片看出，火焰在离开砂面 0.1cm 的地方形成，在 1cm 的范围内呈蓝色，以后则变为黄色，在主气流速度 U<250cm/s 的范围内，火焰是稳定的，而且火焰的头部几乎不变。当砂子的粒径变大时，即 ϕ=1.0mm、U=0 时，火焰情况与 ϕ=0.1mm 时就完全不同，见图 3-27。粒径增大之后，火焰变小，但大部分呈蓝色。如果再增大粒径，则在火焰的后面将出现灭火现象。说明随着粒径的增大，火焰将变得不稳定了，这说明粒径的影响

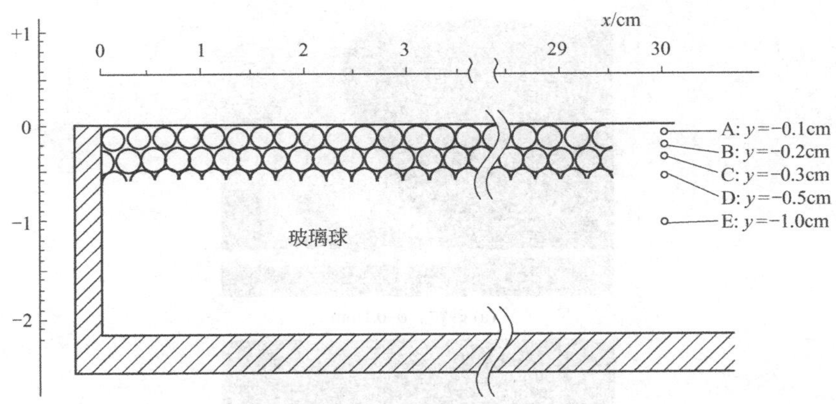

图 3-25 热电偶的安装位置图

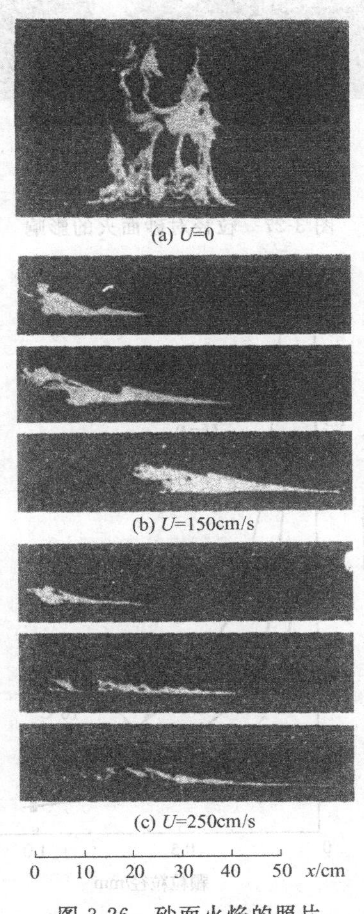

图 3-26 砂面火焰的照片

是显著的。图 3-28 给出了粒径对没有相对风速条件下，砂面火蔓延速度曲线。从图 3-28 看出，当粒径很小时，砂面火的蔓延速度接近于一个常数。随着粒径的增大砂面火的蔓延速度减少。

在没有相对风速时，初温对砂面火的蔓延速度也有显著影响，见图 3-29。初温越高，砂面火的蔓延速度越大。当相对风速增加时，砂面火的蔓延速度就变小，见图 3-30。当相

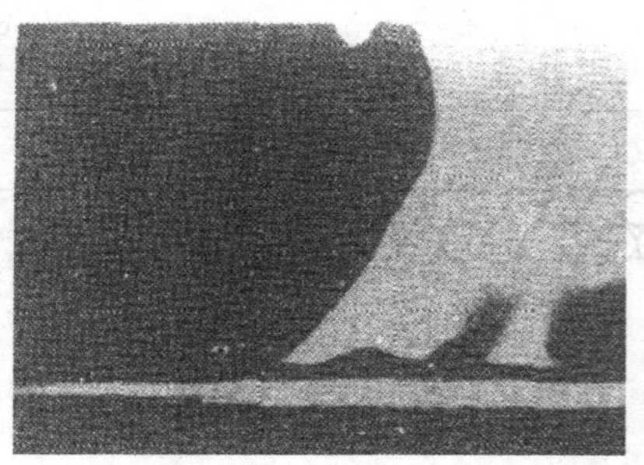

(a) 砂粒：ϕ=0.1mm

(b) 砂粒：ϕ=1.0mm

50m

图 3-27　粒径对砂面火的影响

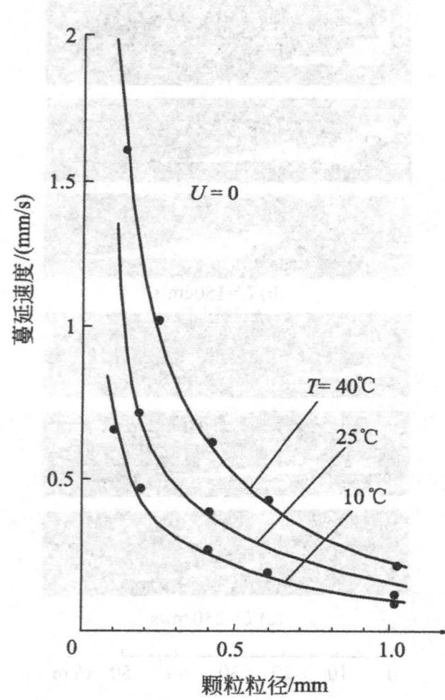

图 3-28　粒径对砂面火蔓延速度的影响

对风速达到某一个值以之后，就出现了蔓延速度急剧下降的现象（灭火）。

在实验的同时，还测量了砂层的温度变化。图 3-31 为实测结果，结果表明火焰前方的砂层温度越高，而且相对风速越大时，温度更高一些。火焰后方砂层的温度基本不变。

当砂面的倾角发生变化时，火焰的蔓延速度也有显著变化，见图 3-32，而且与火焰的蔓延方向有关。

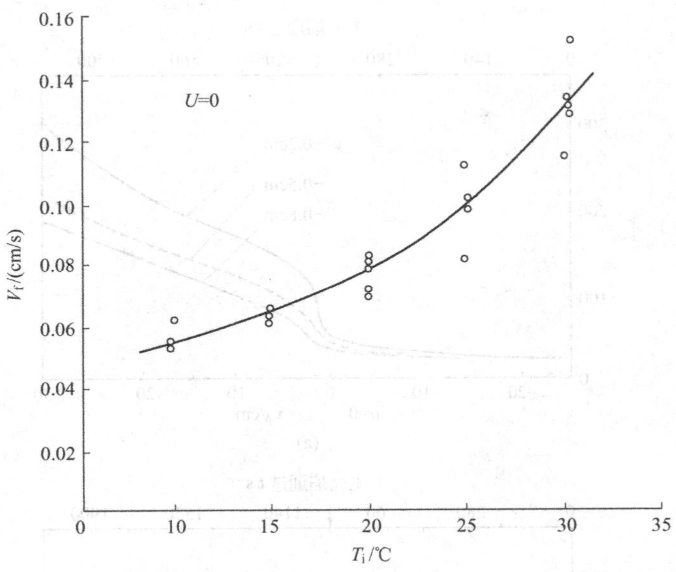

图 3-29 初温（T_i）对砂面火蔓延速度（V_f）的影响

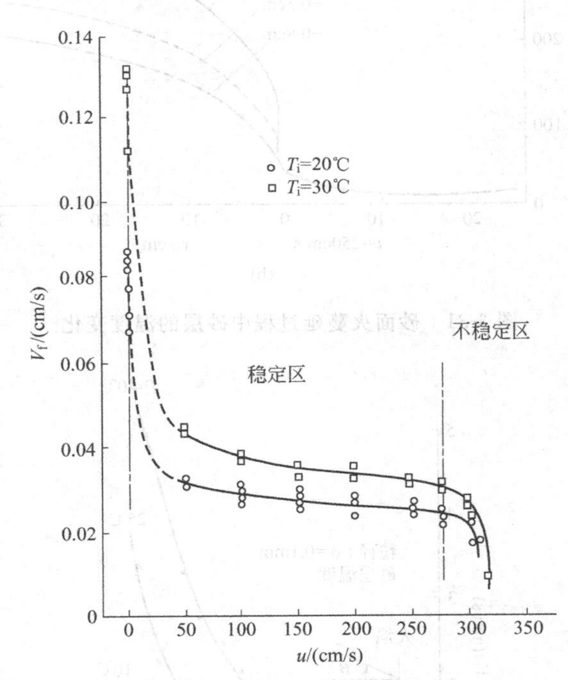

图 3-30 相对风速对砂面火蔓延速度的影响

如果在砂子里增加适量的铜粉，使砂层的热导率增加（改变砂层的热物理性能），对砂面火的蔓延速度也有很大的影响。砂层的热导率增加，砂面火的蔓延速度下降，见图 3-33。其他参数对火蔓延速度的影响就不一一列举了，下面我们分析一下上述结果的原因，以便弄清道理更好地防止这类火灾的蔓延。

一般认为砂层表面处的毛细管现象是影响上述结果的主要原因。图 3-34 是水平砂面的毛细管作用示意图，图 3-35 是倾斜砂面的毛细管作用示意图。如果在一倾斜砂面的下端

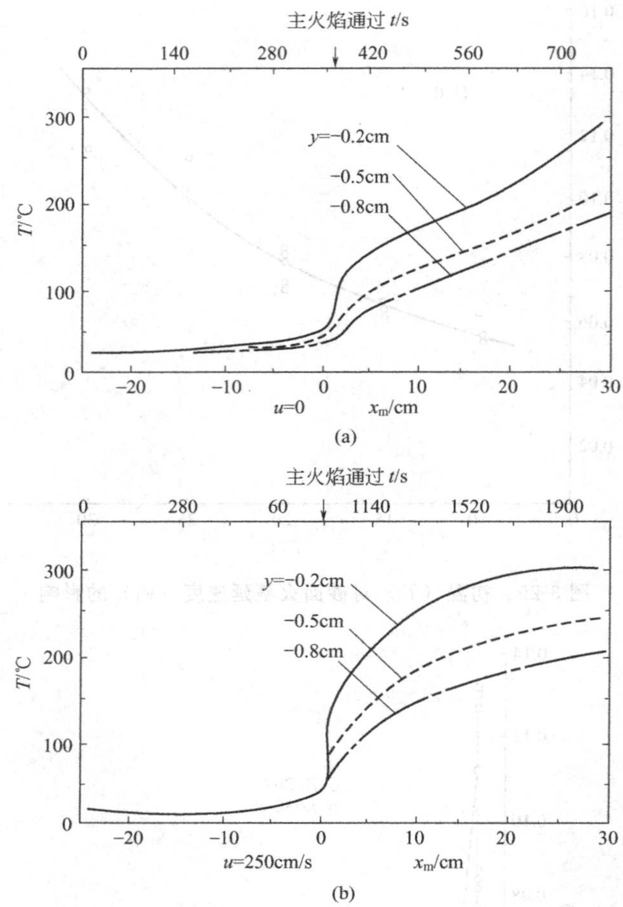

图 3-31 砂面火蔓延过程中砂层的温度变化

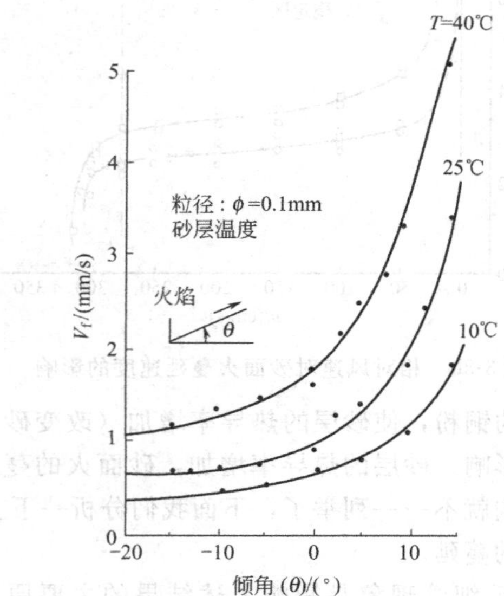

图 3-32 砂面倾角对砂面火蔓延速度的影响

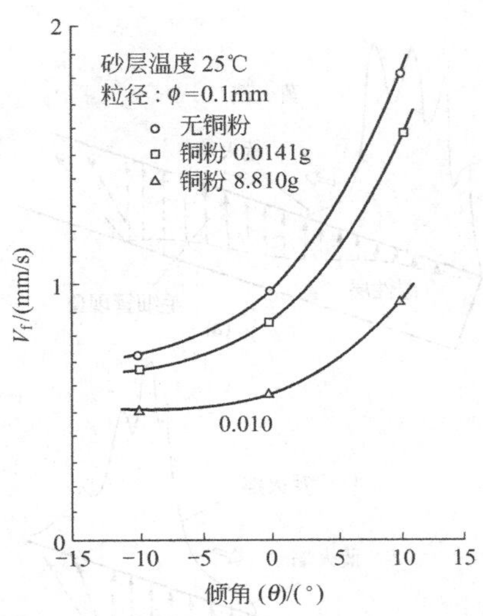

图 3-33 砂层热导率对砂面火蔓延速度的影响

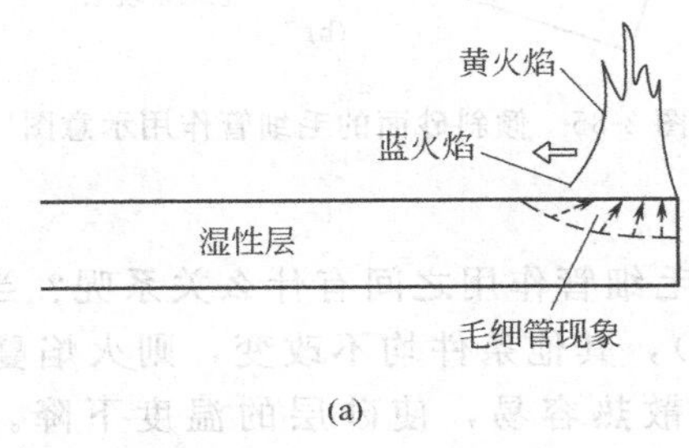

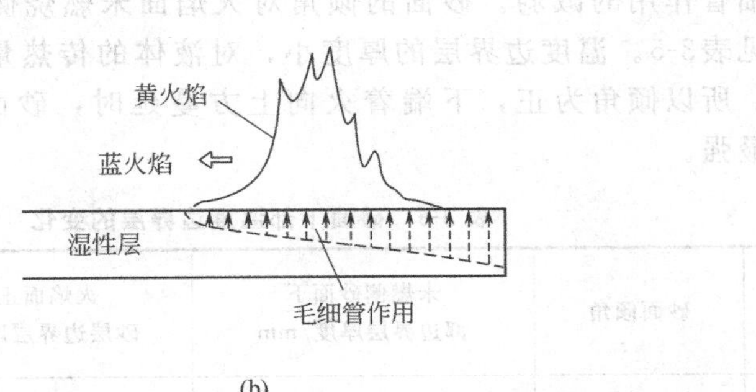

图 3-34 水平砂面的毛细管作用示意图

［图 3-35（a）］着火，火焰向着倾斜砂面的上端蔓延。由于液体燃料总是尽可能地流向低处，所以倾斜砂面上端含的可燃性液体较少，而且越往上越少。要通过毛细管作用渗透到砂表面的距离也越往上越大，这当然增加了燃料供应的难度，所以火焰蔓延的速度越往上越慢，到某一情况就出现灭火现象。从上端着火往下端蔓延的情况正好相反，火焰蔓延的速度越往下越快。砂粒直径的大小直接影响着毛细管作用的强弱，砂粒小毛细管作用则强，有利于可燃性液体的渗透，对火焰蔓延有利。但是在火焰通过之后，砂表面处所含可燃性液体量就更少，增加了毛细管作用的渗透量和渗透距离，一旦出现渗透不及时，就会出现灭火，使火焰

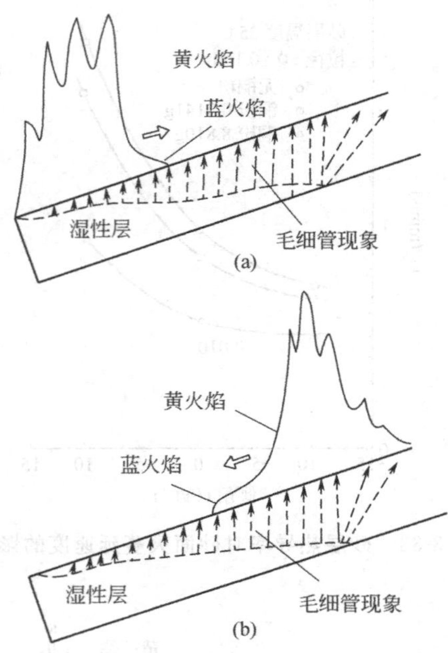

图 3-35 倾斜砂面的毛细管作用示意图

蔓延变为不稳定。

砂层表面的传热规律与毛细管作用之间有什么关系呢？当砂层的热导率增加时（在砂层内加入一定比例的铜粉），其他条件均不改变，则火焰蔓延速度明显减小，这表明砂层热导率增大之后，砂层散热容易，使砂层的温度下降。因此引起蒸发速度下降，进而导致毛细管作用的减弱。砂面的倾角对火焰面未燃烧侧的砂面下部温度边界层的影响很大，见表3-5。温度边界层的厚度小，对液体的传热量小，对蒸发则不利，毛细管作用也弱，所以倾角为正，下端着火向上方蔓延时，砂面下部的温度边界层最厚，毛细管作用最强。

表 3-5 砂面下部温度边界层的变化

地面温度/℃	砂面倾角	未燃侧砂面下部边界层厚度/mm	火焰面正下方砂层边界层厚度/mm	火焰面正下方砂层温度/℃
25	−10°	8.4	3	200
	0°	9.5		
	+10°	14		

在有相对速度时，除了火焰辐射对火焰面前方的砂层进行传热以外，热气流对砂层还有对流传热，而且所占的比重随着流速的大小而变化，因此逆风与顺风的效果是不相同的，砂面附近流场及其与火焰的相互关系见图 3-36。火焰前方的气流因火焰的加热作用，而发生了热膨胀现象。逆风时，热量和燃料蒸气等均吹向火焰面，所以火焰的稳定性很好。

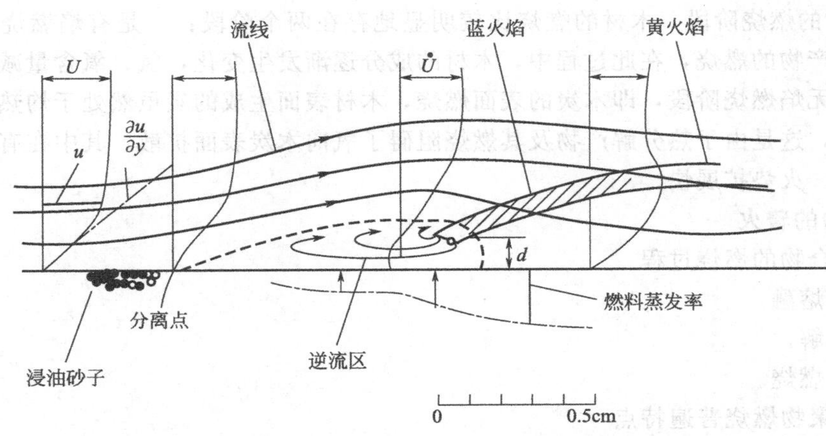

图 3-36　砂面附近流场及其与火焰的相互关系

第三节　固体的燃烧

一、固体可燃物的着火

（一）固体燃烧的形式

（1）蒸发式燃烧　火源加热—熔融蒸发—着火燃烧（关键阶段）；火源加热—升华—着火燃烧。

（2）表面燃烧　在可燃固体表面上由氧和物质直接作用而发生的燃烧现象。

（3）分解燃烧　火源加热—热解—着火燃烧（关键阶段）。

（4）熏烟燃烧（阴燃）　某些物质在堆积或空气不足的条件下发生的只冒烟而无火焰的燃烧现象。

（5）轰燃　可燃固体析出的可燃挥发分在空气中的爆炸式燃烧。

① 异相（非均相）燃烧　可燃物与氧化剂处于固、气两种不同状态时的燃烧现象。

② 同相（均相）燃烧　可燃物与氧化剂都处于气相状态时的燃烧现象。

（二）固体（煤）的热解过程

$t<105$℃：析出吸留气体和水分。

$t=200\sim300$℃：软化成塑，析出 CO、CO_2、CO_4。

$t=300\sim550$℃：析出焦油、[CH]、CO、CO_2。

$t=500\sim750$℃：半焦分解，析出含 H 较多气体。

$t=760\sim1000$℃：半焦成焦炭，析出少量以 H 为主的气体。

（三）木材的燃烧

（1）木材的组成　木材的种类、产地不同，木材的组成也不同，但主要成分是碳（约为50%）、氢（约为 6.4%）和氧（约为 42.6%）元素，还有少量的氮（0.01%～0.2%）和其他元素（0.8%～0.9%），但不含有其他原料中常有的硫。

（2）木材的热分解及燃烧

① 木材燃烧大致过程　加热到 110℃，干燥、蒸发出少量树脂；加热到 130℃，开始分解出水汽、CO_2；加热到 220～250℃，变色炭化，分解出 CO、H_2、碳氢化合物；加热到300℃以上，有形结构开始断裂。

② 木材的燃烧阶段　木材的燃烧比较明显地存在两个阶段：一是有焰燃烧阶段，即木材的热分解产物的燃烧，在此过程中，木材的成分逐渐发生变化，氢、氧含量减少，碳含量增加；二是无焰燃烧阶段，即木炭的表面燃烧，木材表面生成的炭虽然处于灼热状态，但基本上不燃烧，这是由于热分解产物及其燃烧阻碍了氧向木炭表面扩散，其中在有焰燃烧阶段燃烧时间短、火势扩展快。

（四）聚合物的着火

（1）聚合物的燃烧过程

① 加热熔融。

② 热分解。

③ 着火燃烧。

（2）高聚物燃烧普遍特点

① 发热量高（见表 3-6）。

表 3-6　高聚物的燃烧热

高聚物	燃烧热/(kJ/g)	高聚物	燃烧热/(kJ/g)
软质聚乙烯	46.61	聚氯乙烯	18.05～28.03
硬质聚乙烯	45.88	赛璐珞	17.30
聚乙烯	43.96	缩醛树脂	16.93
聚苯乙烯	40.18	聚异丁烯	16.04
丙烯腈-丁二烯-苯乙烯共聚物	35.25	酚醛树脂	13.47
聚酰胺(尼龙)	30.84	聚四氟乙烯	4.20
聚碳酸酯	30.52	氯丁橡胶	23.43～32.64
聚甲基丙烯酸甲酯	26.21	醋酸丁酯纤维素	23.68

注：木材为 14.64kJ/g、煤一般为 23.01kJ/g。

② 燃烧速度快（见表 3-7）。

表 3-7　高聚物的燃烧速度

高聚物	燃烧速度/(g/s)	高聚物	燃烧速度/(g/s)
聚乙烯	7.6～30.5	硝酸纤维素	迅速燃烧
聚丙烯	17.8～40.6	醋酸纤维素	12.7～50.8
聚丁烯	27.9	三醋酸纤维素	自熄
聚苯乙烯	12.7～63.5	乙基纤维素	27.9
苯乙烯-丙烯腈共聚物	10.2～40.6	氯化聚乙烯	自熄
丙烯腈-丁二烯-苯乙烯共聚物	25.4～50.8	聚氯乙烯	自熄
聚甲基丙烯酸甲酯	15.2～40.6	聚偏二氯乙烯	自熄
缩醛	12.7～27.9	尼龙 6,尼龙 66,尼龙 610,尼龙 11	自熄
聚碳酸酯	自熄	脲醛树脂	自熄
聚苯醚	自熄	硅橡胶	自熄
聚砜	自熄	聚四氟乙烯	不燃
氯化聚醚	自熄	聚三氟氯乙烯	不燃
蜜胺,甲醛树脂	自熄	氟化乙烯-丙烯共聚物	不燃

③ 火焰温度高（见表 3-8）。

表 3-8 高聚物的火焰温度

高聚物	火焰温度/K	高聚物	火焰温度/K
高密度聚乙烯	2120	丁烯二烯-苯乙烯(25.5%)共聚物	2220
低密度聚乙烯	2120	丁二烯-丙烯腈(37%)共聚物	2190
乙烯-丙烯共聚物(69∶31)	2120	聚丙烯腈	1860
聚丙烯	2120	聚甲基丙烯酸酯	2070
聚异丁烯	2123	聚氟乙烯	1710
聚氯乙烯	1960	聚偏二氟乙烯	1090
聚偏二氯乙烯	1840	聚三氟氯乙烯	320
聚苯乙烯	2210	聚四氟乙烯	—

(3) 燃烧毒性 高聚物在燃烧（或分解）过程中，会产生二氧化碳、一氧化碳、氮氧化物、氯化氢、氟化氢、二氧化硫和光气（$COCl_2$）等一系列有害气体，加上缺氧窒息作用，对火场人员的生命安全构成极大威胁。

燃烧产物中除含有大量的二氧化碳、一氧化碳外，还含有各种各样的固态、液态、气态热分解或燃烧产物。

(五) 阴燃

阴燃是指可燃固体在堆捆或空气不足的条件下，发生的只冒烟而无火焰的燃烧。

1. 阴燃发生条件

(1) 内部条件 受热后能产生刚性结构的、多孔性物质（如炭）的可燃固体，具备多孔蓄热和大面积吸附氧。

(2) 引起阴燃的热源 自燃热源、先阴燃热源、有焰燃烧熄火后阴燃、物质内部热点或外部热流。

2. 阴燃的机理

阴燃的机理见图 3-37。

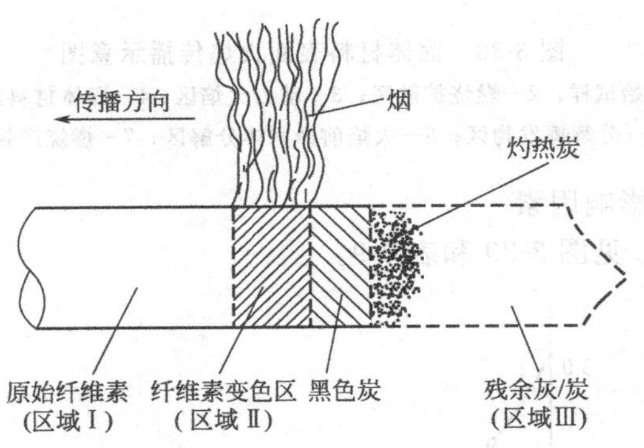

图 3-37 阴燃的机理

(1) 区域Ⅰ 热解区，在该区内温度急剧上升，并且从原始材料中挥发出烟。相同的固体材料，在阴燃中产生的烟与在有焰燃烧中产生的烟大不相同，因阴燃通常不发生明显的氧化，其烟中含有可燃性气体，冷凝成悬浮粒子的高沸点液体和焦油等。

(2) 区域Ⅱ 炭化区，在该区中，炭的表面发生氧化并放热，温度升高到最大值。在静止空气中，纤维素材料阴燃在这个区域的典型温度为 600～750℃。该区产生的热量一部分通过传导进入原始材料，使其温度上升并发生热解，热解产物（烟）挥发后就剩下炭。对于多数有机材料，完成这种分解、炭化过程，要求温度大于 250～300℃。

（3）区域Ⅲ　残余灰/炭区，在该区中，灼热燃烧不再进行，温度缓慢下降。

3. 阴燃向有焰燃烧的转变

① 阴燃从材料堆垛内部传播到外部时转变为有焰燃烧。

② 加热温度提高，阴燃转变为有焰燃烧。

③ 密闭空间内材料的阴燃转变为有焰燃烧。

二、固体火灾蔓延

火焰前锋的材料表面预热是靠辐射、对流和传导传热，材料表面分解产生气体，与空气混合成预混气，浓度达到着火浓度下限时，被火焰点燃，并以预混方式燃烧。

1. 火焰沿固体材料传播的特征

① 火焰蔓延速度等于材料表面可燃气（稍高于着火浓度下限）的生成速度。

② 火焰前沿总是以预混燃烧方式进行。

固体材料表面火焰传播如图 3-38 所示。

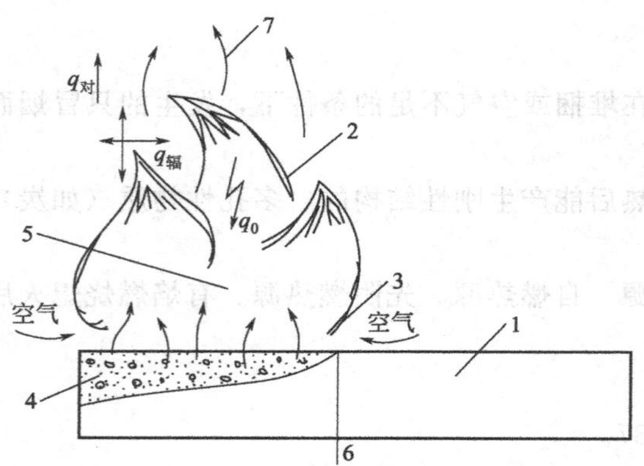

图 3-38　固体材料表面火焰传播示意图

1—原始试样；2—燃烧扩散区；3—动力火焰区；4—固体材料汽化区；5—分解挥发物区；6—火焰前锋固体分解区；7—燃烧产物区

2. 火焰蔓延速度的影响因素

（1）含水量的影响　见图 3-39 和表 3-9。

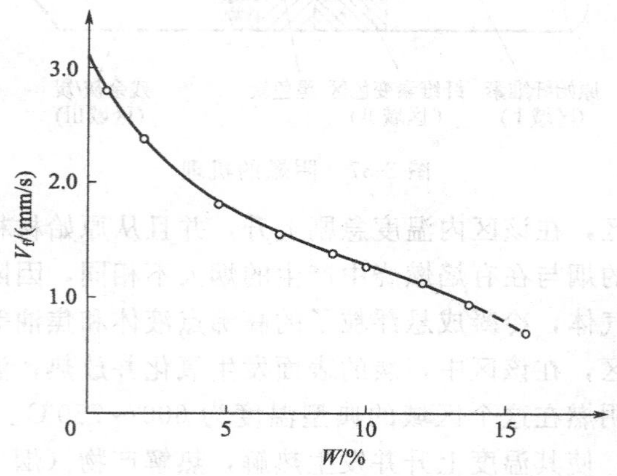

图 3-39　松枝火焰蔓延速度与含水量的关系

表 3-9　含水量对火焰传播的影响

含水量/%	火焰蔓延速度/(mm/s)	辐射热流强度/(kW/m²)
0	3.3	—
1.6	2.66	29.4
7.6	1.53	27.2
13	0.91	21

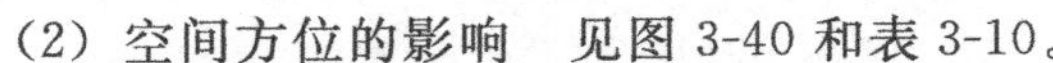

（2）空间方位的影响　见图 3-40 和表 3-10。

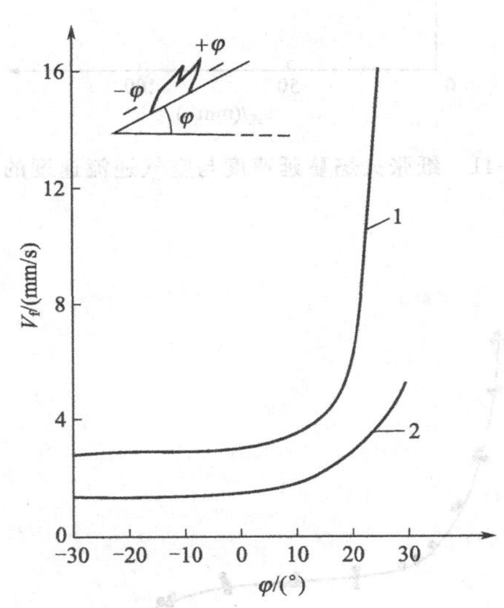

图 3-40　松枝火焰蔓延速度与倾斜角度的关系

1—试样含水量在 2%以下；2—试样含水量为 12%

表 3-10　倾斜角度对火焰传播的影响

与水平面的倾角/(°)	火焰蔓延速度/(mm/s)	辐射热流强度/(kW/m²)
0	2.7	29.4
7.7	2.9	33.5
21.5	8.5	37.7
26.5	13.2	41.9

① 负倾斜角　火焰蔓延速度不变或稍微下降。

② 正倾斜角　火焰蔓延速度急剧增大。

（3）风速和风向

① 顺风　风速增加，蔓延速度开始阶段直线上升，然后按指数关系迅速上升。

② 逆风　开始随风速的增大，火焰蔓延速度增大，以后当风速超过 70mm/s 时，火焰蔓延速度开始下降，如图 3-41 所示。

（4）厚度　固体材料火焰蔓延速度随材料厚度增加而下降，如图 3-42 所示；温度场分布如图 3-43 所示。

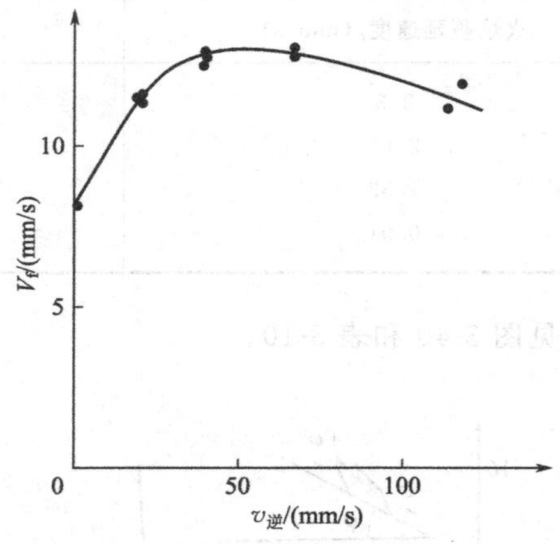

图 3-41 纸张火焰蔓延速度与空气逆流速度的关系

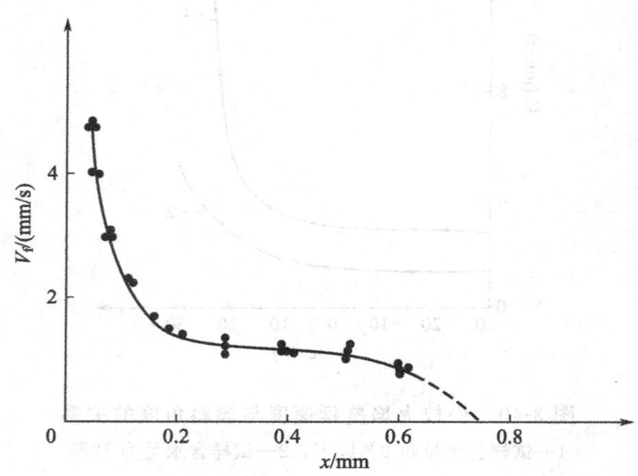

图 3-42 纸张火焰蔓延速度与其厚度的关系

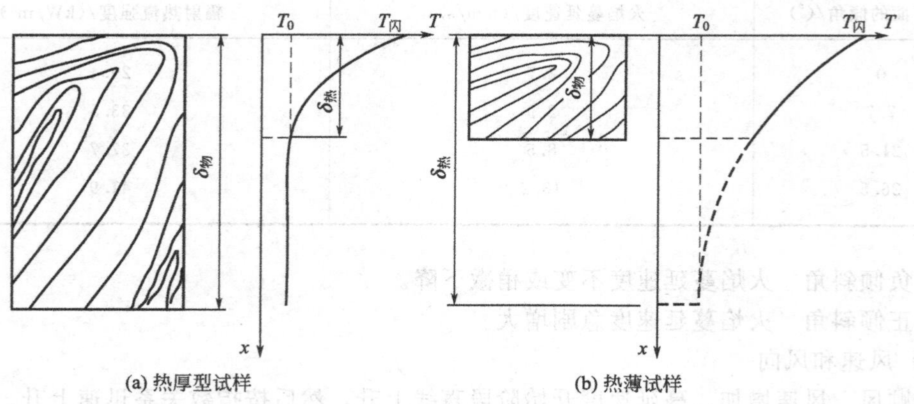

图 3-43 固体材料火焰传播时的温度场

$\delta_物$ 为试样的物理厚度；$\delta_热$ 为试样的热厚度；

T_0 为物体的初温；$T_闪$ 为物体的闪点

思　考　题

1. 说明气体火焰正常传播的机理。

2. 解释爆轰本质和形成过程。形成爆轰要具备哪些条件？

3. 解释油罐火灾沸溢、喷溅的机理。

4. 某油罐储存原油 20000t，罐直径为 50m，原油密度为 890kg/m³，含水量为 0.5%，原油燃烧速度为 0.15m/h，热波传播速度为 0.85m/h。试估计该油罐着火后可能发生喷溅的时间。

5. 说明固体火焰蔓延影响因素和影响规律。

第四章 着火理论

可燃物的着火方式，一般分为下列几类。

（1）化学自燃　例如火柴受摩擦而着火；炸药受撞击而爆炸；金属钠在空气中的自燃；烟煤因堆积过高而自燃等。这类着火现象通常不需要外界加热，而是在常温下依靠自身的化学反应发生的，因此习惯上称为化学自燃。

（2）热自燃　如果将可燃物和氧化剂的混合物预先均匀地加热，随着温度的升高，当混合物被加热到某一温度时便会自动着火（这时着火发生在混合物的整个容积中），这种着火方式习惯上称为热自燃。

（3）点燃（或称强迫着火）　是指由于从外部能源，诸如电热线圈、电火花、炽热质点、点火火焰等得到能量，使混气的局部范围受到强烈的加热而着火。这时火焰就会在靠近点火源处被引发，然后依靠燃烧波传播到整个可燃混合物中，这种着火方式习惯上称为引燃，大部分火灾都是因引燃所致。

必须指出，上述三种着火分类方式，并不能十分恰当地反映出它们之间的联系和差别，例如化学自燃和热自燃都是既有化学反应的作用，又有热的作用；而热自燃和点燃的差别只是整体加热和局部加热的不同而已，绝不是“自动”和“受迫”的差别。另外有时着火也称爆炸，热自燃也称热爆炸，这是因为此时着火的特点与爆炸相类似，其化学反应速率随时间激增，反应过程非常迅速，因此，在燃烧学中所谓“着火”“自燃”“爆炸”其实质是相同的，只是在不同场合下叫法不同而已。

通常所谓的着火是指直观中的混合物反应自动加速，并自动升温以致引起空间某个局部最终在某个时间有火焰出现的过程。这个过程反映了燃烧反应的一个重要标志，即由空间的这一部分到另一部分，或由时间的某一瞬间到另一瞬间化学反应的作用在数量上有突跃的现象，如图 4-1 所示。

如果在一定的初始条件下，系统将不可能在整个时间区段保持低温水平的缓慢反应态，而将出现一个剧烈地加速的过渡过程，使系统在某个瞬间达到高温反应态（即燃烧态），那么这个初始条件便称为着火条件。

这里有几点要注意到：

（1）系统达到着火条件并不意味着已经着火，而只是系统已具备了着火的条件，在此应注意条件的含义。

（2）着火这一现象是就系统的初态而言的，它的临界性质不能错误地解释为化学反应速率随温度的变化有突跃的性质。例如图 4-1 中横坐标所代表的温度不是反应进行的温度，而是系统的初始温度。

（3）着火条件不是一个简单的初温条件，而是化学动力学参数和流体力学参数的综合体

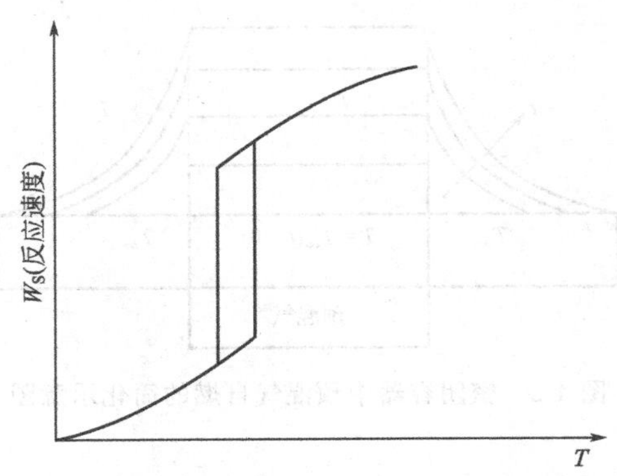

图 4-1　着火过程的外部标志

现。对一定种类可燃预混气而言，在封闭情况下，其着火条件可由下列函数关系表示：

$$f(T_0,h,p,d,u_\infty)=0$$

式中，T_0 是环境温度；h 是对流换热系数；p 是预混气压力；d 是容器直径；u_∞ 是环境气流速度。

第一节　热自燃理论

一、谢苗诺夫自燃理论

（一）谢苗诺夫自燃理论的基本出发点

任何反应体系中的可燃混合气体，一方面会进行缓慢氧化而放出热量，使体系温度升高，同时体系又会通过器壁向外散热，使体系温度下降。热自燃理论认为，着火是反应放热因素与散热因素相互作用的结果。如果反应放热占优势，体系就会出现热量积累，温度升高，反应加速，发生自燃；相反，如果散热因素占优势，体系温度下降，不能自燃。

实际上，可燃混合物的燃烧都在有限容积内进行，在反应释热的同时又必然存在着向外界散热，这样就不仅使反应物的温度降低，而且在容器内部造成反应物温度场不均匀，从而使容器内各处的反应速率和可燃混合物浓度不相同，致使在反应系统中不仅有化学反应过程和热量交换过程，而且还存在质量交换过程（由浓度梯度而产生的扩散），这就使所研究的问题变得相当复杂。我们仅着眼于定性地探讨有散热情况的着火条件，设有一个内部充满可燃混气的容器，容器外环境温度为 T_0，为使问题简化，特做如下的一些假设。

① 设容器体积为 V，表面积为 S，其壁温与环境温度相同，随着反应的进行，壁温升高，且与混气温度相同。

② 反应过程中混气的瞬时温度为 T，且容器中各点的温度、浓度相同，开始时混气温度 T 与环境温度 T_0 相同。

③ 容器中既无自然对流，也无强迫对流。

④ 环境与容器之间有对流换热，对流换热系数为 h，它不随温度变化。

⑤ 着火前反应物浓度变化很小，即 $c_A=c_{A0}=$常数，或 $f=f_\infty=$常数，f 为质量分数，c_{A0}和 f_∞分别代表初始物质的量浓度和初始质量分数。物质自燃示意图如图 4-2 所示。

（二）谢苗诺夫热自燃理论

用 q_g 表示热生成速率，$q_g=\Delta H_c VK_n c_A^k e^{-E/RT}$；$q_l$ 表示热损失速率，则可写出如下的

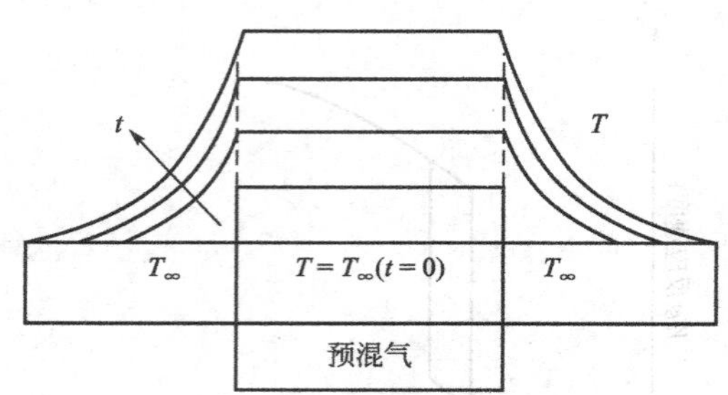

图 4-2　密闭容器中预混气自燃的简化示意图

能量守恒方程式。

$$\rho c V \mathrm{d}T/\mathrm{d}t = q_g - q_l \tag{4-1}$$

如果保持压力不变，则 q_g 为温度的指数函数，q_l 为温度的线性函数，其斜率为 hs，如图 4-3（a）所示。当 hs 固定时，相应于三个壁温 T_0 的三个不同的 q_l 的函数表示在图 4-3（a）中，对应于图 4-3（a）的三个值，式（4-1）的右边随温度的变化表示在图 4-3（b）中。

当壁面温度较低时，如 $T_0=T_{03}$ 时，q_g 曲线和 q_l 相交于两点即 a 和 b，在 a 点和 b 点，$\frac{\mathrm{d}T}{\mathrm{d}t}$为零。如果起始 $t=0$ 的反应混合物的温度小于 T_a，根据式（4-1），q_g-q_l（也即$\frac{\mathrm{d}T}{\mathrm{d}t}$）为正，而 $\mathrm{d}(q_g-q_l)/\mathrm{d}t$ 为负，就是说开始时低于温度 T_a 的混合气以随时间不断减小的速率缓慢加热到 $T=T_a$。四个不同的起始温度下这种加热曲线示意见图 4-4（a）。

如果混气的起始温度在 T_a 和 T_b 之间，q_g-q_l 为负，则混气最终冷却到 T_a。在图 4-4 上表示了不同起始温度值的这种冷却曲线。

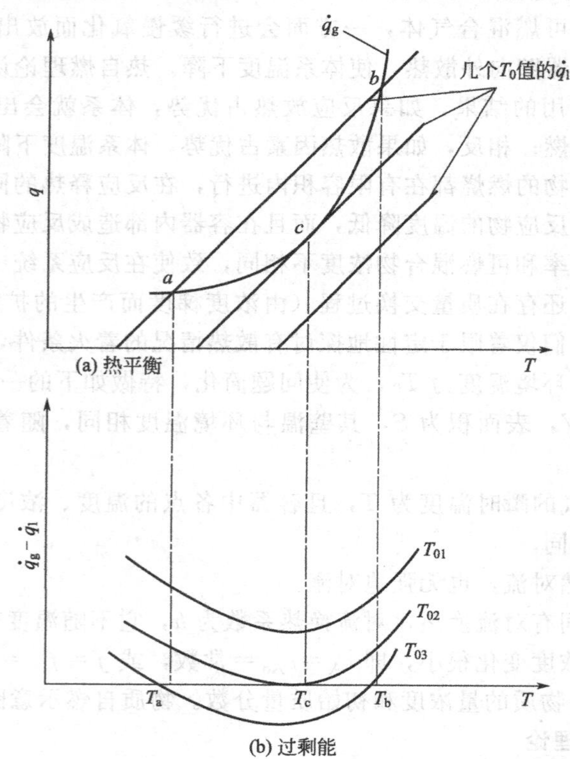

图 4-3　着火时的谢苗诺夫热平衡

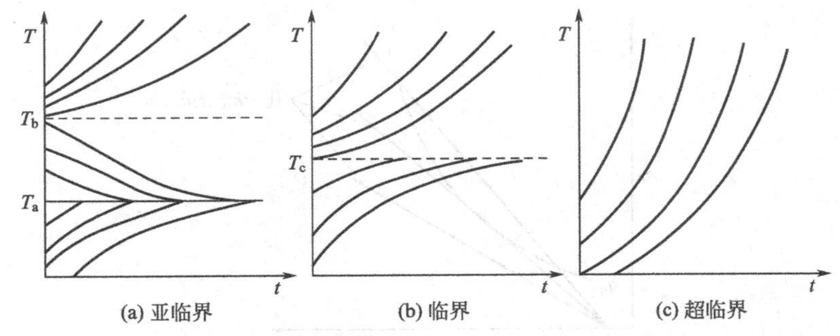

图 4-4 可燃混气系统的温度-时间变化曲线

如果混气的起始温度大于 T_b，则$\frac{dT}{dt}$和$\frac{d^2T}{dt^2}$两者均为正，这时反应气体的温度以一种加速的速率增加，如图 4-4（a）所示中的四条曲线。从这一讨论可知，两个平衡点 a 和 b 的性质是互不相同的，a 是稳定点，而 b 是伪稳定点，即如果气体温度等于 T_a，则即使有扰动，系统也会维持这个温度，当反应器的温度为 T_b 时，就不存在这样的情况。T_b 是个平衡点，但对反应器温度的任何向下扰动将导致趋向 T_a 的冷却，而任何向上的温度扰动则导致无限加速的加热。为了表示 b 点是伪稳定平衡点，在 T_b 时反应器的状态在图 4-4（a）中用虚线表示。

壁面温度较高的情况：例如在图 4-3 中当 $T=T_{01}$，曲线 q_g 和 q_l 线不会相交，因此 q_g-q_l 总为正，这时气体温度上升，如图 4-4（c）所示。

壁面温度中等的情况：在图 4-3 中，随着 T_{03} 不断增高，点 a 和点 b 逐渐接近，最后合到一点 c，相应于临界壁面温度 T_{02}，这时的热平衡曲线和加热曲线分别示于图 4-3 和图 4-4（b）。

在上述讨论中隐含着一个自燃的重要准则：壁温 T_{02} 是个极限值，超过这个温度，反应就会不断加速直至着火，该温度称为临界环境温度，用 $T_{a,cr}$ 表示。这时对应的温度 T_c 是体系出现温度加速上升的临界温度，称为该给定容器中反应气体混合物的自燃温度（或自燃点）。必须强调指出，$T_{a,cr}$ 和 T_c 并不是给定燃料—氧化剂混合物的基本特性，它们受装这种混合气体的容器的影响很大。

在临界点 c，曲线 q_g 和 q_l 相切，因此，着火界限、压力、温度和成分的相互关系如下：

$$(q_g)_c=(q_l)_c \tag{4-2}$$

$$\left(\frac{dq_g}{dT}\right)_c=\left(\frac{dq_l}{dT}\right)_c \tag{4-3}$$

在上述分析中，压力和传热系数保持恒定，由此可推导出临界环境温度。进一步分析可知，保持压力和环境温度恒定，由式（4-2）和式（4-3）可求临界传热系数；或者保持环境温度和传热系数恒定，可求出临界反应压力，这两种情况如图 4-5 和图 4-6 所示。

从前面的讨论可以看出，临界点 c 与很多因素有关，它不仅与可燃混气性质有关，还与外界条件有关。因此临界点 c 不是只由物质性质决定的物化常数，还应由体系的产热速率和散热速率所决定（因为临界点是 q_g 和 q_l 相切所得的切点），也就是说体系的产热速率影响因素和散热速率影响因素决定着物质的自燃点。下面简要定性地分析一下决定产热速率和散热速率大小的影响因素。

1. 产热速率的影响因素

（1）发热量 根据发热原因不同，发热量包括氧化反应热、分解反应热、聚合反应热、

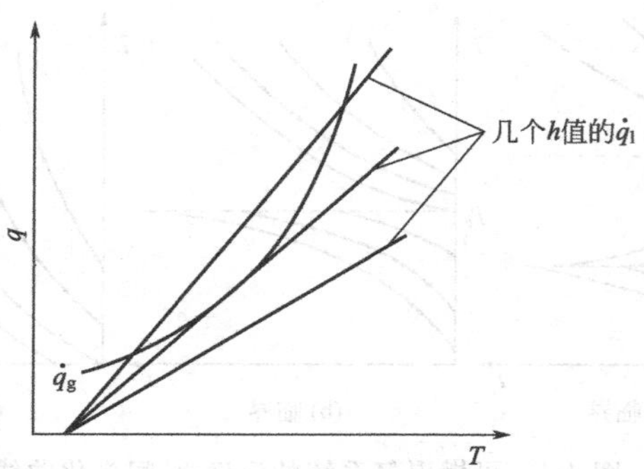

图 4-5　在着火时谢苗诺夫热平衡的第二种表示

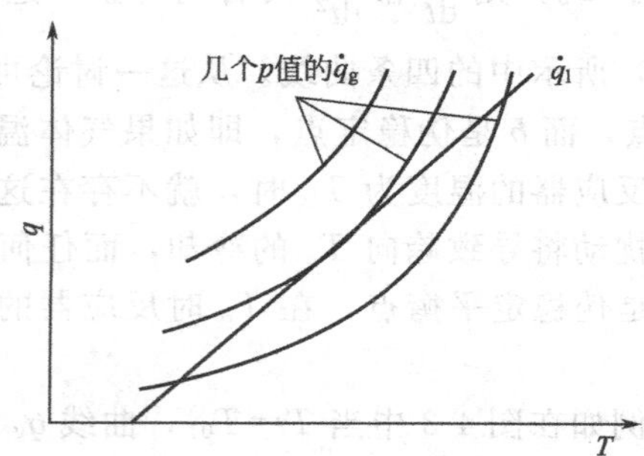

图 4-6　在着火时谢苗诺夫热平衡的第三种表示

生物发酵热、吸附（物理吸附或化学吸附）热等。发热量越大，越容易自燃；发热量越小，则发生自燃所需要的蓄热条件越苛刻（即保温条件越好或散热条件越差），因而越不容易自燃。

由图 4-3～图 4-6 可见，发热量增大，产热速率曲线上升，切点 c 的位置左移，因而自燃点减小；反之，自燃点增大。

（2）温度　一个可燃体系如果在常温下经过一定时间能发生自燃，则说明该可燃物在所处的散热条件下的自燃点是在常温之下；一个可燃体系如果在常温下经过无限长时间也不能自燃，那么从热着火理论上则说明该可燃物在所处的散热条件下的最低自燃点高于常温。对于后一种可燃体系来说，若升高温度，化学反应速率提高，释放出的热量也随之提高，因而也有可能发生自燃。例如一个可燃体系在 25℃的环境中长时间没有发生自燃，升高到 40℃发生了自燃，则说明该可燃物在此散热条件下的最低自燃点大体上在 40℃左右。

（3）催化物质　催化物质能够降低反应的活化能，所以能加快反应速率。空气中的水蒸气或可燃物中的少量水分是许多自燃过程的催化剂，例如轻金属粉末在潮湿的空气中以及湿稻草堆垛等很易自燃。但过量的水，会因热导率大和热容量大，使自燃难以发生（某些遇湿自燃物质除外）。自燃点较高的物质含有的少量低自燃点物质也被认为是一种催化物质，例如红磷中少量的黄磷、乙炔中少量的磷化氢都能促进自燃的加速进行。

在图 4-3～图 4-6 中，活化能降低，反应速率加快，因此曲线 q_g 上升，自燃点 c 的位置左移，即自燃点降低，用图示法可以直观地说明存在上述现象的原因。

（4）比表面积（表面积/体积比）　在散热条件相同的情况下，某种物质发生反应的比表面积越大，则与空气中氧气的接触面积越大，反应速率越快，越容易发生自燃。例如，边长为 1cm 的立方体，比表面积为 6cm²/cm³，若把同样大小的立方块粉碎成边长只有 0.01cm

的小颗粒（近似为立方体），则它的比表面积将增大到 $600cm^2/cm^3$。所以粉末状的可燃物比块状的可燃物容易自燃。

（5）新旧程度　氧化发热的物质，一般情况下，其表面必须是没有完全被氧化的，即新鲜的才能自燃。例如新开采的煤堆积起来易发生自燃；刚制成的金属粉末，表面活性较大，比较容易自燃。但也存在相反的情况，如已存放时间较长的硝化棉要比刚制成的硝化棉更容易分解放热引起自燃。

（6）压力　体系所处的压力越大，也即参加反应的反应物密度越大，单位体积产生的热量越多，体系越易积累热量，发生自燃。所以压力越大，自燃点越低。

2. 散热速率的影响因素

（1）导热作用　一个可燃体系的热导率越小，则散热速率越小，越易在体系中心蓄热，促进反应进行而导致自燃。相同的物质，如果成粉末状或纤维状，则粉末或纤维之间的空隙会含有空气，由于空气热导率低，具有一定的隔热作用，所以这样的可燃体系就容易蓄热自燃。

（2）对流换热作用　从可燃体系内部经导热到达体系表面的热流，由空气对流导走。空气的流动对可燃体系起着散热作用，而可燃体系在通风不良的场所容易蓄热自燃，例如浸油脂的纱团或棉布堆放在不通风的角落就可能自燃，而在通风良好的地方就不容易自燃。

（3）堆积方式　大量堆积的粉末或叠加的薄片物体有利于蓄热，其中心部位近似于绝热状态，因此很易发生自燃，例如桐油布雨伞、雨衣，在仓库中大量堆积时就很容易发生自燃。

评价体系堆积方式的参数是比表面积，此参数值越大，体系散热能力越强，自燃点越高。

（三）热着火理论中的着火感应期

着火感应期（又称着火延迟或诱导期）的直观意义是指混气由开始发生反应到燃烧出现的一段时间。

在热着火理论中，着火感应期的定义是，当混气系统已达着火条件的情况下，由初始状态达到温度开始骤升的瞬间所需的时间，用 τ 表示。在图 4-7（a）中，它即是系统从 T_∞ 温度升到着火温度 T_c 所需的时间。为了直观看出 τ 的大小，需要画出系统温度随时间变化的 T-t 曲线图。

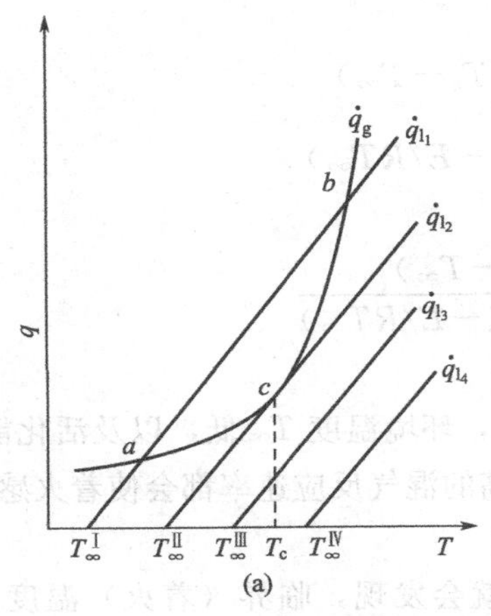

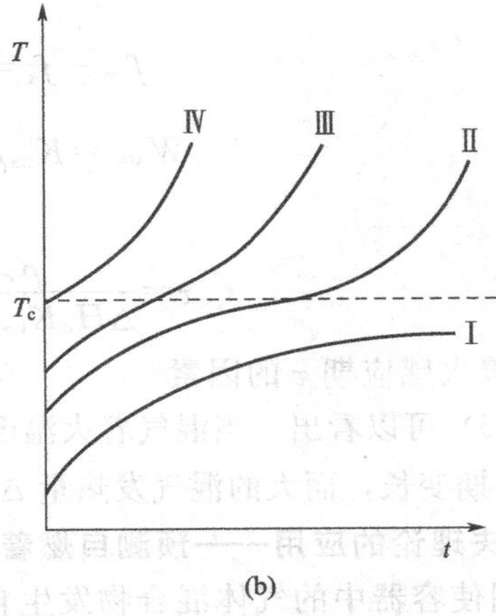

图 4-7　q-T 曲线和 T-t 曲线

1. T-t 曲线图

作 T-t 曲线图的依据是式（4-1），即系统的能量守恒方程 $\rho cV\dfrac{dT}{dt}=q_g-q_l$。下面以状态 $q_g-q_{l_2}$ 为例，来说明曲线图的特点和画法。

系统的温度在达到 T_c 以前，因为放热速率大于散热速率（$q_g>q_{l_2}$），见图 4-7（b），系统的温度 T 随时间 t 增加，即 $\dfrac{dT}{dt}>0$，但（$q_g-q_{l_2}$）差值却随温度的增加越来越小，所以系统温度增加速率会越来越小，即升温速率是减小的，也就是说 $\dfrac{d^2T}{dt^2}<0$，曲线向下凹。

系统温度升至 T_c 时，有 $q_g-q_{l_2}$，因而 $\dfrac{dT}{dt}=0$，$\dfrac{d^2T}{dt^2}=0$。系统温度超过 T_c 后，因为系统重新出现 $q_g>q_{l_2}$，系统又开始升温，$\dfrac{dT}{dt}>0$，而且 $q_g-q_{l_2}$ 差值越来越大，系统的升温速率是加速的，即 $\dfrac{d^2T}{dt^2}>0$。由于曲线在 T_c 点前后，其二阶导数由变 $\dfrac{d^2T}{dt^2}<0$ 到 $\dfrac{d^2T}{dt^2}>0$，曲线在 c 点出现拐点，拐点以后曲线向上凸。

这样（q_g-q_l）状态的 T-t 曲线如图 4-7（b）中曲线Ⅱ，曲线Ⅱ与 T_c 直线交点所对应的时间 t 就是着火感应期。

仿照作曲线Ⅱ的方法，可以把（q_g-q_l）状态所对应的 T-t 曲线画出来，如曲线Ⅰ所示。曲线Ⅰ永远达不到着火温度 T_c，这意味着火感应期为无穷大。实际上，在（q_g-q_l）状态下，系统只能在 T_a 温度进行缓慢化学反应。

（q_g-q_l）状态所对应的 T-t 曲线为曲线Ⅲ，它意味着到达着火温度 T_c 要比曲线Ⅱ早些。这说明随着 T_∞ 的升高，τ 将不断缩短。

（q_g-q_l）状态所对应的 T-t 曲线为曲线Ⅳ，它意味着系统的初始温度已经达到着火温度 T_c。

2. 着火感应期的数学表达式

在着火感应期内反应物的浓度由初始浓度 f_∞ 变为相应于着火温度 T_c 下的浓度 f_c，混气的着火感应期 τ 按定义为

$$\tau=\frac{\rho_\infty(f_\infty-f_c)}{W_{s\infty}} \tag{4-4}$$

又因为

$$f_\infty-f_c=\frac{c_V}{\Delta H_c}(T_c-T_\infty)$$

$$W_{s\infty}=K_{os}\rho_\infty^n\exp(-E/RT_\infty)$$

所以

$$\tau=\frac{\rho_\infty c_V(T_c-T_\infty)}{\Delta H_c K_{os}\rho_\infty^n\exp(-E/RT_\infty)} \tag{4-5}$$

3. 影响着火感应期 τ 的因素

从式（4-5）可以看出：当混气着火温度 T_c 高，环境温度 T_∞ 低，以及活化能 E 高时，都会使着火感应期变长，而大的混气发热量 ΔH_c 和高的混气反应速率都会使着火感应期变短。

（四）谢苗诺夫理论的应用——预测自燃着火极限

如果试图使容器中的气体混合物发生自燃，就会发现，临界（着火）温度 T_c 是容器中压力的强函数。例如，如果容器中的简单反应混合物在 1atm 时，其自燃温度为 100℃，则

直观上可以预测，在较高的压力，例如 2atm 时，同一容器中的同一混气将在低得多的温度下着火；着火温度和其他变量，如混合物成分、初始温度、容器尺寸等的定性关系也同样可以直观地预测。

临界点 c 是混合物从稳态反应过渡到爆炸反应的标志（见图 4-3）。假定化学反应速率服从阿伦尼乌斯定律，则式（4-2）和式（4-3）变成如下的方程式。

$$\Delta H_c V K_0 c_f^a c_{ox}^b e^{-E/RT_c} = hs(T_c - T_{a,cr}) \tag{4-6}$$

$$\Delta H_c V K_0 c_f^a c_{ox}^b e^{-E/RT_c} \frac{E}{RT_c^2} = hs \tag{4-7}$$

式中，c_f 和 c_{ox} 分别是燃料和氧化剂的物质的量浓度。

式（4-6）和式（4-7）相除得：

$$T_c - T_{a,cr} = \frac{RT_c^2}{E} \tag{4-8}$$

将式（4-8）代入式（4-6）得：

$$\Delta H_c V K_0 c_f^a c_{ox}^b e^{-E/RT_c} = hsRT_c^2/E \tag{4-9}$$

对理想气体，设 p_c、p_f 和 p_{ox} 分别代表总压和燃料及氧化剂的分压，则有：

$$c_f = \frac{p_f}{RT_c} = \frac{X_f p_c}{RT_c} \tag{4-10}$$

$$c_{ox} = \frac{p_{ox}}{RT_c} = \frac{X_{ox} p_c}{RT_c} = \frac{(1-X_f) p_c}{RT_c} \tag{4-11}$$

式中，X_f、X_{ox} 分别代表燃料和氧化剂的摩尔分数。

将式（4-10）和式（4-11）代入式（4-9），整理得：

$$\frac{\Delta H_c V K_0 p_c^n}{R^{n+1} T_c^{n+2}} X_f^a (1-X_f)^{n-a} e^{-E/RT_c} = hs/E \tag{4-12}$$

或

$$\frac{p_c^n}{T_c^{n+2}} = \frac{hsR^{n+1} e^{E/RT_c}}{\Delta H_c V K_0 X_f^a (1-X_f)^{n-a}} \tag{4-13}$$

式中，n 为反应级数，$n=a+b$。

式（4-13）两边取对数得：

$$\ln\left(\frac{p_c^n}{T_c^{n+2}}\right) = \ln \frac{hsR^{n+1}}{\Delta H_c V K_0 X_f^a (1-X_f)^{n-a}} + \frac{E}{nRT_c} \tag{4-14}$$

该式称为谢苗诺夫方程。以 $\ln\left(\frac{p_c^n}{T_c^{n+2}}\right)$ 为纵坐标，以 $\frac{1}{T_c}$ 为横坐标，可得到一条斜率为 $\frac{E}{nR}$ 的直线，如图 4-8 所示。

从上面的讨论可知，谢苗诺夫理论为测量反应活化能提供了一个巧妙的方法。

如果 h、s、ΔH_c、V、K_0 和 X_f 为已知，也可在平面图上得到式（4-14）中 p_c 与 T_c 的关系曲线，以分隔能够着火的状态和不能着火的状态，如图 4-9 所示。

图 4-9 表明，临界温度 T_c 是临界压力的强函数。在低压时，自燃着火温度很高；反之，在高压时，自燃着火温度较低。

同理，若保持总压不变（p_c 为常数），由式（4-12）可得出自燃着火温度 T_c 和可燃气体浓度 X_f 的函数关系。以 T_c 为纵坐标，X_f 为横坐标，可得一条曲线。T_c 和 X_f 的实际曲线关系如图 4-10 所示。

如果保持着火温度 T_c 不变，由式（4-12）同样可得自燃着火压力 p_c 与可燃气体浓度

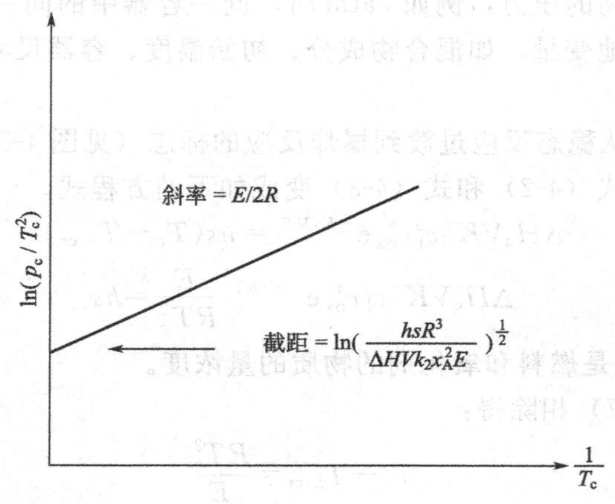

图 4-8　临界压力随温度的变化

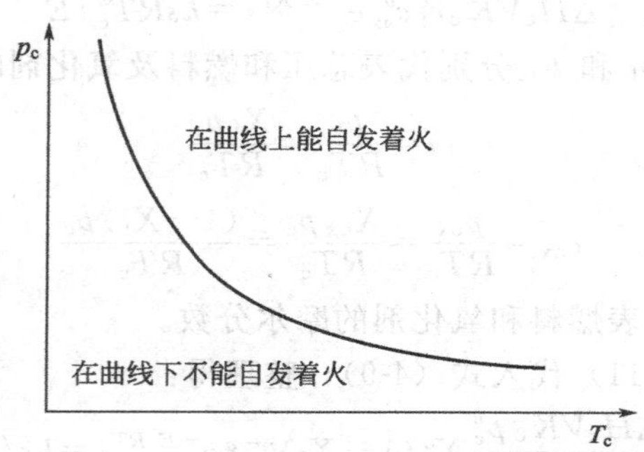

图 4-9　临界压力随临界温度的变化

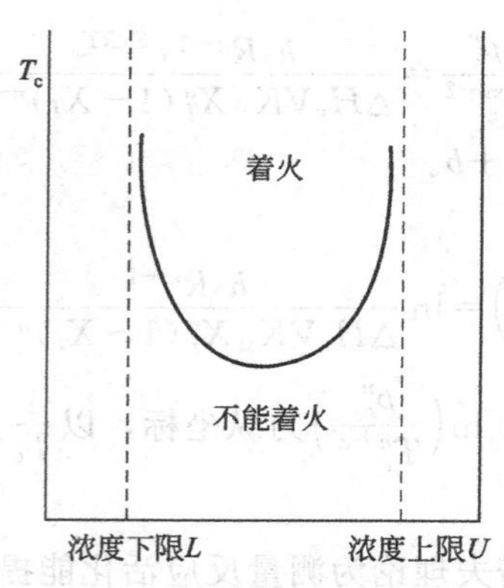

图 4-10　临界温度曲线

X_f 的函数关系。p_c-X_f 的实际曲线关系如图 4-11 所示。

从图 4-10 和图 4-11 可以看出，自燃着火存在一定的极限，超过极限，就不能着火。这些极限包括：

（1）浓度极限　存在着火浓度下限 L 和上限 U。如果混合物太贫燃或太富燃，则不管温度多高都不会着火。

（2）温度极限　由图 4-10 可以看出，在压力保持不变的条件下，降低温度，两个浓度极限相互靠近，使着火范围变窄；当温度低至某一临界值时，两极限合二为一；再降低温

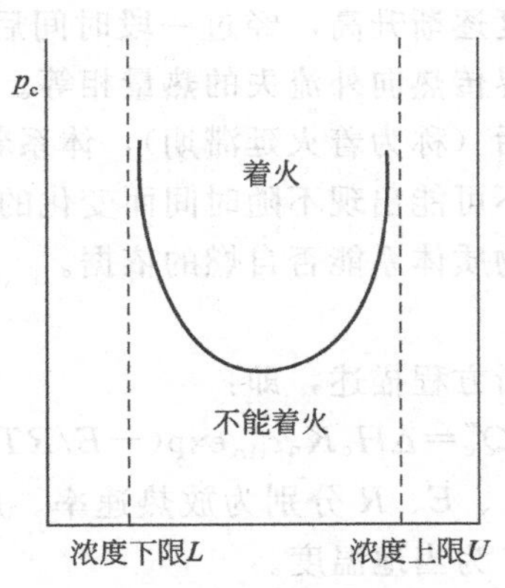

图 4-11　临界压力曲线

度，任何比例的混合气均不能着火。这一临界温度值就称为该压力下的自燃温度极限。

(3) 压力极限　由图 4-11 可以看出，在温度保持不变的条件下，降低压力，两个浓度先互相靠近，使着火范围变窄；再降低压力，任何比例的混合气均不能自燃，这一临界压力就称为该温度下的自燃压力极限。

很显然，不同的混合气体，其浓度极限、温度极限和压力极限是不相同的。

二、弗兰克-卡门涅茨基自燃理论

在谢苗诺夫自燃理论中，假定体系内部各点温度相等。对于气体混合物，由于温度不同的各部分之间的对流混合，可依然为体系内温度均一；对于毕渥数 Bi 较小的堆积固体物质，也可以认为物体内部温度大致相等。上述两种情况均可由谢苗诺夫自燃理论进行分析，但当 Bi 数较大时（$Bi>10$），体系内部各点温度相差较大，在这种情况下，谢苗诺夫自燃理论中温度均一的假设显然不成立，如图 4-12 所示。

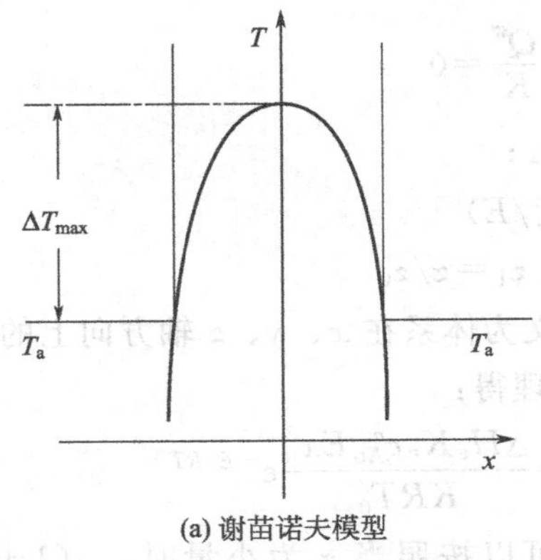

(a) 谢苗诺夫模型

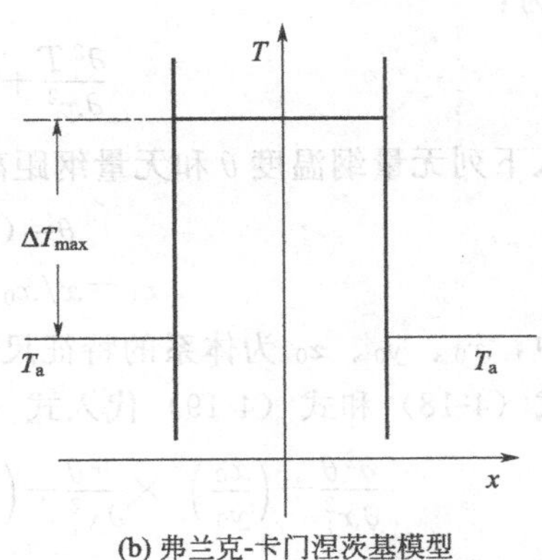

(b) 弗兰克-卡门涅茨基模型

图 4-12　自动加热体系内的温度分布示意图

弗兰克-卡门涅茨基自燃模型考虑到了大 Bi 数条件下物质体系内部温度分布的不均匀性。该理论以体系最终是否能得到稳态温度分布作为自燃着火的判断准则，提出了热自燃的稳态分析方法。

（一）理论分析

可燃物质在堆放情况下，空气中的氧将与之发生缓慢的氧化反应，反应放出的热量一方面使物体内部温度升高，另一方面通过堆积体边界向环境散失。如果体系不具备自燃条件，则从物质堆积时开始，内部温度逐渐升高，经过一段时间后，物质内部温度分布趋于稳定，这时化学反应放出的热量与边界传热向外流失的热量相等。如果体系具备了自燃条件，则从物质堆积开始，经过一段时间后（称为着火延滞期），体系着火。很显然，在后一种情况下，体系自燃着火之前，物质内部不可能出现不随时间而变化的稳态温度分布。因此，体系能否获得稳态温度分布就成为判断物质体系能否自燃的依据。

为便于分析，作如下假设。

(1) 反应速率由阿伦尼乌斯方程描述，即：

$$Q'''_c=\Delta H_c K_n c_{A0}^n \exp(-E/RT) \tag{4-15}$$

式中，Q'''_c、ΔH_c、K_n、c_{A0}、E、R 分别为放热速率、反应热、指数前因子、反应物浓度、反应活化能和气体常数；T 为当地温度。

(2) 物质着火前，反应物消耗量很小，可假定反应物浓度 c_{A0} 为常数。

(3) 体系的毕渥数 Bi 相当大，因此可假定体系的边界温度与外界环境温度 T_a 相等。

(4) 体系的热力参数为常数，不随温度改变。

根据传热学理论，任何外形的物体内部的温度分布均服从导热方程：

$$\frac{\partial^2 T}{\partial x^2}+\frac{\partial^2 T}{\partial y^2}+\frac{\partial^2 T}{\partial z^2}+\frac{Q'''}{K}=\frac{1}{\alpha}\times\frac{\partial T}{\partial t} \tag{4-16}$$

式中，x、y、z 分别为沿直角坐标 x、y、z 轴上的坐标；t 为时间；K 为热导率；α 为热扩散系数。

体系的边界条件为：在边界面 $z=f(x,y)$ 上，$T=T_a$（环境温度）；在最高温度处，$\frac{\partial T}{\partial x}=0$，$\frac{\partial T}{\partial y}=0$，$\frac{\partial T}{\partial z}=0$。

根据前面的分析，体系不具备自燃条件时，温度分布最终趋于稳态，$\frac{\partial T}{\partial t}=0$，所以式(4-16) 为：

$$\frac{\partial^2 T}{\partial x^2}+\frac{\partial^2 T}{\partial y^2}+\frac{\partial^2 T}{\partial z^2}+\frac{Q'''}{K}=0 \tag{4-17}$$

引入下列无量纲温度 θ 和无量纲距离 x_1、y_1、z_1：

$$\theta=(T-T_a)(RT_a^2/E) \tag{4-18}$$

$$x_1=x/x_0,\ y_1=y/y_0,\ z_1=z/z_0 \tag{4-19}$$

式中，x_0、y_0、z_0 为体系的特征尺寸，分别定义为体系在 x、y、z 轴方向上的长度。

将式 (4-18) 和式 (4-19) 代入式 (4-17) 并整理得：

$$\frac{\partial^2\theta}{\partial x_1^2}+\left(\frac{x_0}{y_0}\right)^2\times\frac{\partial^2\theta}{\partial y_1^2}+\left(\frac{x_0}{z_0}\right)^2\times\frac{\partial^2\theta}{\partial z_1^2}=\frac{\Delta H_c K_n c_{A0}^n E x_0^2}{KRT_0^2}e^{-E/RT} \tag{4-20}$$

由于 $(T-T_0)<T_0$，式 (4-20) 中的指数项可以按照当 z 为小量时，$(1+z)^{-1}=(1-z)$ 的等式来简化，即

$$e^{-E/RT}=e^{-E/R(T+T_0-T_0)}=e^{-(E/RT_0)[1+(T-T_0)/T_0]^{-1}}$$

$$\approx e^{-(E/RT_0)[1-(T-T_0)/T_0]}=e^{\theta}e^{-E/RT_0}$$

将上式代入式 (4-20) 得：

$$\frac{\partial^2\theta}{\partial x_1^2}+\left(\frac{x_0}{y_0}\right)^2\times\frac{\partial^2\theta}{\partial y_1^2}+\left(\frac{x_0}{z_0}\right)^2\times\frac{\partial^2\theta}{\partial z_1^2}=-\delta\exp(\theta) \tag{4-21}$$

其中

$$\delta=\frac{x_0^2 E\Delta H_c K_n c_{Ao}^n}{KRT_a^2}e^{-E/RT_a} \tag{4-22}$$

相应的边界条件为：在边界面 $z_1=f_1(x_1, y_1)$ 上，$\theta=0$；在最高温度处，$\frac{\partial\theta}{\partial x_1}=0$，$\frac{\partial\theta}{\partial y_1}=0$，$\frac{\partial\theta}{\partial z_1}=0$。

显然式（4-21）的解完全受 $\frac{x_0}{y_0}$、$\frac{x_0}{z_0}$ 和 δ 控制，即物体内部的稳态温度分布取决于物体的形状和 δ 值的大小。当物体的形状确定后，其稳态温度分布则仅取决于 δ 值。

分析式（4-22）知，δ 表征物体内部化学放热和通过边界向外传热的相对大小。因此，当 δ 大于某一临界值 δ_{cr} 时，式（4-21）无解，即物体内部不能得到稳态温度分布。很显然，δ_{cr} 仅取决于体系的外形，可从式（4-21）的分析得知。

当 $\delta=\delta_{cr}$ 时，与体系有关的参数均为临界参数，此时的环境温度称为临界环境温度 $T_{a,cr}$，由式（4-22）有：

$$\delta_{cr}=\frac{x_{oc}^2 E\Delta H_c K_n c_{ao}^n}{KRT_{a,cr}^2}e^{-E/RT_{a,cr}} \tag{4-23}$$

如果物质以无限大平板，无限长圆柱体、球体和立方体等简单形状堆积，则内部导热均可归纳为一维导热形式，建立如图 4-12（b）所示的坐标系，则相应的稳态导热方程为：

$$\frac{d^2T}{dx^2}+\frac{\beta}{x}\times\frac{dT}{dx}+\frac{Q'''}{K}=0 \tag{4-24}$$

式中，$\beta=0$，对应厚度为 $2x_0$ 的平板；$\beta=1$，对应半径为 x_0 的无限长圆柱；$\beta=2$，对半径为 x_0 的球体；$\beta=3.28$，对边长为 $2x_0$ 的立方体。

相应的，对式（4-24）无量纲化得：

$$\frac{d^2\theta}{dx_1^2}+\frac{\beta}{x_1}\times\frac{d\theta}{dx_1}=-\delta\exp(\theta) \tag{4-25}$$

δ 的表达式与式（4-22）相同。对这些简单外形，经过数学求解，得出各自的临界自燃准则参数 δ_{cr} 为：对无限大平板，$\delta_{cr}=0.88$；对无限长圆柱体，$\delta_{cr}=2$；对球体，$\delta_{cr}=3.32$；对立方体，$\delta_{cr}=2.52$。

当体系的 $\delta>\delta_{cr}$ 时，体系自燃着火。

（二）自燃临界准则参数 δ_{cr} 的求解

对具有简单几何外形的物质，δ_{cr} 可以通过数学方法求解。这里介绍无限大平板物质、无限长圆柱体物质和球体物质的 δ_{cr} 值求解。

1. 无限大平板

无量纲导热方程和边界条件分别如下。

$$\frac{d^2\theta}{dx_1^2}+\delta e^{\theta}=0 \tag{4-26}$$

$x_1=1$ 时，$\theta=0$ (4-27)

$x_1=-1$ 时，$\theta=0$ (4-28)

解式（4-26）得：

当 $x_1\geqslant0$ 时

$$x_1=-\frac{1}{\sqrt{2a\delta}}\ln\frac{1-\sqrt{1-e^{\theta}/a}}{1+\sqrt{1-e^{\theta}/a}}+b$$

当 $x_1<0$ 时

$$x_1=\frac{1}{\sqrt{2a\delta}}\ln\frac{1-\sqrt{1-e^{\theta}/a}}{1+\sqrt{1-e^{\theta}/a}}+b$$

式中，a、b 为待定积分常数。

应用边界条件式（4-27）、式（4-28），分别得：

$$1=-\frac{1}{\sqrt{2a\delta}}\ln\frac{1-\sqrt{1-1/a}}{1+\sqrt{1-1/a}}+b \text{ 和 } -1=-\frac{1}{\sqrt{2a\delta}}\ln\frac{1-\sqrt{1-1/a}}{1+\sqrt{1-1/a}}+b$$

两式相减并整理得：

$$\delta=-\frac{1}{2a}\left[\ln\frac{1-\sqrt{1-1/a}}{1+\sqrt{1-1/a}}\right]^2 \tag{4-29}$$

图 4-13 给出了 δ 随 a 的变化关系，从图 4-13 中可以看出，存在一个 δ 的最大值，当 δ 大于此最大值时，a 无解，相应地稳态导热方程也无解。因此，此最大值即是所要求的自燃临界准则参数 δ_{cr}，图 4-13 中 $\delta_{cr}\approx0.88$。

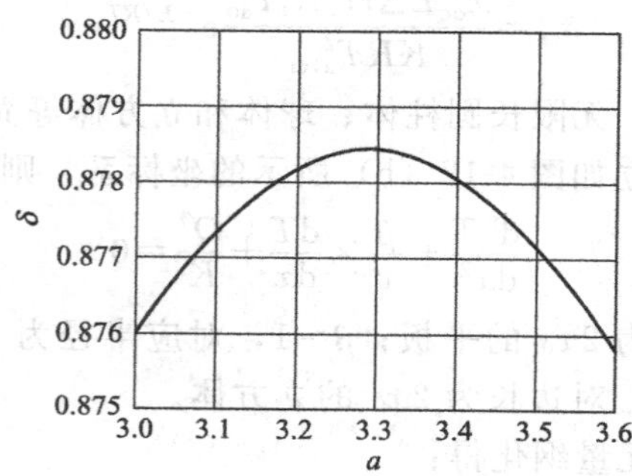

图 4-13 δ 随 a 的变化关系

2. 无限长圆柱体和球体

稳态导热方程和边界条件分别如下。

$$\frac{d^2\theta}{dx_1^2}+\frac{\beta}{x_1}\times\frac{d\theta}{dx_1}+\delta e^{\theta}=0 \tag{4-30}$$

$x_1=1$ 时，$\theta=0$

$x_1=0$ 时，$\frac{d\theta}{dx_1}=0$

用数值计算方法可以得到它们的临界值 δ_{cr}，为此引入以下两个新变量。

$$X=x_1\sqrt{\delta e^{\theta_0}}$$

$$Y=\theta_0-\theta$$

式中，θ_0 是内部最大温度，这时式（4-29）变为：

$$\frac{d^2Y}{dX^2}+\frac{\beta}{X}\times\frac{dY}{dX}=1 \tag{4-31}$$

相应的边界条件为：

$$X=\sqrt{\delta e^{\theta_0}},\ Y=\theta_0$$

或

$$\delta=X^2 e,\ Y=\theta_0$$

式（4-30）的近似解可用级数来表示，即：

对圆柱形：
$$Y=\frac{1}{4}x^2-\frac{1}{64}x^4+\frac{1}{768}x^6+\cdots \tag{4-32}$$

对球形：
$$Y=\frac{1}{6}x^2-\frac{1}{120}x^4+\frac{1}{1890}x^6+\cdots \tag{4-33}$$

这样，如果已知 θ_0（也即已知 Y），则用图解法解式（4-32）或式（4-33）可得 X，由 θ_0 和 X 可求得 δ。可以假定一系列的 θ_0，相应地得到一系列的 δ 值，取其中最大的 δ_{max} 即为临界值 δ_{cr}。计算结果如下。

对圆柱形，$\delta_{cr}=2.00$；对球形，$\delta_{cr}=3.32$。

（三）弗兰克-卡门涅茨基自燃理论的应用

应用弗兰克-卡门涅茨基自燃模型，并辅之以一定的实验手段，可以研究各种物质体系发生自燃的条件，这对于防止物质发生自燃和确定火灾原因，无疑是有意义的。

整理式（4-23），并两边取对数得：

$$\ln\frac{\delta_{cr}T_{a,cr}^2}{x_{oc}^2}=\ln\frac{E\Delta H_c K_n c_{ao}^n}{KR}-\frac{E}{RT_{a,cr}} \tag{4-34}$$

此式表明，对特定的物质，右边第一项 $\ln\frac{E\Delta H_c K_n c_{ao}^n}{KR}$ 为常数，$\ln(\delta_{cr}T_{a,cr}^2/x_{oc}^2)$ 是 $1/T_{a,cr}$ 的线性函数。对于许多系统，这种线性关系是成立的。对于给定几何形状的材料，$T_{a,cr}$ 和 x_{oc}（即试样特征尺寸）之间的关系可通过试验确定，例如，将一个立方形材料试样置于一个恒温炉内加热升温并用热电偶在材料的中心检测温度，就能测定出给定尺寸试样在不同温度下自身加热的程度或着火趋向。对每一定尺寸的立方体（边长为 $2x_0$），通过试验可获得 $T_{a,cr}$ 值，图 4-14 给出了其中一个例子。一旦确定了各种尺寸立方体的 $T_{a,cr}$ 值，代入 $\delta_{cr}=2.52$，便可以由 $\ln\frac{\delta_{cr}T_{a,cr}^2}{x_{oc}^2}$ 对 $1/T_{a,cr}$ 作图。各种形状木质绝缘纤维板的自燃数据之间关系已表示在图 4-15 中，其试样的形状分别为立方体（$\delta_{cr}=2.52$）、平板（$\delta_{cr}=0.88$）。从图 4-15 可以看出，对于这种材料在图 4-15 中所包括的温度范围内，弗兰克-卡门涅茨基自燃模型的近似性很好，若是外推不太好，它可以用来初步地预测这个范围以外的自燃行为。从图 4-15 还可看出，材料试样的形状并不影响图中的线性关系，这是符合式（4-34）的。对不同的试样形状，作图得出的直线斜率和截距相同，说明此直线完全受试样材料的性质所决定。

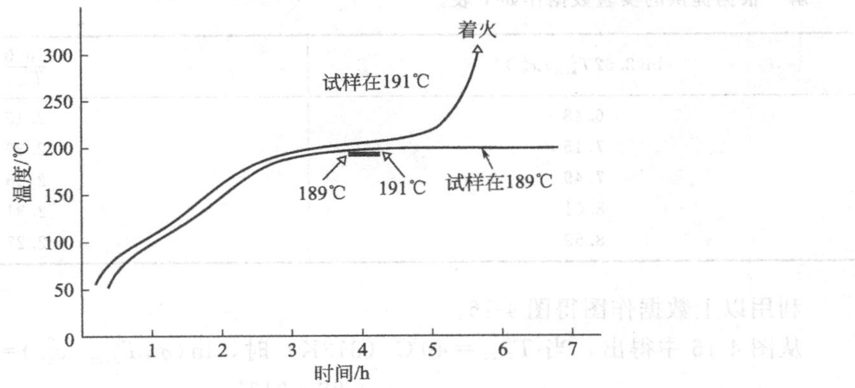

图 4-14　对棱长 50mm 的立方体地面粮堆临界着火温度所进行的测定

（当 $T_a=191$℃时，5h 后着火，但当 $T_a=189$℃时不发生着火，因此可认为 $T_{a,cr}=190$℃）

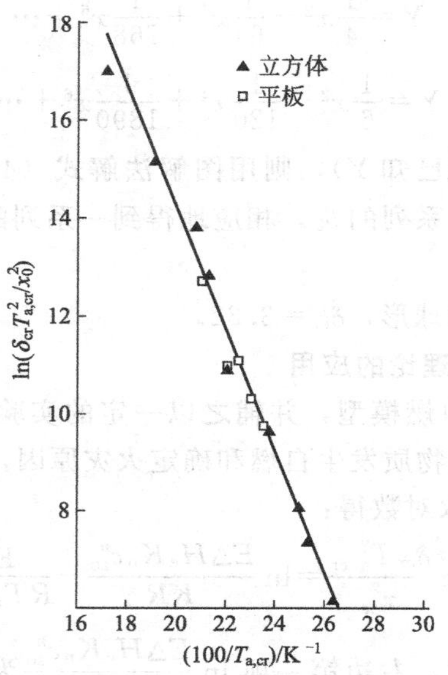

图 4-15 各种形状的木质绝缘纤维板的自燃数据之间的关系

从由此得到的直线斜率 K，可以求出材料的活化能，因为 $K=-\dfrac{E}{R}$，所以，$E=-KR$。

下面举例说明应用弗兰克-卡门涅茨基自燃模型预测物质发生自燃的可能性。

【例 4-1】 经实验得到立方堆活性炭的数据如下。由外推法计算，该材料以半无限大平板形式堆放时，在 40℃有自燃着火危险的最小堆积厚度。

x_0（立方堆半边长）/mm	$T_{a,cr}$（临界温度）/K
25.40	408
18.60	418
16.00	426
12.50	432
9.53	441

解 根据提供的实验数据作如下表。

$\ln(2.52T_{a,cr}^2/x_{oc}^2)$	$\dfrac{1000}{T_{a,cr}}$
6.48	2.45
7.15	2.39
7.49	2.35
8.01	2.31
8.59	2.27

利用以上数据作图得图 4-16。

从图 4-16 中得出，当 $T_{a,cr}=40℃$（313K）时，$\ln(\delta_{cr}T_{a,cr}^2/x_{oc}^2)=-2.2$。对“半无限大平板”堆积方式，$\delta_{cr}=0.88$，所以 $\ln\dfrac{0.88\times313^2}{x_{oc}^2}=-2.2$。

由此得到 $x_0=839\text{mm}$，即在环境温度为 40℃时，为避免自燃，以“半无限大平板”形式堆积的活性炭厚度不能大于 $2x_0=1.678\text{m}$。

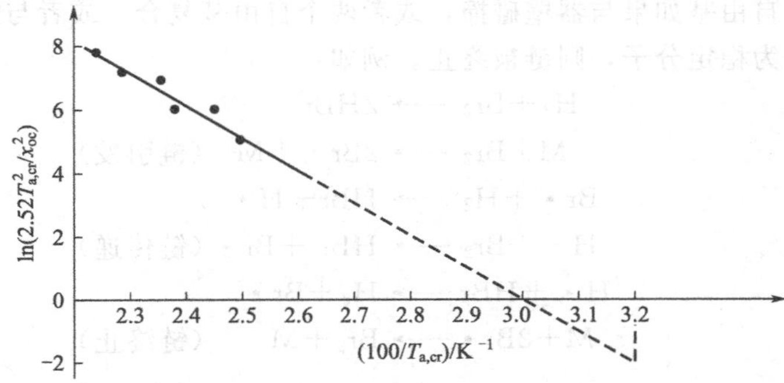

图 4-16 立方堆活性炭自然数据之间的关系

可以想象，很难用实验方法确定厚度为 1.678m 的物质的自燃温度 $T_{a,cr}$，况且自燃不是瞬间发生的，而呈现一个延滞期。对可燃气体-空气混合物，延滞期很少超过 1s；对于固体堆，其自燃延滞期可以是若干小时，或若干天甚至若干个月，这要看所储存的材料多少及环境温度。如果材料堆大，则发生自燃的温度就低，相应的自燃延滞期就长。表 4-1 给出了各种尺寸的立方堆活性炭的自燃延滞期。从表 4-1 可以看出，$2x_{oc}=601$mm 时，自燃延滞期为 68h，所以，对于尺寸更大的堆积固体，自燃延滞期更长，即使实验条件和经费允许，人们也不愿意花如此长的时间来做实验。因此，弗兰克-卡门涅茨基自燃模型为人们提供了一种很好的方法。借此方法，我们可以通过小规模实验来确定大量堆积固体发生自燃的条件，为预防堆积固体自燃和确定自燃火灾的原因提供坚实的理论依据。

表 4-1 立方堆活性炭的自燃延滞期

线性尺寸($2x_{oc}$)/mm	临界温度(T)/℃	着火时间(t_i)/h
51	125	1.3
76	113	2.7
102	110	5.6
152	99	14
204	90	24
601	60	68

第二节 链式反应着火理论

一、链式反应过程

1. 基本概念

(1) 链式反应 由一个单独分子变化而引起一连串分子变化的化学反应。

(2) 自由基 在链式反应体系中存在的一种活性中间物，是链式反应的载体。

2. 基本步骤

链式反应一般由三个步骤组成，即链引发、链传递、链终止。

(1) 链引发 借助于光照、加热等方法使反应物分子断裂产生自由基的过程，称为链引发。

(2) 链传递 它是自由基与反应物分子发生反应的步骤。在链传递过程中，旧自由基消失的同时产生新的自由基，从而使化学反应能继续下去。

（3）链终止　自由基如果与器壁碰撞，或者两个自由基复合，或者与第三个惰性分子相撞后失去能量而成为稳定分子，则链被终止。例如：

$$H_2+Br_2 \longrightarrow 2HBr$$

$$M+Br_2 \longrightarrow 2Br\cdot+M \quad （链引发）$$

$$Br\cdot+H_2 \longrightarrow HBr+H\cdot$$

$$H\cdot+Br_2 \longrightarrow HBr+Br\cdot \quad （链传递）$$

$$H\cdot+HBr \longrightarrow H_2+Br\cdot$$

$$M+2Br\cdot \longrightarrow Br_2+M \quad （链终止）$$

二、链式反应分类

链式反应分为直链反应和支链反应。

1. 直链反应

直链反应在链传递过程中每消耗一个自由基的同时又生成一个自由基，直至链终止。例如：

$$H_2+Cl_2 \longrightarrow 2HCl \quad （总反应）$$

(1) $M+Cl_2 \longrightarrow 2Cl\cdot+M$ （链引发）

(2) $Cl\cdot+H_2 \longrightarrow HCl+H\cdot$

(3) $H\cdot+Cl_2 \longrightarrow HCl+Cl\cdot$ （链传递）

(4) $H\cdot+HCl \longrightarrow H_2+Cl\cdot$

(5) $M+2Cl\cdot \longrightarrow Cl_2+M$ （链终止）

上述链式反应中，一旦形成 Cl·，反应（2）、（3）就会反复进行。在整个链传递过程中，Cl·始终保持不变。在链传递过程中，自由基数目保持不变的反应称直链反应。

2. 支链反应

所谓支链反应，就是指一个自由基在链传递过程中，生成最终产物的同时产生两个或两个以上的自由基。自由基的数目在反应过程中是随时间增加的，因此反应速率是加速的。现以 H_2 和 O_2 的反应来说明支链反应特点。

$$2H_2+O_2 \longrightarrow 2H_2O \quad （总反应）$$

(1) $M+H_2 \longrightarrow 2H\cdot+M$ （链引发）

(2) $H\cdot+O_2 \longrightarrow OH\cdot+O\cdot$

(3) $O\cdot+H_2 \longrightarrow H\cdot+OH\cdot$ （链传递）

(4) $OH\cdot+H_2 \longrightarrow H\cdot+H_2O$

(5) $OH\cdot+H_2 \longrightarrow H\cdot+H_2O$

(6) $H\cdot \longrightarrow$ 器壁破坏

(7) $OH\cdot \longrightarrow$ 器壁破坏 （链终止）

(8) $OH\cdot+H\cdot \longrightarrow H_2O$

将反应（2）、（3）、（4）、（5）相加可得：

$$H\cdot+3H_2+O_2 \longrightarrow 2H_2O+3H\cdot$$

这就是说，一个自由基 H·参加反应后，经过一个链传递形成最终产物 H_2O 的同时产生三个 H·，这三个 H·又开始形成另外三个链，而每个 H·又将产生 3 个 H·。这样，随着反应的进行，H·的数目不断增加，因此反应不断加速。氢自由基数目增加情况如图 4-17 所示。

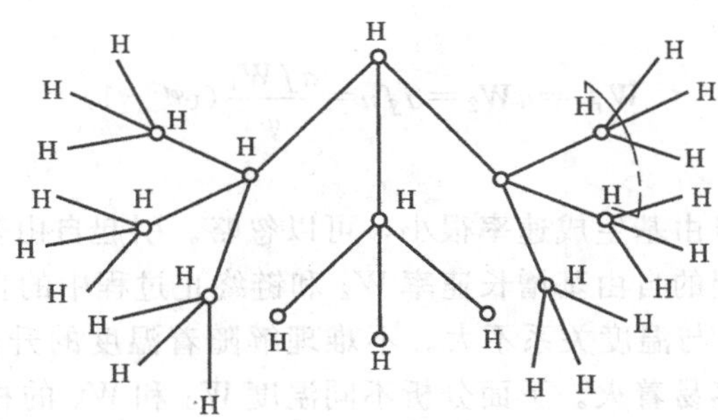

图 4-17 氢自由基数目增加示意图

三、链式反应着火条件

(一) 链式反应中的化学反应速率

链式反应理论认为，反应自动加速并不一定要依靠热量的积累，也可以通过链式反应逐渐积累自由基的方法使反应自动加速，直至着火。系统中自由基数目能否发生积累是链式反应过程中自由基增长因素与自由基销毁因素相互作用的结果，自由基增长因素占优势，系统就会发生自由基积累。

在链引发过程中，由于引发因素的作用，反应分子会分解成自由基。自由基的生成速率用 W_1 表示，由于引发过程是个困难过程，故 W_1 一般比较小。

在链传递过程中，对于支链反应，由于支链反应的分支，自由基数目将增加。例如氢氧反应中 H·在链传递过程中一个生成三个。显然 H·浓度 n 越大，自由基数目增长越快。设在链传递过程中自由基增长速率为 W_2，$W_2=fn$，f 为分支链生成自由基的反应速率常数。由于分支过程是由稳定分子分解成自由基的过程，需要吸收能量，因此温度对 f 的影响很大。温度升高，f 值增大，即活化分子的百分数增大，W_2 也就随着增大。链传递过程中因分支链引起的自由基增长速率 W_2 在自由基数目增长中起决定作用。

在链终止过程中，自由基与器壁相碰撞或者自由基之间相复合而失去能量变成稳定分子，自由基本身随之销毁。设自由基销毁速率为 W_3。自由基浓度 n 越大，碰撞机会越多，销毁速率 W_3 越大，即 W_3 正比于 n，写成等式为 $W_3=gn$，g 为链终止反应速率常数。由于链终止反应是复合反应，不需要吸收能量（实际上是放出较小的能量），在着火条件下，g 与 f 相比较小，因此可认为温度对 g 的影响较小，将 g 近似看作与温度无关。

整个链式反应中自由基数目随时间变化的关系为：

$$\begin{aligned} \mathrm{d}n/\mathrm{d}t &= W_1+W_2-W_3 \\ &= W_1+fn-gn \\ &= W_1+(f-g)n \end{aligned} \tag{4-35}$$

令 $\varphi=f-g$，则式 (4-35) 可写成：

$$\mathrm{d}n/\mathrm{d}t=W_1+\varphi n \tag{4-36}$$

设 $t=0$ 时，$n=0$，积分式 (4-36) 得：

$$n=\frac{W_1}{\varphi}(\mathrm{e}^{\varphi t}-1) \tag{4-37}$$

如果以 a 表示在链传递过程中一个自由基参加反应生成最终产物的分子数（如氢氧反应的链传递过程中，消耗一个 H·，生成 2 个 H_2O 分子，$a=2$），那么反应速率，即最终产物的生成速率为：

$$W_{产}=aW_2=afn=\frac{afW_1}{\varphi}(e^{\varphi t}-1) \tag{4-38}$$

（二）链式反应着火条件

在链引发过程中，自由基生成速率很小，可以忽略。引起自由基数目变化的主要因素是链传递过程中链分支引起的自由基增长速率 W_2 和链终止过程中的自由基销毁速率 W_3，W_2 与温度关系密切，而 W_3 与温度关系不大。不难理解随着温度的升高，W_2 越来越大，自由基更容易积累，系统更容易着火。下面分析不同温度 W_2 和 W_3 的相对关系，从而找出着火条件。

系统处于低温时，W_2 很小，W_3 相对 W_2 而言较大，$\varphi=f-g<0$。按照式（4-38）反应速率为：

$$W_{产}=\frac{afW_1}{-|\varphi|}(e^{-|\varphi|t}-1)=\frac{afW_1}{-|\varphi|}\left(\frac{1}{e^{|\varphi|t}}-1\right) \qquad t\to\infty, \frac{1}{e^{|\varphi|t}}\to 0$$

所以
$$W_{产}=\frac{afW_1}{|\varphi|}=常数=W_0 \tag{4-39}$$

这说明，在 $\varphi<0$ 的情况下，自由基数目不能积累，反应速率不会自动加速，而只能趋向某一定值，因此系统不会着火。

系统温度升高，W_2 加快，W_3 可视为不随温度变化，这就可能出现 $W_2=W_3$ 的情况。按照式（4-35），反应速率将随时间呈线性增加。

因为 $dn/dt=W_1$，$n=W_1t$

所以
$$W_{产}=aW_1=afn=afW_1t \tag{4-40}$$

由于反应速率是线性增加，而不是加速增加，所以系统不会着火。

系统温度进一步升高，W_2 进一步增大，则有 $W_2>W_3$，即 $\varphi=f-g>0$。按照式（4-38），反应速率 $W_{2产}$ 将随时间呈指数形式加速增加，系统会发生着火。

若将以上三种情况画在 $W_{产}$-t 图上，很容易找到着火条件。

如图 4-18 所示，只有当 $\varphi>0$ 时，即分支链形成的自由基增长速率 W_2 大于链终止过程中自由基销毁速率 W_3 时，系统才可能着火。

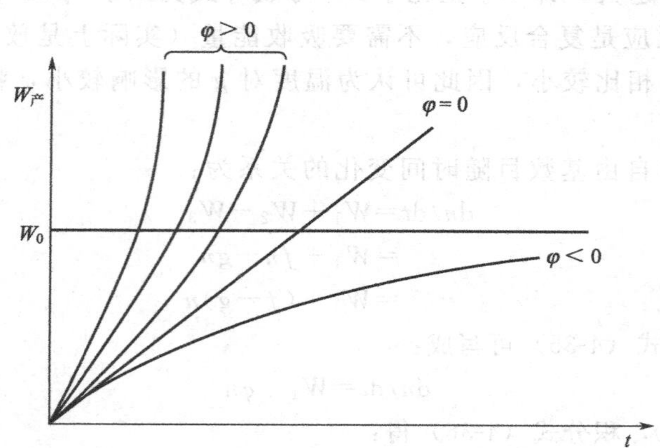

图 4-18　不同 φ 值条件下的反应速率

$\varphi=0$ 是临界条件，此时对应的温度为自燃温度，在此自燃温度以上，只要有链引发生，系统就会自发着火。

四、链式反应理论中的着火感应期

链式反应中的着火感应期，有以下三种情况。

(1) $\varphi<0$　系统的化学反应趋向一常量，系统化学反应速率不会自动加速，系统不会着火，着火感应期 $\tau=\infty$。

(2) $\varphi>0$　着火感应期 τ 减小，其关系可由下式得到。

$$W_{产}=\frac{afW_1}{\varphi}(e^{\varphi\tau}-1)$$

当 φ 较大时，$\varphi\approx f$，并相应地可以略去上式中的 1。若将上式去对数得：

$$\tau=\frac{1}{\varphi}\ln\frac{W_{产}}{aW_1}$$

实际上，$\ln\frac{W_{产}}{aW_1}$ 随外界影响变化很小，可以认为是常数，则有：

$$\tau=\frac{常数}{\varphi}\quad 或\quad \tau\varphi=常数 \tag{4-41}$$

(3) $\varphi=0$　是一种极限情况，其着火感应期是指 $W_{产}=W_0$ 的时间。

五、链式反应对着火极限的影响

热着火理论主要观点认为热自燃的发生是由于在着火感应期内化学反应的结果是热量不断积累而造成反应速率的自动加速，这一理论可以解释很多现象，对大多数碳氢化合物与空气的作用都符合；但是也有很多实验结果是热理论所不能解释的，如对氢和氧的混合气体，临界着火温度和临界着火压力之间的关系如图 4-19 所示，即氢氧反应有三个着火极限，现用链式反应理论进行解释。

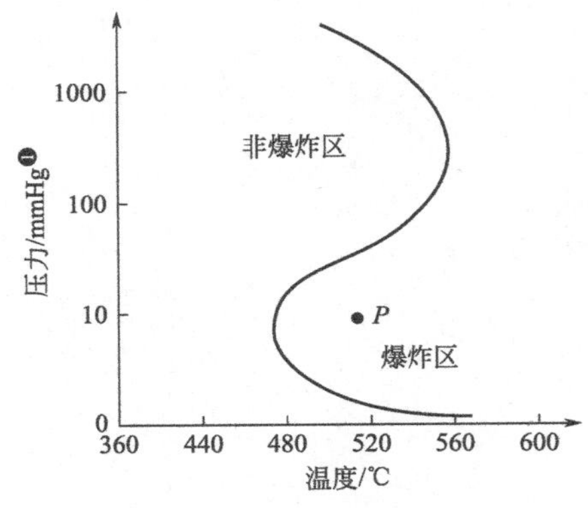

图 4-19　氢-氧化学计量混合物的爆炸极限

设第一、第二极限之间爆炸区内有一点 P，保持体系温度不变而降低系统压力，P 点则向下垂直运动，此时因氢氧混合气体压力较低，自由基扩散较快，氢自由基很容易与器壁碰撞，自由基销毁主要发生在器壁上。压力越低，自由基销毁速率越大，当压力下降到某一值后，自由基销毁速率 W_3 有可能大于链传递过程中由于链分支而产生的自由基增长速率 W_2，于是系统由爆炸转为不爆炸，爆炸区与非爆炸区之间就出现了第一极限。如果在混气中加入惰性气体，则能阻止氢自由基向器壁扩散，导致下限下移。

❶ 1mmHg=133.322Pa。

如果保持系统温度不变而升高系统压力，P 点则向上垂直移动，这是因氢氧混合气体压力较高。自由基在扩散过程中，与气体内部大量稳定分子碰撞而消耗掉自己的能量，自由基结合成稳定分子，因此自由基主要销毁在气相中。混气压力增加，自由基气相销毁速率增加，当混气压力增加到某一值时，自由基销毁速率 W_3 可能大于链传递过程中因链分支而产生的自由基增长速率 W_2（$f-g<0$），于是系统由爆炸转为不能爆炸，爆炸区与非爆炸区之间就出现了第二个极限。

压力再增高，又会发生新的链式反应，即 $H\cdot + O_2 + M \longrightarrow HO_2 + M$。

HO_2 会在未扩散到器壁之前，又发生如下反应而生成 $OH\cdot$。

$$HO_2 + H_2 \longrightarrow H_2O + OH\cdot$$

导致自由基增长速率 W_2 增大，于是又能发生爆炸，这就是爆炸得第三极限。

目前还提出了第三种着火理论，即链锁反应热爆炸理论。这种理论认为反应的初期可能是链式反应，但随着反应的进行放出热量，最后变为纯粹的热爆炸。

思 考 题

1. 利用放热曲线和散热曲线的位置关系，分析说明谢苗诺夫热自燃理论中着火的临界条件。
2. 如何利用谢苗诺夫热自燃理论预测物质的自燃着火温度。
3. 如何应用弗兰克-卡门涅茨基自燃模型预测物质的自燃着火温度。
4. 结合链式反应理论解释氢-氧化学计量混合物一个温度可能对应两个、甚至三个着火（爆炸）压力极限？

第五章 爆炸及其灾害

第一节 爆燃及爆轰

化学反应导致的爆炸的破坏效应很大程度上依赖于是爆燃还是爆轰引起的爆炸。

爆燃是一种燃烧过程，反应阵面（reaction front）移动速度低于未反应气体中的声速，反应阵面主要通过传导和扩散而进入未反应气体中。

爆轰的反应阵面移动速度比未反应气体中的声速高。对爆轰来说，主要通过压缩反应阵面前面的未反应气体使其受热，从而使反应阵面向前传播。

两者的主要差别在于前者是亚声速流动，而后者为超声速流动。

一、爆燃

伴有迅速反应并且热量逐渐从反应物料向附近物料传递，使其温度不断升高，并达到反应温度，发生反应，爆燃（deflagration）发生的速度较高但低于声速。反应物料在不受限的情况下燃烧一般会形成一个火球，通常会产生大量热气体，不会产生冲击波；对于封闭的情况，会限制气体膨胀，导致压力增加。如果容器不是非常坚固，由于热，气体膨胀产生的压力会造成容器突然破裂。

对于爆燃，来自反应的能量通过热传导和分子扩散转移至未反应的混合物中，这些过程相对较慢，促使反应阵面以低于声速的速度传播。

图 5-1 为开放空间气相燃烧反应发生爆燃时的物理模型。爆燃是一种带有压力波的燃烧。爆燃发生时，反应阵面的传播速度低于声速，压力波阵面在未反应气体中以声速向前传播，并逐渐远离反应阵面。随着燃烧反应不断向前行进，反应阵面会产生一系列单个的压力波阵面，这些压力波阵面以声速离开反应阵面并在主压力波阵面处不断聚集。由于反应阵面

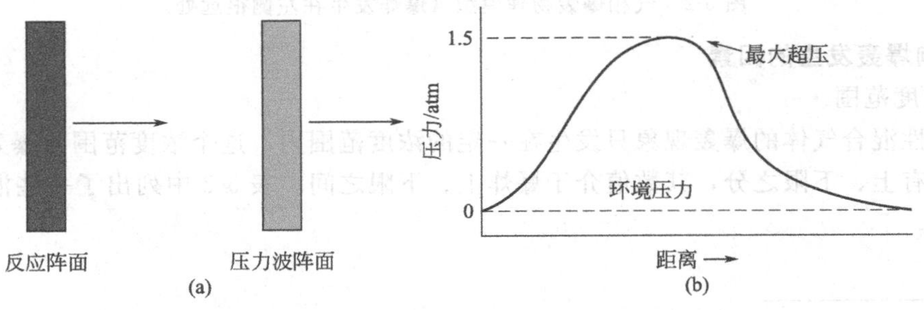

图 5-1 气相爆燃物理模型（爆炸发生在左侧很远处）

不断产生压力波阵面，造成单个压力波阵面不断叠加，使得主压力波阵面在尺寸上不断增加，如图 5-1(b) 所示的曲线。爆燃产生的压力波阵面持续时间长（几毫秒至数百毫秒），阵面宽而平滑，典型的最大压力通常为 1atm 或 2atm。

二、爆轰

对某些反应而言，其反应阵面是通过强压力波不断向前传播的，强压力波通过压缩反应阵面前方的未反应物料，使其温度超过自燃温度。由于压缩进行得很快，导致反应阵面前方出现压力突变或激波，这种现象就是爆轰（detonation）。爆轰又称爆震，它是一个伴有巨大能量释放的化学反应传输过程，同时反应阵面及其前方的冲击波以声速或超声速向未反应混合物传播，爆轰速度在 1500～9000m/s 的范围。某些气体混合物的爆轰速度见表 5-1。

表 5-1　某些气体混合物的爆轰速度

混合气体	混合百分比/%	爆轰速度/(m/s)	混合气体	混合百分比/%	爆轰速度/(m/s)
乙醇-空气	6.2	1690	甲烷-氧	33.3	2146
乙烯-空气	9.1	1734	苯-氧	11.8	2206
一氧化碳-氧	66.7	1264	乙炔-氧	40.0	2716
二硫化碳-氧	25.0	1800	氢-氧	66.7	2821

（一）爆轰过程

如图 5-2 所示为开放空间气相燃烧反应发生爆轰时的物理模型。对于爆轰，反应阵面的移动速度大于声速，激波阵面（shock front）在反应阵面前方不远处，反应阵面为激波阵面提供能量并且以声速或超声速驱动它持续向前行进。当反应阵面和激波阵面偶合在一起同步前行时，稳定发展的爆轰波便形成了（一般称为 CJ 爆轰）。

爆轰产生的激波阵面，其压力是突然上升的［由图 5-2(b) 可以看出］，最大压力与反应物料的相以及类型都有关系。气相爆轰最大压力在 15～20atm 的范围内，而凝聚相物料的最大压力会超过 100kbar❶，持续时间与爆炸能有关系，一般在几秒至数十秒之间。

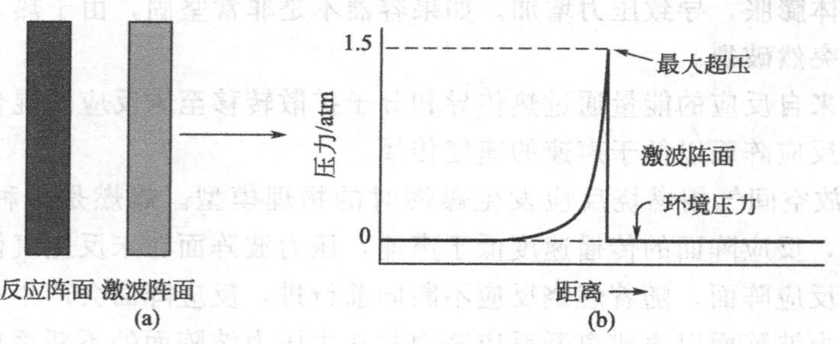

图 5-2　气相爆轰物理模型（爆炸发生在左侧很远处）

（二）影响爆轰发生的因素

1. 浓度范围

爆炸性混合气体的爆轰现象只发生在一定的浓度范围内，这个浓度范围叫爆轰范围，爆轰范围也有上、下限之分，其数值介于爆炸上、下限之间。表 5-2 中列出了一些混合气体的爆轰范围。

---

❶ 1bar$=10^5$Pa。

表 5-2　一些混合气体的爆轰范围（体积分数）　　单位：%

混合气体		爆炸下限	爆轰范围		爆炸上限
可燃气	助燃气		下限	上限	
氢	空气	4.0	18.3	59.0	75
氢	氧	4.7	15.0	90.0	93.9
一氧化碳	氧	15.5	38.0	90.0	94.0
氨	氧	13.5	25.4	76.0	79.0
乙炔	空气	2.5	4.2	50.0	81.0
乙炔	氧	2.5	3.5	92.0	—
丙烷	氧	2.3	3.2	39.0	55
乙醚	空气	1.85	2.8	45.0	48
乙醚	氧	2.10	2.6	74.0	82.0

2. 强氧化剂

如纯氧气或氯气（不是空气）等强氧化剂，会使反应加速，并发生爆轰现象。甲烷（天然气的主要成分）在空气中的燃烧速度是 1ft[1]/s 或更少；35%甲烷和 65%的氧气组成的混合物将以 7040ft/s 的速度燃烧。同样地，氢气在空气中的燃烧速度也相当低，但 66.7%的氢气和 33.3%的氧气混合物将以 9246ft/s 进行燃烧。氯酸盐、高氯酸盐等氧化剂的存在会发生加速反应或爆炸性反应。

液氧与有机材料如沥青、油脂或油品接触会产生凝胶，该物质非常敏感，以至微小的振动都会发生爆轰。

3. 压力

压力的增加也可以导致反应速率的增加。1971 年 4 月 1 日，在美国西弗吉尼亚州的查尔斯顿发生了一起事故，并引发火灾，致使 3ft 粗的乙炔管线过热，温度的升高导致乙炔分解。反应增加了气体压力从而使分解速率增加，并发展为爆轰速度，幸亏管线非常坚固没有发生爆裂。爆轰在约 6s 内传播了 7mile（1mile＝1609.344m），在装有阻火器的位置上停止（在管线尾部安装阻火器可以阻止设备装置进一步被损坏）。

4. 反应热

如果在燃烧反应中放出的热量巨大，同样可能造成某些稳定混合物发生爆轰。在 1963 年，某航空公司的三氯乙烯储罐发生爆轰，造成 2 名技工死亡。三氯乙烯非常稳定，早些年还被认为是不可燃的，因此就被用来清洗导弹发动机以及储罐，但是被肼污染了，同时四氧化二氮也进入到储罐，肼和四氧化二氮是双组分火箭燃料，必然发生反应，反应放出的能量巨大引起三氯乙烯发生离解，造成储罐炸碎。在 1980 年，美国阿肯色州发生了一件类似的事故，损坏了 TianⅡ导弹的储仓，爆炸威力很大以致使重达数百吨的储仓盖一分为二，并抛到几百英尺外。

5. 初始温度

混合气的初始温度对爆轰的传播速度影响很小，实验数据表明，升高温度反而使爆轰速度有所下降，如氢和氧混合气在初始温度为 10℃时测得的爆轰速度为 2821m/s，而在 100℃时为 2790m/s，其原因是温度升高使气体密度减小所造成的。

6. 管径或容器的长径比

由于爆炸性混合气体在点火以后到形成爆轰有一段发展过程，在常压非扰动的初始条件

[1] 1ft＝0.3048m。

下，在管子或小直径容器中爆轰的形成与管道或容器的长径比有关，见表 5-3。

表 5-3　在管子和小直径容器中适于爆轰的长径比（常压非扰动初始条件下）

可燃混合气①	适于爆轰的长度与直径的最小比例(L/D)
饱和烃和空气②	75
氢气和空气	50
炔和氧气	<10

① 随压力增加，L/D 值缓慢减少，在 10.1×10^5Pa 时，L/D 约为 40。

② 随压力增加，L/D 值很快减少，在 5.06×10^5Pa 时，L/D 约为 25。

大型容器即使长径比小，也不能因此认为不会引发爆轰，当有相当大的扰动产生，或能量很高的点火源，也可使爆轰在大型容器中产生。

7. 催化剂

催化剂通常可以降低初始反应所需要的能量，并可导致反应加速，因此催化剂可以使更多的混合物通过施加一个引发源来开始反应，并达到爆轰速度。

三、爆燃向爆轰的转变

爆轰的形成是比较复杂的问题，目前还没有充分认识。一般而言，爆轰可以通过两种方式产生：一种是直接起爆，如用炸药、强激光等高能量物质来进行直接起爆，这种方法需要巨大的点火能量，对于一般碳氢燃料，需 $10^5\sim10^6$J；另一种是通过爆燃向爆轰转变（deflagration to detonation transition，DDT）的方式产生，即采用弱点火能量点火形成火焰，火焰在一定条件下加速，形成湍流燃烧，再形成热点，并逐渐放大，形成爆轰，这类引发方式需要的点火能量小，是比较常用的实验方法。

爆燃转爆轰在管道中尤其常见，但是在容器或开放空间中却不太可能发生。在可燃混合物中，以每秒几米速度传播的爆燃波，如何向每秒数千米速度的爆轰波转变，早在 20 世纪 40 年代就有人进行过这方面的实验研究。直到 20 世纪 60 年代，人们对其转变机理才有比较一致的认识。例如在一个装有预混可燃气体混合物的管子里，如果一端封闭，在靠近封闭端处点火，形成爆燃波。爆燃波从封闭端向另一端传播。由于波后的燃烧产物被封闭端限制，从而使爆燃波后压力和温度不断升高，使火焰加速，由此在波前形成压缩波，它在波前局部声速向前传播。由于爆燃波后的温度和压力不断提高，后面的压缩波赶上前面的压缩波，经过一定时间和距离形成激波，激波诱导气流二次运动，使层流火焰变成紊流火焰，形成许多局部爆炸中心。当一个或若干个局部爆炸中心达到临界点火条件（即所谓的爆炸）时，产生小的爆炸波向周围迅速放大，并与激波反应区结合形成自持的超声速爆轰波。激波对化学反应有诱导作用，决定了化学反应的感应时间，化学反应对激波起驱动作用，提供激波传播所需能量。

图 5-3 给出了爆燃波在空气中的传播逐渐转为爆轰的示意图，曲线中高压部分，温度也高，则其传播速度也比曲线中的低压部分大，这样曲线中的高压部分可以向前追赶低压部分，导致曲线前部逐渐变陡，此过程会继续直至压力波接近爆轰波形状。

四、爆燃和爆轰的破坏机理

爆燃和爆轰造成的破坏有显著不同，相同的能量，爆轰造成的破坏比爆燃大得多，主要是由于爆轰的最大超压更大。爆燃虽然最大超压低，但是压力持续时间长，对某些结构组件可能更有破坏性。

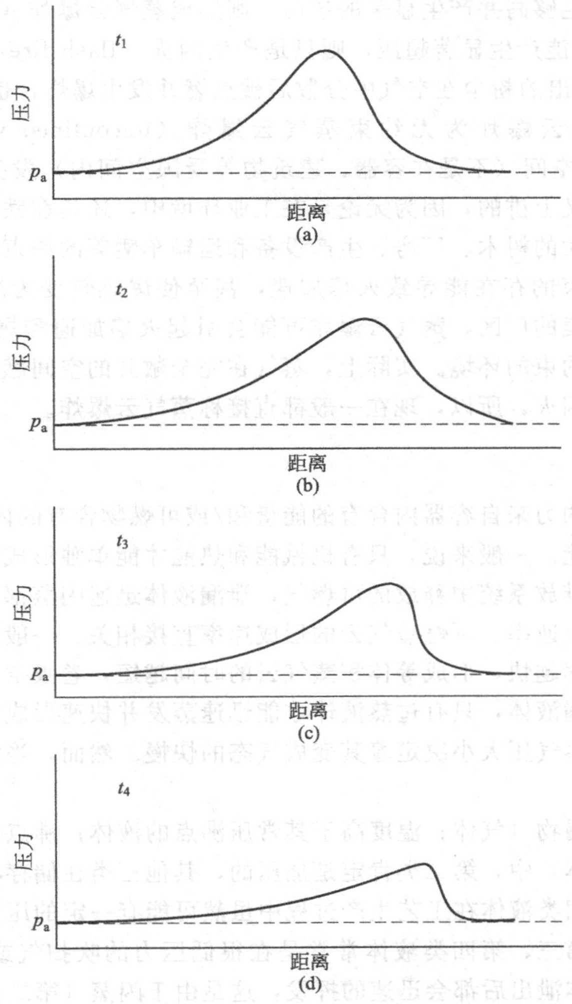

图 5-3 爆燃波向爆轰波转变过程中压力曲线随时间的变化

下面举一个容器内发生燃烧导致容器破裂及爆炸的例子，来理解爆燃和爆轰破坏机理的不同。如果爆炸是由爆燃造成，爆炸产生的碎片比较少，而且在裂缝附近的容器壁面厚度会变薄，这是因为在破裂前容器壁会发生形变，也可称为应力破裂或延性破坏（stress fracture 或 ductile failure）。如果爆炸是由爆轰引起的，则激波阵面的突然到来造成容器破裂，形成大量碎片。从裂缝附近抛出的碎片也没有变薄，这是因为容器破裂时间非常短，器壁来不及变薄，这就是所谓的脆性破坏（brittle fracture）。这两种破裂模式的差别是由于爆炸压力作用到器壁上的速率的不同导致的，对于爆燃的情况，压力缓慢作用到器壁，使得器壁有时间延展，最后撕破；而对于爆轰的情况，由于压力作用非常突然，器壁没有时间进行延展就破裂了。

第二节 蒸气云爆炸

一、蒸气云爆炸基本概念

发生泄漏事故时可燃气体、蒸气或液雾与空气混合会形成可燃蒸气云。可燃蒸气云点燃后若火焰速度加速到足够高并产生显著的超压，则形成蒸气云爆炸（vapor cloud explosion，VCE）。若火焰加速不能产生显著超压，则只是产生闪火（flash fire，是蒸气云的非爆炸性突然燃烧）；若喷泄而出的粉尘在空气中分散后被点燃并发生爆炸，也可以归为蒸气云爆炸。

以前经常称蒸气云爆炸为无约束蒸气云爆炸（unconfined vapor cloud explosion，UVCE），意指在敞开空间（不是在容器、建筑物等受限空间内）发生的蒸气云爆炸。所谓的无约束是从全局意义上讲的，因为无论是在工业环境中，还是在铁路运输环境中，都存在很多局部约束，如高大的树木、厂房、生产设备和运输车辆等的约束，甚至有时地面也会成为一种约束。局部约束的存在能导致火焰加速，甚至使爆燃转变为爆轰。例如在设备（管线、单元等）布置密集的厂区，蒸气云爆炸可能会引起火焰加速和爆炸的增强。也就是说，不存在完全敞开的无约束的环境。实际上，蒸气在完全敞开的空间燃烧基本上不会产生显著的超压，而只是发生闪火，所以，现在一般都直接称蒸气云爆炸。

二、成因及特点

导致蒸气云形成的力来自容器内含有的能量和/或可燃物含有的内能。“能”主要形式是机械能、化学能或热能。一般来说，只有机械能和热能才能单独形成蒸气云，如从加压的容器、反应器、管线或排放系统中释放的可燃气，泄漏液体迅速闪蒸都可以形成蒸气云。能量的大小与蒸气云的增长速率、可燃蒸气云的形成速率直接相关。一般情况下，若容器压力越高，则可燃物泄漏速率越快，形成等体积蒸气云的时间越短，卷吸空气而形成可燃混合物的速率也越快。对于泄漏液体，只有过热液体才能迅速蒸发并快速形成大的蒸气云团。对于常温常压液体，液体的蒸气压大小决定着其变成气态的快慢。然而，当液体为细分散态时，与蒸气压的关系不大。

在常见的四类泄漏物（气体；温度高于其常压沸点的液体；沸点低于常温的液体；温度低于其常压沸点的液体）中，第二类肯定是加压的，其他三类在储存状态或工艺生产中有可能带压。但第三、第四类液体在工艺生产过程中虽然可能有一定的压力，但在大量储存时无需加压。尽管如此，第三、第四类液体常常是在很低压力的吹扫气或惰性气体保护下存放的。第二、第三类液体泄出后都会迅速的挥发，这是由于闪蒸（第二类）或是由于液体与周围介质接触而发生剧烈的沸腾（第三类）。相对来说，这些物质中最没有危险的是第四类液体，它的挥发受大气条件的影响较大。

蒸气云在很多情况下只有缓慢的燃烧，甚至只有燃料的扩散而无燃烧，若要发生蒸气云爆炸，必须满足以下一些条件。

① 泄漏的物质必须是可燃的。

② 点燃之前必须形成足够尺寸的蒸气云。如果蒸气云太小或刚刚泄漏，则点燃后可能是产生小的火球，或发生喷射火灾或者池火灾。也就是说，在燃料开始泄漏和点燃蒸气云之间应该有一段合适的延迟时间，以形成大尺寸的蒸气云。

③ 在点燃之前要有足够量的空气混合进入蒸气云，以使得混合物的浓度在可燃范围内。如果空气量不够，则点燃后可能只是发生扩散燃烧。空气扩散进入的最重要的机理在于大气的湍动，这种湍动与风速有关，风速越大，空气混合进入的速率越快，形成可燃云团的时间越短。

④ 蒸气云燃烧时火焰必须加速传播，否则只会形成闪火。因此要有强的点火源或某些火焰加速机理。湍流会使得火焰面（flame front）的面积增加，从而形成火焰加速。湍流主要来自于未燃气体。未燃气体在火焰面之前运动，并被后面的膨胀的燃烧产物推动，当气体

遇到障碍物时就产生了湍流。所有的湍流都是由气体的运动引起的，随着湍流强度的增加，火焰面扩展，火焰面积增大，因而燃料燃烧的速率增加。燃烧速率增加，则对未燃气体的推力增加，导致其运动速度增加，进一步增加湍流强度。这种反馈机理造成火焰速度不断加快。泄漏时会在泄漏点附近产生湍流，但是即使在初始静止的气体中，只要有障碍物或受限区域，火焰也能加速到产生超压。装有管道、泵、阀门、容器或其他过程设备的区域，就足以使得火焰明显加速。

图 5-4 显示了发生蒸气云爆炸的一般过程。压力容器内的可燃气体泄漏，在风的作用下与足够量的空气混合形成大尺寸云团，点燃后因为有设备的局部约束而使得火焰加速，发生蒸气云爆炸。

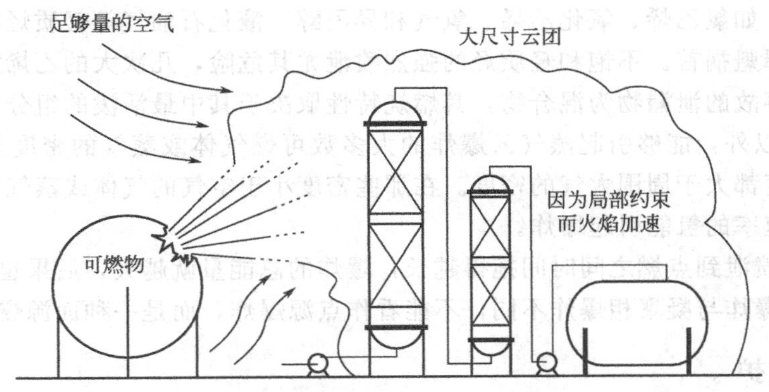

图 5-4　形成蒸气云爆炸的示意图

理论分析表明，蒸气云爆炸时，爆源初始尺寸约为爆炸长度的 1/10，蒸气云爆炸时，爆源初始尺寸与爆炸长度相当。与炸药激波相比，蒸气云爆炸的爆炸波能级较低，峰值压力不高，如常见的碳氢燃料空气混合物，即使爆轰也不超过 3MPa。蒸气云爆炸的能量释放速率也比凝聚相爆炸的能量释放速率小得多。因此，蒸气云爆炸形成的爆炸波有很尖的负相部分，并且形成明显的第二爆炸波。图 5-5 显示了凝聚相爆炸、蒸气云快速爆燃和蒸气云缓慢爆燃形成的理想爆炸波示意图。

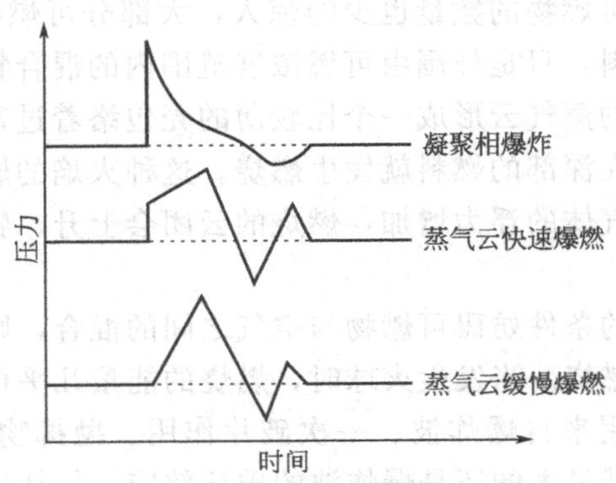

图 5-5　蒸气云爆炸的理想爆炸波波形

事故统计结果分析表明，蒸气云爆炸事故一般具有以下特点。

① 蒸气云爆炸事故频率高，后果尤为严重。过程工业前 10 起大的财产损失事故中有 7 起是蒸气云爆炸。蒸气云爆炸事故中财产损失超过 5 千万美元的占 37%。1921—1977 年间，全世界发生蒸气云爆炸事故的频度是 2～8 次/年。1950—1983 年间被报道的 69 起蒸气云爆

炸事故中，就有5起财产损失均超过千万美元，平均每起造成4人死亡。

② 绝大多数是由燃烧发展而成的爆燃，而不是爆轰。障碍物或受限区域的增加会增大爆炸的超压，巨大的超压造成的损失严重程度接近于爆轰。蒸气云爆炸能产生相当大的火球，强度变化很大的爆炸波和少量的破片。

③ 蒸气云的形成是加压储存的可燃液体和液化气体大量泄漏的结果，储存温度一般大大高于它们的常压沸点，如高出50℃。

④ 发生蒸气云爆炸时泄漏的可燃气体或蒸气的质量一般在5000kg以上。如果泄出物量很大，则每15次泄出事故中就有14次会被引燃，并且爆炸的概率将超过一半。

⑤ 参与蒸气云爆炸的燃料最常见的为低分子碳氢化合物（如甲烷、丙烷、丁烷），偶尔也有其他物质，如氯乙烯、氧化乙烯、氢气和异丙醇。液化石油气等轻质烃类是大部分蒸气云爆炸事故的罪魁祸首。不饱和轻质烃的强烈喷泄尤其危险，几次大的乙烯泄漏事故都发生了爆炸。很多事故的泄漏物为混合物，其燃烧特性取决于其中最活泼的组分。

⑥ 除了氢以外，能够引起蒸气云爆炸的大多数可燃气体或蒸气的密度及与空气形成的易爆混合物密度都大于周围大气的密度。在那些密度小于空气的气体或蒸气中似乎只有具备高的固有燃烧速率的氢能引起爆炸。

⑦ 从开始喷泄到点燃之间时间拖得越长，爆炸的总能量就越大，后果也就越严重。

⑧ 蒸气云爆炸与凝聚相爆炸不同，不能看作点源爆炸，而是一种面源爆炸。

三、危害及防护

由于蒸气云可以扩展到很大范围，特别是遇到适宜的气象条件，在点燃之前能产生大面积的可燃蒸气与空气混合形成的云团，因此一旦发生爆炸后果将极其严重。如1974年6月英格兰弗利克斯巴勒（Flixborough）附近的一个化工厂管道断裂而引起环己烷泄漏，急剧蒸发后形成大范围的可燃云团笼罩着厂区，被远处的氢气工厂的燃烧炉引燃，火焰加速后发生爆炸。产生的冲击波对工厂及民房的破坏范围远达1mile以外。事故使28人丧生，53人伤残，造成直接经济损失约1亿美元。

一般说来，可燃蒸气云团被点燃后有两种典型的危害，即火球和蒸气云爆炸。即使发生蒸气云爆炸，参与爆炸的可燃物的数量也少的惊人，大部分可燃物是以火球的形式燃烧掉。云团的核心几乎完全是燃料，只是外围由可燃浓度范围内的混合物构成，所以外围首先被点燃后，在可燃浓度范围内的蒸气云形成一个比较薄的壳包络着过富的混合物。当火焰蔓延到包络着过富云团的时候，在深部的燃料就发生燃烧。这种火焰的燃烧速率一般要比预混合气的火焰慢。因为热的燃烧气体的浮力增加，燃烧的云团会上升、膨胀并呈球形，表现为火球的形式。

如果喷泄进入大气时的条件妨碍可燃物与空气之间的混合，则产生火球，然后可燃气团作为一团扩散的火焰发生燃烧。当发生火球时，燃烧的能量几乎仅以热能的形式释放出来。

蒸气云爆炸的破坏作用来自爆炸波、一次破片作用、抛掷物以及火球热辐射，但最危险、破坏力最强、破坏区域最大的还是爆炸波的破坏效应，包括爆炸传播到远距离后引起的二次破片伤害效应。爆炸波效应一般已经成了大多数蒸气云爆炸的鉴别标志。

当发生蒸气云爆炸时，燃料和空气混合物快速燃烧释放能量，一部分燃烧释放出的能量表现为动能。与空气形成易爆混合物的那部分可燃泄出物的总燃烧能量当中，可以有60%以上以动能的形式表现出来。以爆炸波形式表现出来的动能的影响范围远超过了热力破坏的界限。因为从爆源中心向外扩展的爆炸波是通过空气介质向外传播的，因此可引起相当远距离的破坏效应。尽管气体爆炸波的峰值压力不算太高，但是因压强脉冲的持续时间较长，因而具有较高的冲量，对周围环境会产生很大的破坏作用。这种破坏与持续时间较短而压强较大的常规炸药激波造成的破坏没什么区别。

爆轰是蒸气云最猛烈的爆炸形式，它能对很远之外的环境造成十分严重的破坏，蒸气云爆轰既可以通过直接起爆实现，也可以通过爆燃转爆轰实现。为使爆轰传播，无论是蒸气云的直接起爆，还是蒸气云的爆燃转爆轰，都要满足十分严格的约束条件。还没有一种爆轰理论能够预测某一给定的反应气体能否爆轰，或者爆轰能否被某一给定的点火源起爆。

与蒸气云爆炸有关的死亡是因爆炸和火灾而引起的。爆炸的致命因素与楼房倒塌和碎片的飞射有关，死亡不是爆炸直接引起的。但当置身在燃烧的云团内部又远离建筑物时，因烧伤而致死是常见的。

对蒸气云爆炸的现行评估方法都比较粗略。由于蒸气云爆炸不仅决定于燃料自身，还与外部因素有关，而且仅有部分蒸气云形成爆炸效应。对于闪火的后果分析，可以通过气团扩散模型计算气团大小和可燃气体的浓度，从而确定可燃混合气体的燃烧上下限及下限随气团扩散到达的区域范围。可以假定，在燃烧范围内的室外人员将会全部被烧死；建筑物内将有部分人被烧死。对于蒸气云爆炸破坏作用的评价可以通过 TNT 当量法或 TNO 提供的模型，确定爆炸冲击波的损害范围。

要预防蒸气云爆炸事故的发生，唯一可靠的方法是防止发生可燃物的大量泄漏。可以从根本上减少系统中易燃物的储存量，以及缓和反应条件。气象条件影响着蒸气云爆炸的全过程，主要的影响因素是风速和气温，湿度、降雨量、大气压等的影响则处于次要地位。蒸气云中任何一点上的可燃物浓度（无论瞬间浓度还是平衡浓度）基本上都与风速成反比。在做规划时应避免把新的石油或化工装置建在窝风的山沟里。某些滨海地区常年风速较大，对防止蒸气云爆炸显然较为有利。也许还应该考虑地形的影响，以防止气体爆炸效应的增强。厂区内不宜种植高大的乔木，以免影响可燃气体逸散。在适当位置安装可燃物检测仪表。如能在低浓度下发现可燃泄出物，则可尽快采取防范措施。

第三节 沸腾液体扩展蒸气爆炸

一、沸腾液体扩展蒸气爆炸基本概念

沸腾液体扩展蒸气爆炸（boiling liquid expanding vapor explosion，BLEVE）是温度高于常压沸点的加压液体突然释放并立即汽化而产生的爆炸。加压液体的突然释放通常是因为容器的突然破裂引起的，如锅炉爆裂而导致锅炉内的过热水突然汽化，它实质是一种物理性爆炸。但是如果液体可燃，且有外部点火源作用于其蒸气，则沸腾液体扩展蒸气爆炸会产生大火球。因为液体的突然释放多为外部火源加热导致压力容器爆炸所致，因而沸腾液体扩展蒸气爆炸往往伴随有大火球的产生。当然，容器破裂也可能是由于机械撞击、腐蚀、内压过大或制造缺陷。由上可知，沸腾液体扩展蒸气爆炸与其他灾害密切相关，并且往往是与火灾、爆炸等灾害序贯发生的。

二、典型形成过程

图 5-6 显示了典型的沸腾液体扩展蒸气爆炸形成机理。某可燃物泄漏并发生火灾，火焰直接加热邻近的储罐。因为液体传热速率快，所以能接触到液体的储罐的下部分器壁能保持

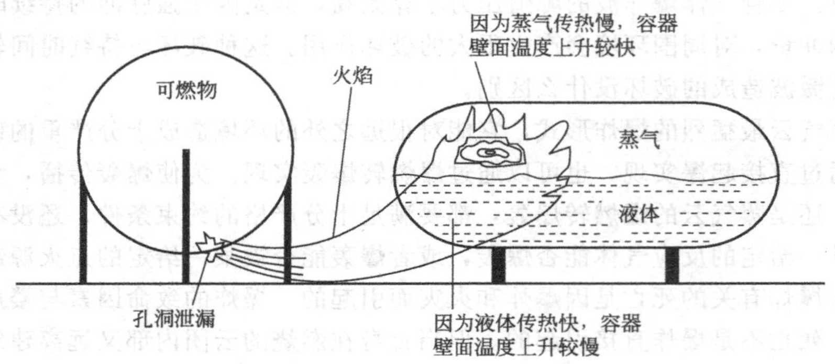

图 5-6　沸腾液体扩展蒸气爆炸形成的示意图

较低的温度，从而保持其材料强度。但是，储罐的上部分器壁是与蒸气接触，而金属与蒸气之间的传热速率慢，因而器壁温度迅速上升，金属材料的强度下降，最终导致结构性失效。失效发生时容器内的压力可能低于容器的设计压力或减压阀的设定压力。容器失效后液体几乎立即闪蒸为蒸气，产生压力波和蒸气云。

常见的加压液化气储罐发生沸腾液体扩展蒸气爆炸并产生火球的过程大致为：由于外部热源或邻近火焰加热，罐内液体汽化、膨胀，罐内压力升高后开启减压阀。但若外面的火焰仍不停燃烧，液面则逐渐下降，罐体金属外壳由于没有足够的液体来吸收热量，将无法承受高温而变得脆弱。最后金属疲劳使得内部压力超过金属的破坏强度，容器因此爆裂，罐内残留的加压燃气液体和气体随着压力骤降而突然释放。释放的液体和气体首先发生绝热蒸发或绝热扩散，体积迅速膨胀并产生动能，接着由于浮力引起紊流而与空气混合。混合气体若被引燃，则上飘成火球。由于热膨胀而浮力增大，略成球形的火体猛然垂直上冲，被卷入的空气加剧，火球继续膨胀扩大，直到燃气烧尽为止。

爆炸事故的影像资料清晰地显示出，火球的形成及增长有 2 个可明显区分的阶段。最初，由于减压，可燃物突然释放，并立即形成火球，这个过程非常迅速。而后则是一个很缓慢的过程，由于气体被加热而产生浮力，火球会缓慢上升。

沸腾液体扩展蒸气爆炸有时发生得很快，容器接触火焰 5min 后就会发生容器爆炸。但是有些沸腾液体扩展蒸气爆炸事故发生得比较慢，从接触火焰到容器爆炸经历了好几个小时，甚至几天。

三、危害及防护

沸腾液体扩展蒸气爆炸事故是石油、化工和交通运输行业常见的重要事故类型，其后果一般比较严重，能造成巨大的财产损失和人员伤亡。例如，1966 年 1 月 4 日发生在法国的沸腾液体扩展蒸气爆炸事故导致 18 人死亡、81 人受伤和巨大的财产损失。1978 年 5 月 30 日发生在美国得克萨斯州（Texas）的沸腾液体扩展蒸气爆炸事故造成的经济损失达到 8500 万美元。

沸腾液体扩展蒸气爆炸的破坏能量来源于两个方面，一方面，容器本身是高压容器（如液化气储罐），它的突然破裂能够释放出巨大的能量，产生爆炸波并且将容器破片抛向远方；另一方面，液化气剧烈燃烧能够释放出巨大的能量，产生巨大的火球和强烈的热辐射。

如果发生沸腾液体扩展蒸气爆炸的液体不可燃（如水），那么其危害可能是容器爆炸的爆炸波、容器碎片以及烫伤。如果发生沸腾液体扩展蒸气爆炸的液体可燃并被点燃，则会形成一个大火球。事故的危害包括容器爆炸的爆炸波、容器碎片、热辐射及火球火焰的直接伤害。

因储罐是延性的，所以破裂过程较缓慢。在此缓慢破裂过程中，罐体破片获得较大的冲量（较长的作用时间），即破片获得较高的初速，外壳碎片飞到几百米甚至上千米的地方。但这种爆裂过程所产生的冲击波一般较小，因为在这种事故中，液体蒸发是一个较慢的过程，因此产生的压力上升较小。储罐的爆炸强度取决于液面上方空间自由蒸气的体积和浓度。接近空罐往往是最危险的状态，因为此时自由蒸气空间体积接近最大值，爆炸强度也达到最大值。沸腾液体扩展蒸气爆炸产生的破片和爆炸波超压虽然也有一定危害，但与爆炸产生的火球热辐射危害相比，它们的危害可以忽略。在离爆炸事故发生地较远的地方，上升的火球产生的热辐射更是沸腾液体扩展蒸气爆炸事故的主要危害。火球的直径有时可以达到100m以上，上升的高度达到几百米，持续时间可以长达30s。火球的持续时间和大小由发生爆炸瞬间储罐所装燃料的总质量决定。如果储罐比较大，火球发出的热辐射还能烧伤裸露的皮肤和点燃附近的可燃物。当然“火球”不全是球体，有时是半球体，如由较接近地面的燃气泄漏而形成的，另外，还有圆柱体的“火球”，这与燃气外泄时的压力和泄漏方式有关。

可以通过简单的比例关系来确定火球半径、持续时间及从火球中心到一定距离的目标物的辐射强度，从而确定火球的辐射危害。

火球的最大半径 R 为：

$$R=2.665M^{0.327} \tag{5-1}$$

式中，M 为可燃物释放的质量，kg。

火球持续时间 t 为：

$$t=1.089M^{0.327} \tag{5-2}$$

假设火球持续时间内能量的释放是均匀的，则火球燃烧时的辐射热通量为：

$$\dot{q}=\frac{\eta M\Delta H_c}{t} \tag{5-3}$$

式中，η 为燃烧效率，随可燃物的饱和蒸气压 p 而变化。

$$\eta=0.27p^{0.32} \tag{5-4}$$

距离火球中心 x 处的辐射强度 I 为：

$$I=\frac{\dot{q}\tau}{4\pi x^2} \tag{5-5}$$

式中，τ 为大气透射率，通常可假定为1。

这样计算得到的为平均辐射强度，实际辐射危害并非均匀的，辐射强度的峰值也很重要，如对人的影响多半取决于辐射能级的大小，而不是辐射的时间。

预防沸腾液体扩展蒸气爆炸事故可以从以下几个方面进行考虑。

① 防止压力容器失效。选用合格的工艺设备，并进行定期检查。

② 预防其他火灾爆炸事故，尤其要防止易燃易爆物质的泄漏。

③ 运输过程中严格遵守危险化学品管理条例，尤其是铁路运输中会出现大量的易燃物，一旦发生列车出轨、撞车事故极易引发火灾爆炸事故，并可能造成多个槽车的接连的沸腾液体扩展蒸气爆炸和产生火球，可以限制同车运输的可燃物的量。

第四节　喷雾爆炸

一般来说，人们对于气体爆炸危险是清楚的，即认为在敞开系统中处理可燃液体而温度低于闪点是安全的。但是，我们必须认识到当温度低于其闪点的可燃液体的雾滴在空气中也会发生爆炸。

用雾化流体或者把热的液体闪蒸，接着用冷的气体骤冷，就可能获得空气中的液体分散相微滴。在炼油操作中，一根热油管线的断裂可以通过这样的闪蒸和突然冷却作用而得到大量的油雾，直径在 0.5～10μm 之间。

电火花、明火、热金属线、子弹等都可以使雾滴被点燃，但是在较低的温度下，要求的能量是较高的，因为此时化学反应速率急剧下降。在这种条件下维持燃烧，必须要对较大量的可燃性介质进行加热，相应的需要较大的能量。

雾滴的燃烧速率不是决定于蒸气压力，而是决定于使微滴到达它的沸点和液体蒸发所需要的热量。在蒸气着火之前有相当大的汽化反应，当雾滴表面接近沸点时才发生燃烧。燃烧粒子的质量变化率与粒子直径成比例，比较大的粒子在雾滴燃烧中比较小的粒子燃烧速率大得多。实际上细微液滴的爆炸下限与蒸气空气混合物的爆炸下限是完全相同的。只是，我们熟悉的易燃性蒸气爆炸下限只是对在闪点以上的温度是重要的，但是，雾滴的爆炸下限延伸到这种温度以下。

雾滴的均匀性在火焰传播方面是十分重要的因素。雾滴中的爆炸速率比在蒸气空气混合物中稍微低一些，但是随着雾滴浓度的增加而增大。

用添加剂可以使雾滴成为不燃性，它可以抑制火焰的传播，不燃性的气体如 N_2 和 CO_2，各种不同的气体的作用取决于它的密度、比热和热导率。也可以把水加入雾化的混合物使油雾成为不燃的。通过水的蒸发迅速消除热量而冷却了火焰。用化学抑制燃烧的过程 OH·起着重要作用，通过 OH·同 HBr、HI 或 HCl 中任何一个反应，可以中断燃烧。

第五节　粉尘爆炸

粉尘爆炸是悬浮在空气中的可燃性团体微粒接触到火焰（明火）或电火花等任何着火源时发生的爆炸现象。金属粉尘、煤粉、塑料粉尘、有机物粉尘、纤维粉尘及农副产品谷物面粉等都可能造成粉尘爆炸事故。

第一次有记载的粉尘爆炸发生在 1785 年意大利的一个面粉厂，至今已有 200 多年，在这 200 多年中，粉尘爆炸事故不断发生。随着工业现代化的发展，粉尘爆炸源越来越多，粉尘爆炸的危险性和事故数量也有所增加。据日本福山郁生统计，1952—1979 年，日本共发生 209 起粉尘爆炸事故，死伤总数达 546 人。美国在 1970—1980 年间有记载的工业粉尘爆炸有 100 起，造成 25 人在事故中丧生，平均每年因此引起的直接财产损失为 2000 万美元(这还不包括粮食粉尘爆炸的损失)。据美国劳工部统计，美国在 1958—1978 年间发生 250 起粮食粉尘爆炸事故，造成 164 人死亡，其中，仅 1977 年一年，就发生 21 起粮食粉尘爆炸，造成 65 人死亡，财产损失超过 5 亿美元。

我国粉尘爆炸事故屡有发生。1987 年 3 月 15 日，哈尔滨亚麻厂粉尘大爆炸，死伤 230 多人，直接经济损失上千万元。

粉尘爆炸危险性几乎涉及所有的工业部门，常见可爆炸粉尘材料如下。

① 农林　粮食、饲料、食品、农药、肥料、木材、糖、咖啡。

② 矿冶　煤炭、金属、硫黄等。

③ 纺织　棉、麻、丝绸、化纤等。

④ 轻工　塑料、纸张、橡胶、染料、药物等。

⑤ 化工　多种化合物粉体。

常见粉尘爆炸场所如下。

① 室内　通道、地沟、厂房、仓库等。

② 设备内部　集尘器、除尘器、混合机、输送机、筛选机、打包机等。

一、粉尘基础知识

(一) 概述

粉尘是粉碎到一定细度的固体粒子的集合体，按状态可分成粉尘层和粉尘云两类。粉尘层（或层状粉尘）是指堆积在物体表面的静止状态的粉尘，而粉尘云（或云状粉尘）则指悬浮在空间的运动状态的粉尘。粉尘这个词中的“尘”字带有“尘埃”“废弃物”的含义，因此对一些有用粉尘，如面粉等产品粉尘，用“粉体”一词，比较确切。

在粉尘爆炸研究中，把粉尘分为可燃粉尘和不可燃粉尘（或惰性粉尘）两类。

可燃粉尘是指与空气中氧反应能放热的粉尘。一般有机物都含有C、H元素，它们与空气中的氧反应都能燃烧放热，生成CO_2、CO和H_2O。许多金属粉可与空气中氧反应生成氧化物，并放出大量的热，这些都是可燃粉尘。相反，与氧不发生反应或不发生放热反应的粉尘统称为不可燃粉尘或惰性粉尘。

在美国，通常把通过40号美国标准筛的细颗粒固体物质叫作粉尘。若为球形颗粒，则粒子直径应为425μm以下。一般认为，只有粒径低于此值的粉尘才能参与爆炸快速反应，但此粉尘定义与通常煤矿中使用的定义不同。在煤矿中，把粉尘定义为通过20号标准筛（粒径小于850μm）的固体粒子。煤矿中的实际研究表明，粒径850μm的煤粒子还可参与爆炸快速反应。

粉尘的粒度一般用筛号来衡量，各筛号相应的线性尺寸见表5-4。

表5-4　标准筛号与相应粒子线性尺寸对照表

标准筛号	线性尺寸/in①	线性尺寸/μm	标准筛号	线性尺寸/in①	线性尺寸/μm
20	0.0331	850	200	0.0029	75
40	0.0165	425	325	0.0017	45
100	0.0059	150	400	0.0015	38

① 1in＝25.4mm。

粉尘粒度是粉尘爆炸中一个很重要的参数，粉尘的表面积比同质量的整块固体的表面积可大好几个数量级。例如，把直径100mm的球形材料分散成等效直径为0.1mm的粉尘时，表面积增加10000倍。表面积的增加，意味着材料与空气的接触面积增大，这就加速了固体与氧的反应，增加了粉尘的化学活性，使粉尘点火后燃烧更快。整块聚乙烯是很稳定的，而聚乙烯粉尘却可以发生激烈的爆炸，就是这个原因。

粉尘粒度是一个统计的概念，因为粉尘是无数个粒子的集合体，是由不同尺寸的颗粒级配而成。若不考虑粒子的形状，也无法确定粒子尺寸。对不规则形状粒子的粒度，系通过试验来确定粒度数据，先测定单位体积中的粉尘粒子数，再称量其质量，就可以确定平均粒子尺寸。

悬浮在空间的粉尘云是一个不断运动的集合体，粉尘受重力的影响，会发生沉降，即抵消粒子的速度与粒度有一定的关系，粒度小于1μm的粒子的沉降速度低于1cm/s，而粒子间相互碰撞的布朗运动又阻止它们向下沉降，即抵消粒子的沉降。这种粉尘云的行为与气体一样，所以粒度为 1μm 以下的粉尘可以近似用气体来处理。对粒度为 1～120μm 的粉尘，可以相当精确地预估其沉降速度，其上限速度可达 30cm/s。对粒度为 425μm 以上的粒子，由于比表面积很小，加上沉降速度很快，一般对粉尘爆炸没有什么贡献。

粉尘粒子的形状和表面状态对爆炸反应也有较大的影响，即使粉尘粒子的平均直径相同，但若其形状和表面状态不同，其爆炸性能也不同。只有在相对密闭的空间内，才容易建立爆炸条件。

（二）粉尘爆炸的条件

粉尘爆炸所采用的化学计量浓度单位与气体爆炸不同，气体爆炸采用体积分数（%）表示，即燃料气体在混合气总体积中所占的体积分数；而在粉尘爆炸中，粉尘粒子的体积在总体积中所占的比例极小，几乎可以忽略，所以一般都用单位体积中所含粉尘粒子的质量来表示，常用单位是 g/m^3 或 mg/L。这样，在计算化学计量浓度时，只要考虑单位体积空气中的氧能完全燃烧（氧化）的粉尘粒子量即可。

在标准状态下，空气的组成：N_2 为 78.086%；O_2 为 20.946%；Ar 为 0.933%；CO_2 为 0.032%；其他为 0.002%。

空气中主要成分是 N_2 和 O_2，如忽略其他组分，则空气中 O_2/N_2 比例为 1/3.774，空气的平均摩尔质量 M=28.964g/mol，$1m^3$ 空气中约含 $0.21m^3$ 或 9.38mol 氧。

以淀粉为例，淀粉分子式为 $C_6H_{10}O_5$，9.38mol 氧能氧化的淀粉（$C_6H_{10}O_5$）量为：

$$9.38/6 \approx 1.56(\text{mol}) = 253\text{g}$$

即淀粉在空气中燃烧的化学计量浓度为 $253g/m^3$，其化学反应方程式可写为：

$$1.56C_6H_{10}O_5 + 9.38O_2 + 35.27N_2 = 9.38CO_2 + 7.8H_2O + 35.27N_2$$

上述反应式指出，反应前气体量为 44.65mol，反应后气体量为 52.45mol，即反应后系统体积较反应前增加了 17.5%，故相应增加了定容绝热爆炸压力。

下面估算不同浓度下粉尘粒子间距与粉尘粒子特性尺寸的比值。

对最简单的正方体粉尘粒子（图 5-7），设其边长为 a，两粒子中心距为 L，则粉尘云浓度 C 可由下式计算：

$$C = \rho_P (a/L)^3 \tag{5-6}$$

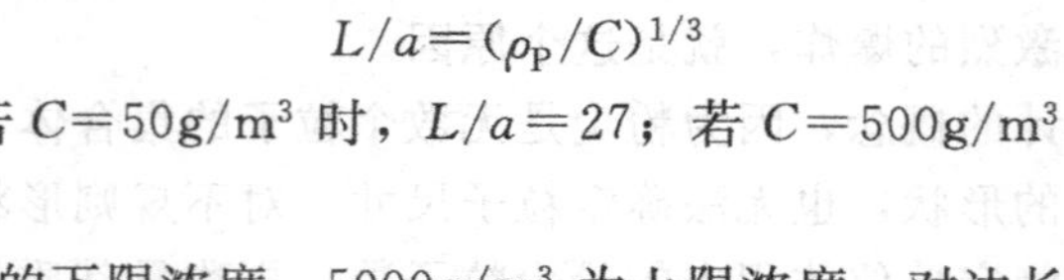

图 5-7 正方体粉尘粒子浓度示意图

式中，ρ_P 为粉尘粒子密度，g/m^3。式(5-6) 也可写成：

$$L/a = (\rho_P/C)^{1/3} \tag{5-7}$$

当 $\rho_P=10^6g/m^3$，若 $C=50g/m^3$ 时，$L/a=27$；若 $C=500g/m^3$ 时，$L/a=13$；若 $C=5000g/m^3$ 时，$L/a=6$。

$50g/m^3$ 为常见粉尘的下限浓度，$5000g/m^3$ 为上限浓度。对边长 a 为 50μm 的粒子，在下限浓度 $50g/m^3$ 时，其粒子中心距为 1.35mm。粒子间距为 1.3mm，这时已基本上不透光。若采用 25W 灯泡照射浓度为 $40g/m^3$ 煤粉尘云，在 2m 内人眼看不见灯光。这种浓度在一般环境中是不可能达到的，只有在设备内部，如磨面机、混合机、提升机、粮食筒仓、气流输送机等内部才能遇到。在这种浓度下，一旦有点火源存在，就会发生爆炸。这种爆炸叫

“一次爆炸”。当一次爆炸的气浪或冲击波卷起设备外的粉尘积尘，使环境中达到可爆浓度时，又会引起“二次爆炸”。

对于5m见方的房间（体积125m^3），如果地面有1mm厚粉尘层，其堆积密度为500g/m^3（0.5g/L），则粉尘总量为12.5kg。当将其全部扬起而分布在整个室内空间时，室内粉尘云浓度可达到：

$$C=\frac{12.5}{125}=100(\mathrm{g/m^3})$$

这就是说，在1mm厚的积尘扬起后，可使室内空间达到可爆浓度。

对于直径为D的管道，如内壁沉积有厚为h的粉尘层，扬起后的浓度为：

$$C=\rho_b\frac{4h}{D} \tag{5-8}$$

式中，ρ_b为堆积密度，kg/m^3；h为粉尘层厚，mm；D为管道直径，m。

若管道直径$D=0.2$m，内壁积尘厚$h=0.1$mm，粉尘的堆积密度（体积密度）$\rho_b=500$kg/m^3，则：

$$C=500\times\frac{4\times0.1}{0.2}=1000(\mathrm{g/m^3})$$

表5-5列出了几种类型的粉尘云状态以作为参考对比。

表5-5 几种类型的粉尘云状态

粉尘云浓度/(g/m^3)	含义	粉尘云浓度/(g/m^3)	含义
10～5000	粉尘的爆炸浓度	0.008～0.03	雾
0.4～0.7	粉尘风暴	0.0002～0.007	城市工业区空气
0.02～0.3	矿山空气	0.00007～0.0007	乡村和郊区空气

从表5-5看出，在一般情况下是不会达到粉尘爆炸浓度的，只有在极少数强粉尘粒子源附近才能出现这种浓度。另外，即使在爆炸浓度下限时，也足以使人呼吸困难，难以忍受，而且此时能见度也已受到严重限制，甚至达到伸手不见五指的程度，因此，人是完全可以感受到这种危险浓度的。但实际发生粉尘爆炸时，爆炸源往往并不处于人的呼吸范围之内。在许多情况下，它是发生在设备内部或局部点，随后这局部爆炸（一次爆炸）将地面粉尘层扬起，使空间达到极限浓度而形成的“二次爆炸”。这种二次爆炸所形成的破坏程度和范围往往比一次爆炸更严重，因此，不能单纯认为空间粉尘浓度没有达到爆炸浓度范围就是安全的，而应特别重视地面积尘被卷起的危险性。

粉尘爆炸的另一个重要条件是点火源。粉尘爆炸所需的最小点火能量比气体爆炸大一二个数量级，大多数粉尘云最小点火能量在5～50mJ范围。

表5-6列出了一些典型的电火花能量及典型场合。

表5-6 一些典型电火花能量及典型场合

电火花能量/J	典型场合	电火花能量/J	典型场合
0.13×10^{-3}	典型可燃蒸气的最小点火能	$(5\sim18)\times10^{-3}$	人体产生的静电火花能
5×10^{-3}	典型粉尘云的最小点火能	0.25	对人体产生电击
7×10^{-3}	起爆药叠氮化铅的点火能	7.2	人体心脏电击阈值
0.01	典型推进剂粉尘的最小点火能	5×10^9	雷电

从表5-6看出，虽然粉尘云比蒸气云要求较高的最小点火能，但总的来看，粉尘云也是很容易点火的，人体所产生的静电火花能量就可能点燃一些粉尘云。

二、粉尘爆炸机理及影响因素

（一）粉尘爆炸的机理

粉尘爆炸是一个非常复杂的过程，受很多物理因素的影响，所以粉尘爆炸机理至今尚不十分清楚。

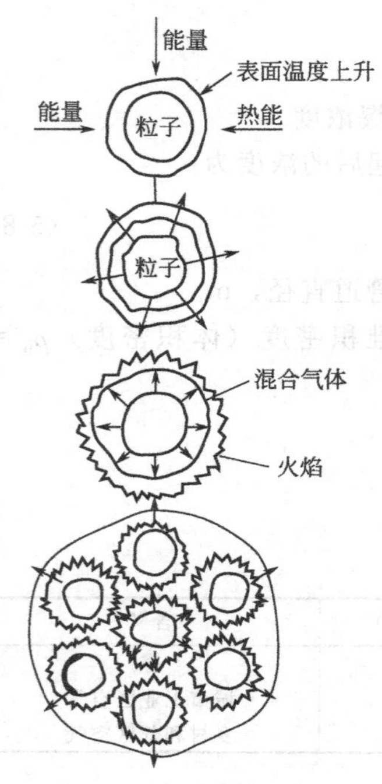

图 5-8 粉尘爆炸发展过程

一般认为，粉尘爆炸经过以下发展过程（图 5-8）。

首先，粉尘粒子表面通过热传导和热辐射，从点源获得点火能量，使表面温度急剧升高，达到粉尘粒子的加速分解温度或蒸发温度，形成粉尘蒸气或分解气体，这种气体与空气混合后就能引起点火（气相点火）。另外，粉尘粒子本身从表面一直到内部（直到粒子中心点），相继发生熔融和汽化，迸发出微小的火花，成为周围未燃烧粉尘的点火源，使粉尘着火，从而扩大了爆炸（火焰）范围。这一过程与气体爆炸相比，由于涉及辐射能而变得更为复杂，不仅热物体具有辐射能，光也含有辐射能，因此在粉尘云的形成过程中用闪光灯拍照是非常危险的。

上述的着火过程是在微小的粉尘粒子处于悬浮状态的短时间内完成的，对较大的粉尘粒子，由于其悬浮时向短，不能着火，有时只是粒子表面被烧焦或根本没有烧过。

从粉尘爆炸的过程可以看出，发生粉尘爆炸的粉尘粒子尽管很小，但与分子相比还是大的多。另外，粉尘的悬浮时间因粒子的大小和形状不可能是完全一样的，粉尘的悬浮时间因粒子的大小和形状而异，因此能保持一定浓度的时间和范围是极有限的，若条件都能够满足，则粉尘爆炸的威力是相当大的；但如果条件不成立，则爆炸威力就很小，甚至不引爆。

归纳起来，粉尘爆炸有如下特点。

① 燃烧速率或爆炸压力上升速率比气体爆炸要小，但燃烧时间长，产生的能量大，所以破坏和焚烧程度大。

② 发生爆炸时，有燃烧粒子飞出，如果飞到可燃物或人体上，会使可燃物局部严重炭化或人体严重烧伤。

③ 如图 5-9 所示，静止堆积的粉尘被风吹起悬浮在空气中时，如果有点燃源就会发生第一次爆炸。爆炸产生的冲击波又使其他堆积的粉尘扬起，而飞散的火花和辐射热可提供点火源又引起第二次爆炸，最后使整个粉尘存在场所受到爆炸破坏。

④ 即使参与爆炸的粉尘量很小，但由于伴随有不完全燃烧，故燃烧气体中含有大量的 CO，所以会引起人中毒。在煤矿中因煤粉爆炸而身亡的人员中，有一大半是由于 CO 中毒所致。

（二）粉尘爆炸的影响因素

1. 化学性质和组分

粉尘必须是可燃的，对含有过氧基或硝基的有机物粉尘会增加爆炸的危险性。燃烧热越高、爆炸下限浓度越低、点火能越小的物质，越易爆炸。当灰分量在 15%～30%时，则不易爆炸。当含有挥发分时，如煤含挥发分在 11%以上时，极易爆炸。

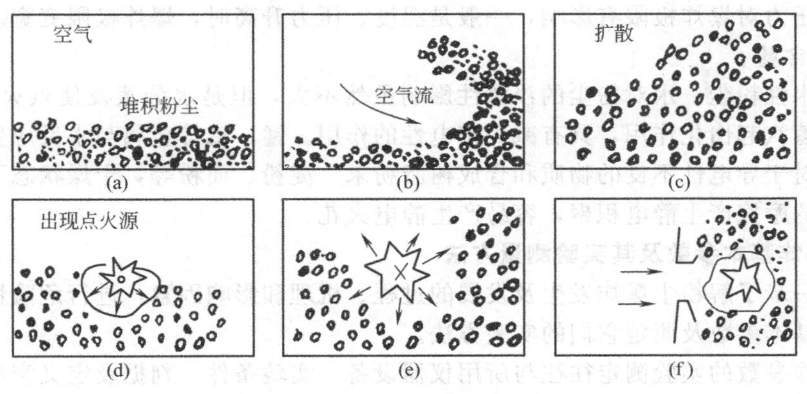

图 5-9　粉尘爆炸的扩展

2. 粒度大小及分布的影响

粉尘爆炸的燃烧反应是在粒子的表面发生的，比表面积越大，越易反应，所以粒子直径越小，越易爆炸。一般当可燃粉尘的直径大于 400μm 时，即使用强点火源也不能使其发生爆炸，但当粗粒子粉尘中含有一定量的细粉尘时，则可使粗、细混合粉尘发生爆炸，如甲基纤维素粉尘，当粗粉中加入 5%～10%的细粉，则易被引爆。

3. 可燃性气体共存的影响

使用强点火源也不爆炸的粉尘，若有可燃性气体存在时，其爆炸下限会下降，从而使粉尘在更低浓度下爆炸。

4. 最小点火能

粉尘的最小点火能是指最易点燃的混合物在 20 次连续试验时，刚好不能点燃时的能量值。最小点火能与粉尘的浓度、粒径大小等有关，测试条件不同则测试值也有所不同，很难得出定值。

5. 爆炸极限

粉尘与空气的混合物要像气体那样达到均匀的浓度分布是不容易的，所以测试的重现性不好，多数情况是经过统计处理后算出来的。一般工业可燃粉尘爆炸下限在 20～60mg/m³，爆炸上限可达 26kg/m³。上限浓度通常是不易达到的。表 5-7 列举了部分可燃粉尘的爆炸极限。

表 5-7　部分可燃粉尘的爆炸极限

粉尘(200 目以下)	最小点火能/10^{-3}J	爆炸下限/(g/m³)	最大爆炸压力/0.1MPa
钛	10	45	5.6
铝	15	40	6.3
镁	40	20	6.6
锌	650	480	3.5
醋酸纤维素	10	25	7.7
酚醛树脂	10	25	5.6
聚苯乙烯	15	15	6.3
尿素树脂	80	70	6.0
玉米淀粉	30	40	7.7
砂糖	30	35	6.3
可可	100	45	4.3
咖啡	160	85	3.5
硫黄	15	35	5.6

温度和压力对爆炸极限有影响，一般是温度、压力升高时，爆炸极限变宽。

6. 水分含量

对于疏水性粉尘，水对粉尘的浮游性影响虽然不大，但是水分蒸发使点火有效能减少，蒸发出来的蒸汽起惰化作用，具有减少带电性的作用。锰、铝等金属与水反应生成氢，增加其危险性。对于导电性不良的物质和合成树脂粉末、淀粉、面粉等，干燥状态下由于粉尘与管壁和空气的摩擦产生静电积聚，容易产生静电火花。

（三）粉尘爆炸基本参数及其实验测量方法

为了进一步了解粉尘爆炸发生及发展的过程、机理和影响因素，进行危险性评价，必须研究有关的基本参数及测定它们的实验方法。

粉尘爆炸参数的实验测定往往与所用仪器设备、实验条件、判据及定义密切相关。粉尘爆炸的所有参数，如点火温度、最低爆炸浓度（爆炸下限）、最小点火能、爆炸压力和压力上升速率等都不是物质的基本性质，它们与环境条件、测试方法和实验者设计确立的判据有关。例如，最小点火温度一般是在模拟工业实际条件的实验条件下测定的，而理论最小点火温度则定义为无限长延迟期下的值，这在实验中是不可能测到的。

气体爆炸的实验重复性要优于粉尘爆炸，但即使是气体爆炸其结果也受到容器中引进能源而产生的对流的影响。对粉尘来说，很难使粉尘云绝对均匀，且其均匀性随时间而变化。另外由于分散粉尘的方法不同，湍流度不同，结果也会有出入。

尽管存在以上可变因素，但文献中仍报道了许多有关粉尘点火及爆炸的特征值，其中很多数据都是模拟实际情况，或至少是与一组特别条件相一致的条件下测得的，这样的数据对工业实际具有指导作用，并可作为安全设计的依据。

下面简要介绍几种粉尘爆炸参数的实验室测定方法。

1. 点火温度

粉尘云和粉尘层的点火温度都是在高德伯尔特-格润瓦尔德（Godbert-Greenwald，G-G）炉中测定的，该装置如图 5-10 所示。

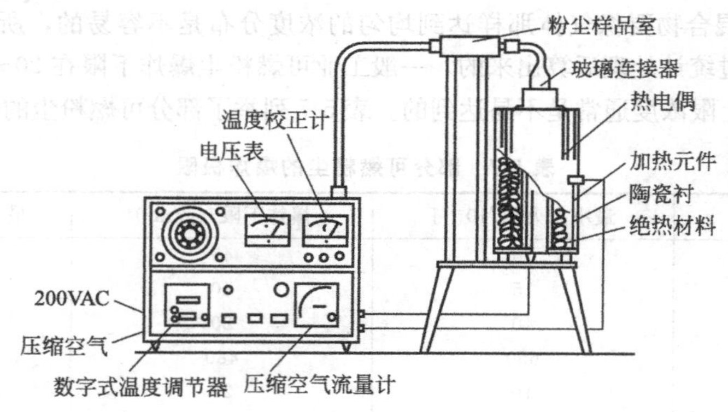

图 5-10 G-G 炉示意图

炉核是一根直径 36.5mm、长 229mm 的管子，管子用电加热。测定粉尘云点火温度时，将室温的粉尘喷入加热后的炉核，炉核温度用热电偶测定，温度可任意调节。测定粉尘层点火温度时，粉尘放在直径 25.4mm、深 12.7mm 的容器中，再将其置于炉中段，从数控温度-时间记录中可以定出爆炸点温度。

2. 点火能

粉尘云的最小点火能是用已知能量的电容器放电来测定的。以放电火花击穿哈特曼

(Hartmanm) 管中的粉尘云，而粉尘点火与否，则根据火焰是否能自行传播来判定，一般要求火焰传播至少 10cm。确定最小点火能的方法是依次降低火花能量，如在连续 10 次相同实验中无一次发火，则此时的火花能量定为该粉尘云的最小点火能。Hartmanm 管测试装置如图 5-11 所示。

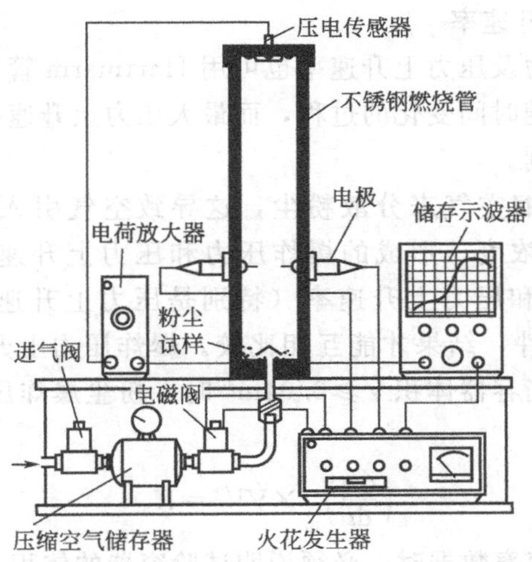

图 5-11 Hartmanm 管测试装置示意图

必须注意，在最小点火能测试中应确定一组最佳参数，以使粉尘浓度、粉尘粒度、喷粉压力和喷粉与电火花产生之间的延迟时间有一个合理的匹配关系。

最小点火能与粉尘浓度有很大的关系，而每种粉尘都有一个最易点燃的浓度，所以在测量最小点火能之前，应首先实验测定最佳粉尘浓度。

最小点火能常用的计算方法有两种。

一种是比较粗糙的方法，即按下式计算：

$$E=\frac{1}{2}CU^2 \tag{5-9}$$

式中，E 为点火能，J；C 为电容，F；U 为电压，V。此法忽略了电路中某些因素所造成的能量损失。

另一种比较精确的方法，即直接测出电极两端的电压和电流波形，然后以功率曲线对时间积分，求得放电火花的能量为：

$$E=\int_{\theta}^{t}(UI-I^2R)\mathrm{d}t \tag{5-10}$$

式中，UI 为电极两端的电压和电流的乘积；I^2R 为放电回路电阻引起的功耗。

3. 最低爆炸浓度（粉尘爆炸下限）

所谓最低爆炸浓度是指低于这个浓度，粉尘云就不能爆炸。爆炸下限浓度也是在Hartmanm管中进行测定的。测定时，将一定量的试验粉尘用蘑菇头喷嘴喷出的压缩空气将其吹起，使其均匀悬浮在整个管中，在喷粉后延迟零点几秒后由连续的电火花放电点火。点火与否的判据与上述点火温度测量相同，一般是根据火焰是否充满容器来判定，也可以封在顶部的纸膜突然破裂来判别。粉尘在容器中虽然是不均匀的，但这种实验装置所测得的值和大规模试验所获得的结果颇相一致。

电火花放电点火，往往会干扰测量结果。一些研究试验表明，火花放电往往会出现无尘区［Eckhoff（1976）对火花放电对粉尘云的干扰进行了详细的研究］，因此在爆炸下限测量中要注意点火装置的设计合理性。单纯的高压火花放电型装置，放电时会产生冲击波效应，形成局部无尘区，使下限浓度测量不准确，较好的一种设计方案是“高压击穿，低压续弧”。该方案设计有足够的能量释放时间，不致引起强烈的激波干扰。

4. 爆炸压力和压力上升速率

粉尘云的最大爆炸压力及压力上升速率也可用Hartmarm管测量，即在管顶部装一个压力传感器，记录爆炸压力随时间变化的过程，而最大压力上升速率则以最大压力除以从点火到出现最大压力的时间得到。

大多数试验都是用压缩空气来分散粉尘，这导致空气引入过量，并产生湍流。不同的空气压力，有不同的氧浓度，形成的爆炸压力和压力上升速率也不同。当湍流度不同时，燃烧速率不同，压力和压力上升速率（特别是压力上升速率）也不同，因此，测量中应当保持完全一致的条件，结果才能互相比较。爆炸压力上升速率与容器的体积有很大的关系。大量试验表明，当容器体积$V \geqslant 0.04\text{m}^3$时，粉尘爆炸压力上升速率和容器体积间存在“三次方定律”：

$$\left(\frac{\mathrm{d}p}{\mathrm{d}t}\right)_{\mathrm{m}} \times V^{1/3} = K_{\mathrm{st}} \tag{5-11}$$

因此，相互比较压力上升速率数据时，必须说明试验容器的体积，未说明容器体积的压力上升速率数据是没有意义的。

Hartmanm管不适于用来测量爆炸威力参数（最大压力和最大压力上升速率），因为它的爆炸室为管状结构，火焰很快接触冷管壁，会损失部分燃烧反应热。此外，它的点火方式和点火位置也都不利于爆炸过程的迅速成长。因此，Hartmanm管实际测得的爆炸威力（K_{st}值）较低，不适于作为设计防爆措施的参考数据。在较小试验容器里测得的粉尘云爆炸特性值K_{st}，不能说明大容器中爆炸时观察到的真实破坏情况，所以目前测量爆炸威力参数的试验装置正朝着大型化的方向发展。

在球形试验装置中进行的系统性粉尘爆炸试验表明，随着容器体积的增加，测得的爆炸特性值K_{st}，也越接近于大型容器的数值（图5-12），因而还存在一个与K_{st}极限值相应的容器体积，超过此体积时，爆炸强度不再增加。从试验数据外推估算可知，测定粉尘爆炸特性值所需要的最小容积为16L。目前国际上普遍使用20L容器来测定粉尘爆炸基本参数。大量试验证实，以20L容器所测得的爆炸特性值K_{st}，与用1m³容器所测得的结果基本相同（图5-13）。

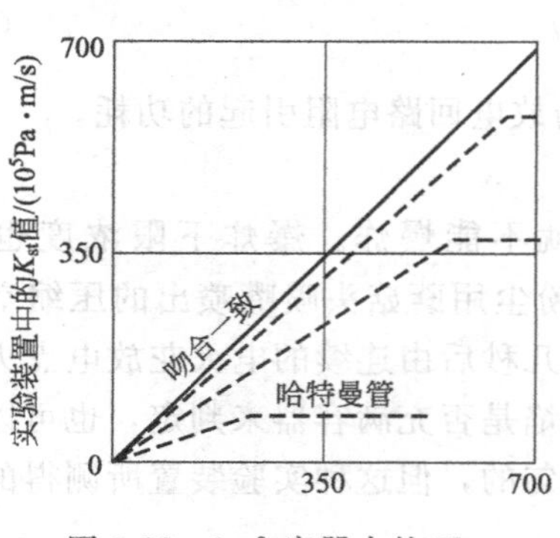

图5-12　1m³容器中的K_{st}值（10^5Pa·m/s）

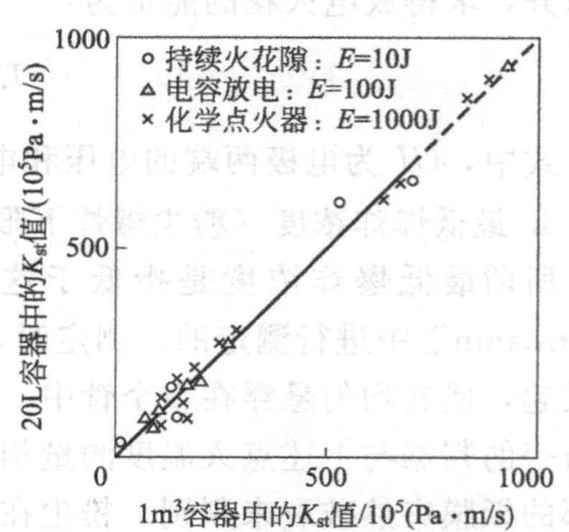

图5-13　20L和1m³容器内测得的K_{st}值比较

20L 粉尘爆炸试验设备如图 5-14 所示，其主体为一球形试验腔，腔体由两层不锈钢板加工而成，夹层可以通冷却水冷却，底部有粉尘入口，侧向有压缩空气或氧入口，球顶部为点火用的电极，侧向还有一个观察窗口。仪器有一个控制单元，可控制球内压力、真空度，以及从吹尘到点火的时间，以使点火发生在粉尘最佳分散状态。

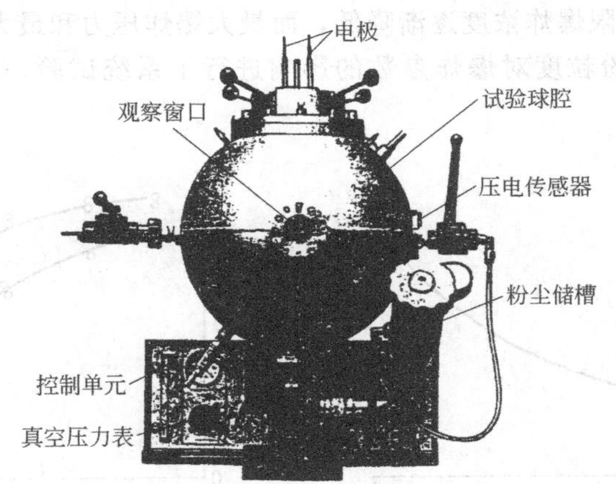

图 5-14 20L 粉尘爆炸试验设备

压力传感器的信号输入到数字示波仪或数字波形存储仪，也可输入微机，记录并处理信号。

大多数试验都是用压缩空气来分散粉尘的。这种分散粉尘引入了过量空气，并产生湍流，增加压力和压力上升速率，增加燃烧所需的氧量。而空气压力越高，最大压力和压力上升速率也越高，所以对同一种材料，不同的分散系统可导致不同的压力和压力上升速率。

从试验结果来看，点火温度和爆炸下限浓度的测量比较稳定，重复性较好。但最小点火能、最大爆炸压力及压力上升速率测定的重复性不很理想，其中以压力上升速率值的偏差最大（因为设备中很难得到均匀和重复性很好的粉尘分布）。

三、粉尘爆炸和气体爆炸的比较

粉尘爆炸与气体爆炸的基本数学方程、影响因素等几乎都是相同的，从数学的观点看，它们是两种类似的现象。两者的最大区别在燃料上。气体爆炸的燃料是气态，燃料在爆炸混合物中占有的体积部分是必须考虑的。而粉尘爆炸的燃料是固态，燃料所占的体积极小，基本上可以忽略不计。粉尘粒子比气体分子大得多。粉尘粒子与大气中的氧结合的反应是一种表面反应，其反应速率与粒子的粒度密切相关；而气体爆炸反应是气相反应，属于分子反应，不像固体反应那样受众多物理因素的影响。

下面分几个方面来比较粉尘爆炸与气体爆炸。

1. 混合物的均匀性

当一种气体进入容器中时，它与大气的混合可能是瞬间即完，也可能要花一定的时间。但高速穿过小孔而进入容器中的气体，可以与容器中原有的气体均匀混合，且一旦混合均匀，就不易分离，也不易分层。而粉尘喷撒入容器中时，其密度和粒子尺寸分布是很难保持均匀的。由于粉尘粒子受重力影响而发生沉降；因此粉尘浓度分布只能维持较短的时间。若要保持其均匀性，必须人为地连续保持初始湍流状态。一旦失去湍流状态，粉尘分散均匀也就不能再保持。相反，对气体混合物来说，它的分散均匀不受湍流程度影响，即使在静止状态，仍可以很好地分散均匀。

2. 颗粒度

气体燃料是由分子组成，而粉尘燃料是由固体物质组成。粉尘的粒度、形状及表面条件都是变量，都是影响爆炸的参数。气体燃料与氧反应是分子反应，而氧和粉尘粒子间的反应却受氧的扩散控制，因此与表面积密切相关，表面积越大（粒度越小），反应速率愈高。

随着粒度减小，下限爆炸浓度逐渐降低，而最大爆炸压力和最大压力上升速率则明显增大。丁大玉等人对 Al 粉粒度对爆炸参数的影响进行了系统试验，所得结果如图 5-15～图 5-17所示。

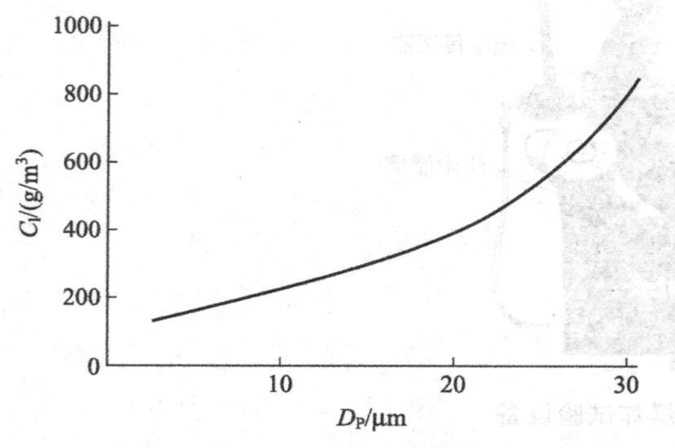

图 5-15　Al 粉粒度 D_P 对爆炸下限 C_l 的影响

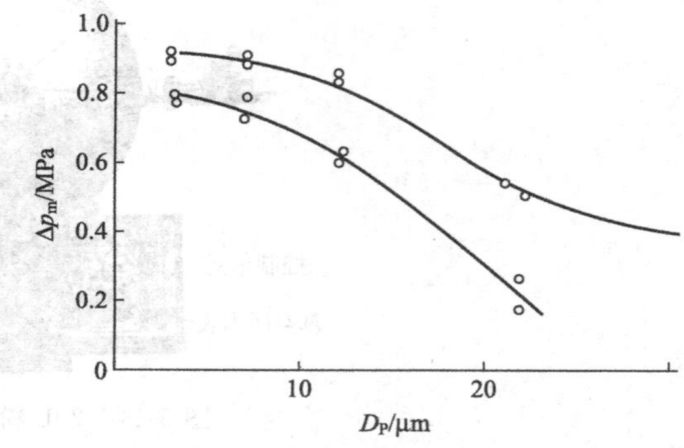

图 5-16　Al 粉粒度 D_P 对最大爆炸压力 Δp_m 的影响

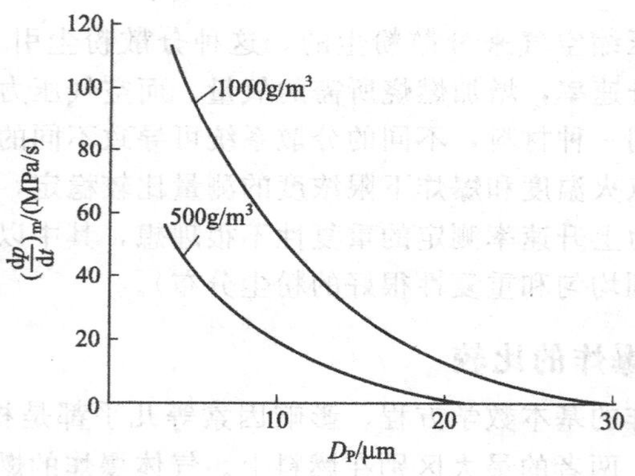

图 5-17　Al 粉粒度 D_P 对最大爆炸压力上升速率的影响

粉尘粒度对点火能也有很大影响，一般当可燃粉尘的粒度大于 400μm，即使采用强点燃源也不能使粉尘发生爆炸。但如这类粗粉中混入 5%～10%的细粉，就足以变成可爆混合物。这说明，控制粉尘粒度超过极限粒度以防止爆炸的方法是不可取的，而且是危险的，因为不可避免地会有少量细粉尘形成（如由于摩擦、碰撞等引起）并混入粗粉中，这就很容易形成可爆混合物。

3. 燃料对大气的稀释

当气体燃料注入充满空气的容器中时，原始氧量相对减小，这种稀释作用可能是相当严重的。例如，要得到含 10%甲烷的混合物而维持氧浓度恒定的话，需要赶走 10%的大气（空气），或者压力要增加，但不管哪一种情况，氧浓度都由原始值减少了 10%。如果原始大气是空气，则最终混合物将含有 18.8%的 O_2，而不是原始的 20%。

然而，当粉尘燃料进入容器时，置换体积仅约为 0.005%（这主要取决于粉尘的密度和浓度），氧总量只减少0.005%。这种很微量的变化甚至难以用仪器检测，完全可以忽略不计，即大气中的氧量可以认为是不变的。粉尘引入容器时，常采用压缩空气射入，以起分散作用，这样容器中的氧量反而增加了。

对气体燃料和空气混合物，当往其中加入燃料时，氧的损失可通过加入氧来补偿，但这时的气体将不再是空气，而是一种人工混合气了。

表5-8列出了在28.3L容器中甲烷和粉尘爆炸的对比数据，其中第3、第4行数据分别表示有氧稀释和无氧稀释时所得爆炸压力和压力上升速率值。虽然第4行数据是计算的，但仍能说明由于初始氧浓度降低而引起的爆炸参数明显下降。

表5-8　甲烷和粉尘爆炸数据对比

行	燃料类型及浓度	初始压力 /10^5Pa	初始氧浓度 /%	最大爆炸压力 /10^5Pa	最大压力上升速率 /(10^5Pa/s)	表观反应速率 /(m/s)	反应速率 /(m/s)	湍流
1	甲烷 94%	0.967	18.9	7.45	139.0	0.269	0.269	无
2	甲烷 94%	0.967	18.9	8.03	846.1	1.379	0.269	有
3	甲烷 94%	1.182	18.9	9.62	960.3	1.559	0.269	有
4	甲烷 94%	1.142	20.9	10.74	1208.7	2.159	0.305	有
5	玉米粉 600g/m^3	1.075	20.9	7.25	253.8	0.767	0.152	有
6	醋酸纤维素 800g/m^3	1.068	20.9	7.80	190.1	0.513	0.102	有
7	匹茨堡煤粉 500g/m^3	1.068	20.9	7.28	101.4	0.391	0.076	有

4. 初始湍流和初始压力

对大多数研究设备和工业现场，爆炸都是发生在空气运动的情况下，或者是以空气爆发分散粉尘，然后遇火源点火爆炸，因此最终的粉尘-空气混合物都呈湍流。工业上的气体-空气混合物也可能是湍流的；但在实验室里，大多数气体爆炸都是发生在非湍流混合物中。当湍流大气中火焰向前推进时，火焰阵面是卷曲的，这就增加了火焰阵面的有效面积，湍流火焰面积可以是层流面积的1～8倍。另外，由于旋涡、射流喷射及相互碰撞等效应，大大加速了粉尘粒子和氧的化学反应。试验表明，如爆炸时湍流度保持不变，则卷曲火焰阵面的有效面积可表达为：

$$A=\alpha A' \tag{5-12}$$

式中，A是卷曲火焰有效面积；α是与湍流程度有关的常数；A'是正常层流火焰阵面面积。

实验室和大型试验均表明，α值范围为1～8，一般粉尘爆炸的α值为3～6。α值可由静态和湍流可燃气/空气混合物的对比试验确定。表5-8中第1、第2行甲烷-空气混合物的数据表明了湍流对压力和压力上升速率的影响，即湍流混合物最大压力值略有增加，而压力上升速率则大幅度增高（增高6倍）。

燃料-空气混合物的反应速率常数用K_r表示。对可燃气混合物，可用简单方法直接测定反应速率。但对粉尘来说，都是处于湍流状态，反应速率中已包含了湍流的影响，因此实际只能测定表观反应速率αK_r，其中湍流因子α可由湍流和非湍流气体混合物的对比试验来确定，然后在已知湍流度下做粉尘试验，就可以测出反应速率。如在密闭容器中，用压缩空气吹入粉尘，则情况就变得相当复杂，因为吹入的空气产生湍流，增加了容器中的初始压力，提供的附加氧与燃料反应，这三个因素均使压力和压力上升速率增加。

从表5-8中第1～3行数据可以看出，甲烷-空气混合物在湍流气氛下的最大压力约比层流状态增加30%，最大压力上升速率增大约6倍。

表5-8还列出了玉米粉、醋酸纤维素和匹茨堡煤粉的爆炸数据，粉尘的反应速率常数K_r明显地小于甲烷。在大体相同的试验条件下，甲烷爆炸压力大约比粉尘爆炸压力高50%，而前者的压力上升速率为后者的6～10倍，这也体现在表观反应速率αK_r上，甲烷的表观反应速率为2.159m/s，而匹茨堡煤粉为0.391m/s。甲烷的反应速率K_r值比粉尘燃料高2～4倍，显然，在相同的条件下，甲烷燃料能发生比粉尘燃料更严重的爆炸。

密闭容器中等温爆炸压力上升速率可由下式确定。

$$\frac{dp}{dt}=\frac{\alpha K_r S T_u^2 p_m^{2/3}}{V T_r^2 p_0}(p_m-p_0)^{1/3}\left(1-\frac{p_0}{p}\right)^{2/3}p \tag{5-13}$$

由于系数$\frac{\alpha K_r S T_u^2 p_m^{2/3}}{V T_r^2 p_0}$ $(p_m-p_0)^{1/3}$中除αK_r值外，其余各项均为常数，所以用$\frac{dp}{dt}$对$\left(1-\frac{p_0}{p}\right)^{2/3}p$在对数坐标中画图，再求出斜率，即可算出$\alpha K_r$值。

5. 爆炸浓度

显然，可燃气和可燃粉尘在空气中的爆炸浓度范围明显不同。甲烷-空气混合物的极限浓度范围为5%～15%，最大爆炸威力出现在甲烷浓度为9.5%～10%时。若用化学计量浓度比Φ表示，则

$$\Phi=\frac{C}{C_{st}} \tag{5-14}$$

式中，C_{st}为化学计量浓度；C为任意浓度。

甲烷下限浓度$\Phi_l=0.52$，上限浓度$\Phi_{st}=1.58$，最佳浓度大约为$\Phi_m=1.1$；而匹茨堡煤粉的这三个浓度值分别为$C_l=50g/m^3$、$C_u=5000g/m^3$和$C_m=400g/m^3$；对应的$\Phi_l=0.4$，$\Phi_u=40$，$\Phi_m=3.2$（$C_{st}=125g/m^3$）。

表5-9 甲烷和煤粉爆炸的有关参数

燃料浓度		初始（化学计量浓度）/(g/m³)	燃烧分数/%	最大爆炸压力/10^5Pa	最大压力上升速率/(10^5Pa/s)
					10.07
甲烷无湍流混合物/%	6.0	0.63	1.00	4.29	40.29
	7.1	0.75	1.00	5.78	73.97
	7.9	0.84	1.00	6.38	114.16
	8.9	0.94	1.00	6.92	107.45
	9.4	0.99	1.00	7.05	141.02
	9.5	1.00	1.00	7.45	147.74
	9.7	1.03	0.98	7.25	130.95
	9.9	1.05	0.96	6.98	141.02
	10.1	1.07	0.94	7.25	110.80
	11.1	1.16	0.85	7.12	50.37
	12.3	1.30	0.77	6.51	23.50
	13.1	1.38	0.72	5.78	3.36
	14.1	1.49	0.68	4.50	—

续表

燃料浓度		初始(化学计量浓度)/(g/m³)	燃烧分数/%	最大爆炸压力/10^5Pa	最大压力上升速率/(10^5Pa/s)
					10.07
匹茨堡煤粉湍流混合物/(g/m³)	5	0.41	1.00	—	20.15
	10	0.81	0.50	4.70	97.37
	20	1.63	0.40	7.05	127.59
	40	3.25	0.30	7.25	100.73
	60	4.88	0.20	7.25	93.37
	80	5.50	0.15	7.12	117.52
	100	8.13	0.12	7.05	20.15
	500	4065	0.02	6.72	—

表 5-9 列出了非湍流的甲烷-空气和湍流的匹茨堡煤粉-空气混合物的爆炸压力和压力上升速率数据。虽然试验条件由于湍流因子不同而不同，但数据表明，甲烷爆炸压力和压力上升速率的极值出现在化学计量浓度附近（$\Phi_m=1.03$），而煤粉的极值却出现在化学计量浓度的 3～4 倍处（$\Phi_m=3.2$），煤粉上限值 5000g/m³ 仅仅是一近似值，因为此上限值与分散粉尘的方法有关。由上列数据看出，粉尘爆炸区别于气体爆炸的一个重要特点是前者的上、下限浓度范围极宽。

6. 爆炸后大气组分

表 5-10 列出了甲烷和通过 200 号筛的匹茨堡煤粉在 Hartmanm 管中爆炸后的大气组分。甲烷试验是在初始压力为 0.96×10^5Pa 和无湍流情况下进行的。由于粉尘试验的初始压力较高，所以可利用氧量比甲烷爆炸时要高 20%。对甲烷来说，在化学计量浓度以下，几乎所有燃料均与氧反应生成 CO_2。在高于化学计量浓度时，则生成 CO 和 H_2。而化学计量浓度为 125g/m³ 的煤粉，并不是所有的氧都参与反应，甚至在煤粉浓度为 2000g/m³ 时还是如此。可见粉尘爆炸中燃烧的燃料远小于气体爆炸时燃烧的燃料。

表 5-10 甲烷和煤粉爆炸后气体组分

燃料	浓度	爆炸后气体组成/%						
		CO	CO_2	H_2	CH_4	O_2	N_2	Ar
甲烷	8%	0	9.2	0	0.03	3.8	86.0	1.0
甲烷	9%	0.5	10.7	0.3	0.2	0.5	86.8	1.0
甲烷	12%	8.0	5.9	8.5	0.4	0.5	75.8	0.9
匹茨堡煤粉	100g/m³	0.1	3.2	0	—	17.0	78.8	0.9
匹茨堡煤粉	200g/m³	0.7	9.1	0	—	9.6	79.6	0.9
匹茨堡煤粉	500g/m³	2.8	12.3	1.0	0.1	3.1	79.8	0.9
匹茨堡煤粉	1000g/m³	4.6	11.7	3.0	0.6	1.5	77.5	0.9
匹茨堡煤粉	2000g/m³	4.0	12.2	2.3	1.1	1.5	77.8	0.9

当匹茨堡煤粉的浓度为 100g/m³，即略低于化学计量浓度时，大约有 19% $\left(\frac{20.9-17.0}{20.9}\times100\%\right)$的可用氧参与反应。在煤粉浓度为 200g/m³，即几乎两倍于化学计量浓度时，只有 46%的氧参与反应。在这两种煤粉浓度下，大多数气体产物是 CO_2。而在煤粉浓度为 500g/m³ 以上时，气体产物主要是 CO 和 H_2，还形成一些甲烷。

7. 点火温度

表 5-11 列出了一些层状粉尘和气体的点火温度。一般粉尘有两种点火温度，一种是粉尘云点火温度，另一种是粉尘层点火温度。粉尘层的点火温度可用 3～12mm 厚的粉尘测得。经验和研究都表明，粉尘层的点火温度随粉尘层厚度增加而减小。如果厚度足够大且有氧存在，而空气循环又受限制，则粉尘有可能在环境温度下着火（自燃）。这一点可由煤堆或垃圾堆经常出现自燃的事故得到说明。除了 Al、Mg 因为有防潮的氧化膜不易点火外，一般粉尘层的点火温度比低分子量的气体的点火温度低得多。铁碳合金粉尘在 310℃就点火，锰粉在 240℃就点火，这样低的点火温度，排除了金属粉尘是在汽化或挥发层点火的机理，而应是固体粒子表面氧化反应点火机理。

表 5-11　一些层状粉尘和气体的点火温度

燃料		点火温度/℃
煤尘	Al	760
	Mg	490
	铁碳合金	310
	Pb	270
	Mn	240
	焦煤	220
	棉籽饼	200
	豆粉	190
	木炭	180
气体	甲烷	540
	乙烷	515
	丙烷	450
	H_2	400
	正戊烷	260
	正庚烷	215
	正辛烷	220

第六节　爆炸温度、压力和强度

一、爆炸温度和压力

由于爆炸（燃烧）速率很快，所以可设定它是在绝热系统内进行，则爆炸后系统内物质热力学能＝爆炸前物质热力学能＋$Q_{燃}$，即

$$\sum U_{产}=\sum U_{反}+nQ_{燃} \tag{5-15}$$

【例 5-1】 已知甲烷的燃烧热 $Q_{CH_4}=799.14\text{kJ/mol}$，内能 $U_{CH_4}=1.82\text{kcal/mol}$（300K 时），原始温度为 300K 时，在空气中爆炸，试求爆炸的最高温度与压力。

解　写出燃烧反应方程式

$$CH_4+2O_2+2\times3.76N_2 = CO_2+2H_2O+7.52N_2$$

求出爆炸前即 300K 时反应物的热力学能之和。热力学能由表 5-12 查得。

$$\sum U_{反}=1\times U_{CH_4}+2\times U_{O_2}+7.52\times U_{N_2}$$
$$=(1\times 1.82+2\times 1.49+7.52\times 1.49)\times 4.184\text{kJ/kcal}$$
$$=66.96\text{kJ}$$

系统内爆炸（燃烧）产生的总能量为：

$$\sum U_{反}+nQ_{燃}=(66.96+799.14)\text{kJ}=866.1\text{kJ}$$

再用试差法求爆炸后的最高温度：设爆炸后的温度为 2800K，从表 5-12 查得 2800K 时各产物的热力学能代入下式：

$$\sum U_{产}=1\times U_{CO_2}+2\times U_{H_2O}+7.52\times U_{N_2}$$
$$=(1\times 30.4+2\times 24.0+7.52\times 16.9)\times 4.184\text{kJ}$$
$$=859.76\text{kJ}$$

表 5-12 部分气体的热力学能 单位：×4.184kJ/mol

温度/K	H_2	O_2	N_2	CO	NO	CO_2	H_2O
300	1.440	1.486	1.489	1.489	1.611	1.658	1.786
400	1.936	1.998	1.988	1.989	2.126	2.400	2.399
500	2.436	2.530	2.491	2.496	2.650	3.229	3.032
600	2.937	3.087	3.006	3.017	3.189	4.130	3.690
700	3.441	3.667	3.534	3.555	3.846	5.090	4.381
800	3.948	4.266	4.079	4.110	4.320	6.100	5.100
900	4.460	4.881	4.640	4.683	4.912	7.150	5.846
1000	4.986	5.510	5.215	5.270	5.519	8.235	6.621
1200	6.043	6.799	6.408	6.483	6.768	10.489	8.444
1400	7.147	8.123	7.643	7.739	8.057	12.829	9.971
1600	8.291	9.475	8.911	9.023	9.374	15.220	11.786
1800	9.476	10.848	10.206	10.333	10.706	17.683	13.687
2000	10.697	12.244	11.520	11.662	12.056	20.166	15.656
2200	11.950	13.664	12.851	13.004	13.417	22.688	17.681
2400	13.232	15.105	14.195	14.359	14.791	25.231	19.752
2600	14.540	16.565	15.549	15.722	16.174	27.798	21.860
2800	15.872	18.049	16.913	17.093	17.566	30.382	23.999
3000	17.224	19.553	18.283	18.473	18.962	32.978	26.198
3200	18.595	21.073	19.661	19.858	20.364	35.594	28.387
3400	19.981	22.611	21.047	21.248	21.769	38.237	30.600
3600	21.382	24.166	22.437	22.643	23.179	40.890	32.846
3800	22.797	25.736	23.831	24.043	24.599	43.543	35.119
4000	24.223	27.315	25.227	25.447	26.023	46.211	37.411
4200	25.662	28.911	26.631	26.852	27.453	48.892	39.691
4400	27.109	30.519	28.039	28.262	28.889	51.587	41.975

由于所设 2800K 时产物内能之和 859.76kJ＜866.1kJ，故爆炸的实际理论温度应大于 2800K。所以要再设爆炸后温度为 3000K，则

$$\sum U_{产}=(1\times 33.0+2\times 26.2+7.52\times 18.3)\times 4.184\text{kJ/kcal}=933.1\text{kJ}$$

这个值大于 866.1kJ，故爆炸后的温度应在 2800～3000K 之间。

用内插法求出理论上的最高温度为：

$$T_{最高}=2800\text{K}+\frac{866.1-859.76}{933.1-859.76}\times(3000-2800)\text{K}=2817\text{K}$$

爆炸压力可根据气体状态方程式求得：

$$p_{最高}=\frac{T_{最高}}{T_0}\times p_0\times\frac{n}{m}$$

式中，p_0 是原始压力，Pa；T_0 是原始温度，K；m 是爆炸前气体的物质的量，mol；n 是爆炸后气体的物质的量，mol。

$$p_{最高}=\frac{2817}{300}\times 1.01\times 10^5\times\frac{10.53}{10.53}\text{Pa}=9.48\times 10^5\text{Pa}$$

上面计算的是甲烷在空气中按化学当量浓度完全燃烧时计算的值，又假设没有热损失，所以是最大值。如果在系统内可燃气的浓度大于或小于与空气中氧完全反应所需的化学计量值，则爆炸时的温度和压力都将降低。

【例 5-2】 计算甲烷在爆炸下限时爆炸的温度与压力。已知 $Q_{CH_4}=799.14\text{kJ}$，$T_0=300\text{K}$，$p_0=1.01\times 10^5\text{Pa}$，甲烷的 $L_{下}=5.3\%$。

解 写出燃烧方程式，并算出反应前后系统内各物料的 φ。

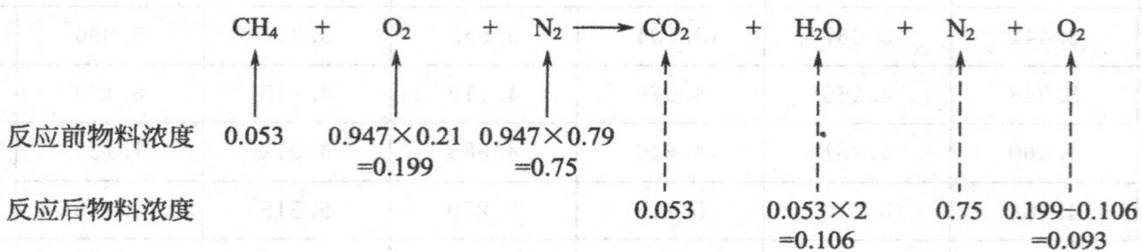

爆炸前（300K 时）反应物的热力学能和为：

$$\sum U_{反}=(0.053\times 1.82+0.199\times 1.49+0.75\times 1.49)\times 4.184\text{kJ/kcal}=6.32\text{kJ}$$

系统内爆炸（燃烧）产生的总能量为：

$$\sum U_{产}=\sum U_{反}+nU_{燃}=(6.32+0.053\times 799.14)\text{kJ}=48.67\text{kJ}$$

用试差法求爆炸后的最高温度：设爆炸后温度为 1800K，则

$$\sum U_{产}=(0.053\times 17.68+0.106\times 13.69+0.75\times 10.21+0.093\times 10.85)\times 4.184\text{kJ/kcal}$$
$$=46.25\text{kJ}$$

由于 46.25kJ<48.67kJ，故再设爆炸后温度为 2000K，则

$$\sum U_{产}=(0.053\times 20.17+0.106\times 15.66+0.75\times 11.52+0.093\times 12.24)\times 4.184\text{kJ/kcal}$$
$$=52.33\text{kJ}$$

由计算数据知 $T_{最高}$ 介于 1800～2000K 之间。用内插法求 $T_{最高}$ 为：

$$T_{最高}=1800\text{K}+\frac{48.67-46.25}{52.33-46.25}\times(2000-1800)\text{K}=1880\text{K}$$

$$p_{最高}=\frac{T_{最高}}{T_0}\times p_0\times\frac{n}{m}=\frac{1880}{300}\times 1.013\times 10^5\times\frac{0.053+0.106+0.75+0.093}{0.053+0.199+0.75}\text{Pa}$$
$$=6.35\times 10^5\text{Pa}$$

二、爆炸强度

可燃气体（或蒸气）和空气达到一定混合比时，燃烧速率最大。当增加或减少可燃气成分时，燃烧速率都会变小。如果把测试仪器放在密闭容器里，对这种燃烧（爆炸）过程进行压力测试的话，就可以测出瞬时爆炸压力。这时，压力上升速率$\frac{dp}{dt}$是衡量燃烧

速率的尺度，也就是衡量爆炸强度的尺度（即爆炸强度）。压力上升速率的定义是，在爆炸压力-时间曲线的上升线段通过拐点引出的切线斜率，等于压力差除以时间差的商，如图 5-18 所示。

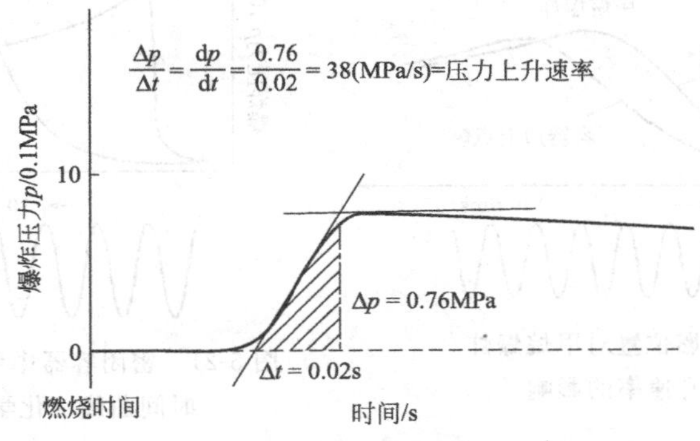

图 5-18 可燃气爆炸压力上升速率值$\frac{dp}{dt}$的测定

在不同的气体体积分数 φ 下重复上述试验，这样便得到了最大压力和压力上升的最大速率。图 5-19 为最大爆炸压力和压力上升速率对气相 φ 的关系。通常，最大压力和压力上升最大速率为可燃范围中的某个值，不一定在同一浓度。由图 5-19 可见，这个例子中的可燃极限（爆炸极限）为 2%～8%，最大压力出现在 φ=4.5%时，最大压力上升速率出现在φ=4%时。

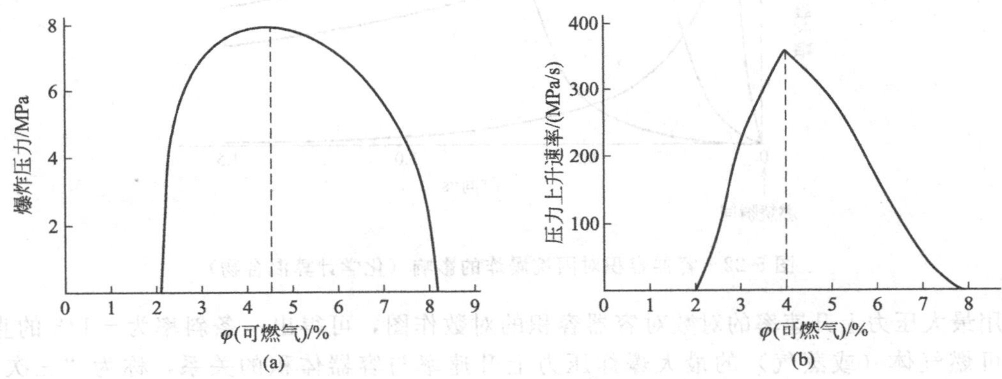

图 5-19 最大爆炸压力和压力上升速率对气相浓度的关系

同理粉尘-空气混合爆炸的爆炸特性也可以测定，但是在装置中要考虑一个样品储槽和粉末分配器，这个分配器能确保在点火之前粉末得到适当的混合。

实验表明，最大压力上升速率与点燃位置有关，如在容器中心点燃爆炸性混合气体，压力上升速率为最大；若把点燃位置移到容器边缘，由于爆炸火焰很快与器壁接触而消散了部分热量，于是压力上升速率就会减小，而爆炸压力变化不大，略有下降（图 5-20）。

常见的可燃气体（蒸气），其爆炸压力在 $7\times10^5\sim8\times10^5$Pa（乙炔约为 10×10^5Pa），基本相近。而在同样条件下，不同的可燃气（蒸气）点燃后的最大压力上升速率却是很不相同的。如氢气与甲烷气以化学当量计算量混合，在密闭容器中于同样位置点火，所测得的爆炸压力时间曲线如图 5-21 所示，它们的爆炸压力几乎相等，但压力上升速率，氢比甲烷要大得多。

实验表明，最大爆炸压力通常不受容器体积的影响，而容器的容积对爆炸强度有显著的影响，如图 5-22 所示。

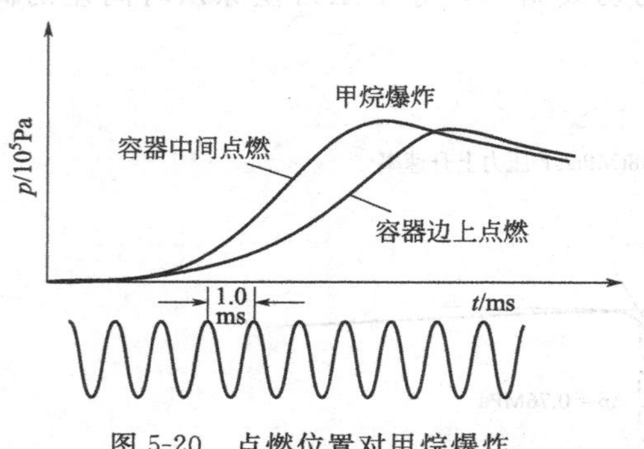

图 5-20　点燃位置对甲烷爆炸压力上升速率的影响

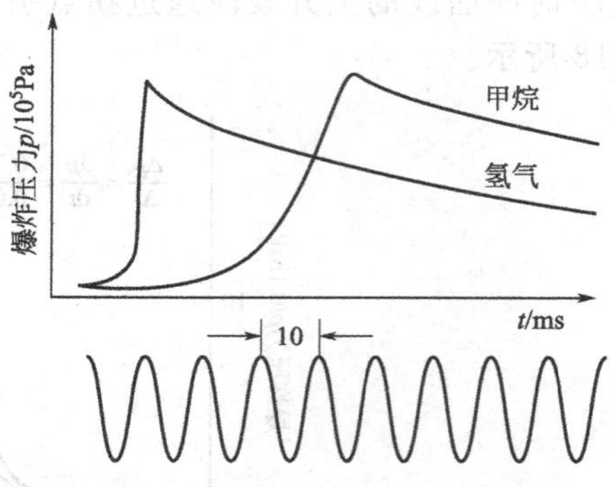

图 5-21　密闭容器中甲烷和氢气爆炸压力时间曲线（化学计算混合物）

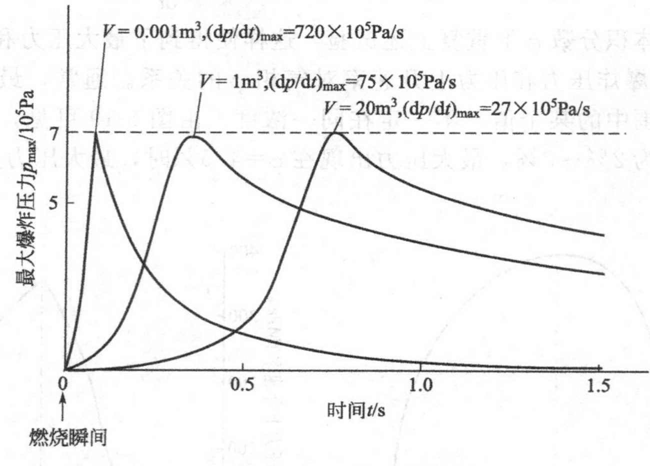

图 5-22　容器容积对丙烷爆炸的影响（化学计算混合物）

用最大压力上升速率的对数对容器容积的对数作图，可得出一条斜率为－1/3 的直线。这种可燃气体（或蒸气）的最大爆炸压力上升速率与容器体积的关系，称为“三次方定律”，即

$$\text{气体：}\quad \left(\frac{\mathrm{d}p}{\mathrm{d}t}\right)_{\max} V^{1/3}=\text{常数}=K_{\mathrm{g}} \tag{5-16}$$

$$\text{粉尘：}\quad \left(\frac{\mathrm{d}p}{\mathrm{d}t}\right)_{\max} V^{1/3}=\text{常数}=K_{\mathrm{st}} \tag{5-17}$$

式中，K_g和 K_{st}分别为气体爆炸指数和粉尘爆炸指数。表 5-13 和表 5-14 给出了某些气体和粉尘的 K_g值和 K_{st}值。

表 5-13　静止状态点燃混合物时，几种典型气体的 K_g值

（点燃能 $E=10\text{J}$，$p_{\max}=7.4\times10^5\text{Pa}$）

可燃气体名称	K_g值/(10^5Pa·m/s)	可燃气体名称	K_g值/(10^5Pa·m/s)
甲烷	55	氢气	550
丙烷	75		

表 5-14　粉尘的 K_{st} 值（强点火源）

粉末名称	最大爆炸压力 /10^5Pa	K_{st} 值 /(10^5Pa · m/s)	粉末名称	最大爆炸压力 /10^5Pa	K_{st} 值 /(10^5Pa · m/s)
聚氯乙烯	6.7～8.5	27～98	褐煤	8.1～10.0	93～176
奶粉	8.1～9.7	58～130	木粉	7.7～10.5	83～211
聚乙烯	7.4～8.8	54～131	纤维素	8.0～9.8	56～229
糖	8.2～9.4	59～165	颜料	6.5～10.7	28～344
松香粉	7.8～8.7	108～174	铝	5.4～12.9	16～750

粉尘爆炸的指数可再被细分为四个等级（表 5-15），作为粉尘爆炸等级，可说明粉尘的爆炸强度，但并不表明粉尘的点燃灵敏度。

表 5-15　K_{st} 值与粉尘爆炸等级

粉尘爆炸级	K_{st}/(10^5Pa · m/s)	粉尘爆炸级	K_{st}/(10^5Pa · m/s)
S_{t-0}	0	S_{t-2}	201～300
S_{t-1}	0～200	S_{t-3}	>301

“三次方定律”可用来估计在一个有限空间内，如建筑物或容器中爆炸所造成的后果。

$$\left[\left(\frac{\mathrm{d}p}{\mathrm{d}t}\right)_{max}V^{1/3}\right]_{容器中}=\left[\left(\frac{\mathrm{d}p}{\mathrm{d}t}\right)_{max}V^{1/3}\right]_{实验} \tag{5-18}$$

混合物的组成、容器的形状、容器中的混合情况、点燃源能量的大小，对 K_g 和 K_{st} 均有影响，但当这些条件相同时，则爆炸指数 K_g 和 K_{st} 可视为一个特定的物理常数。

因为反应过程与压力有关，所以爆炸强度特性值也受初压力的影响。最大爆炸压力和最大压力上升速率与初始压力成直线关系，如图 5-23 所示。当初始压力超过常压时，将使最大爆炸压力、最大压力上升速率值成比例增加；压力降低到常压以下时，特性值将相应地减少，直到爆炸不至传播时为止。

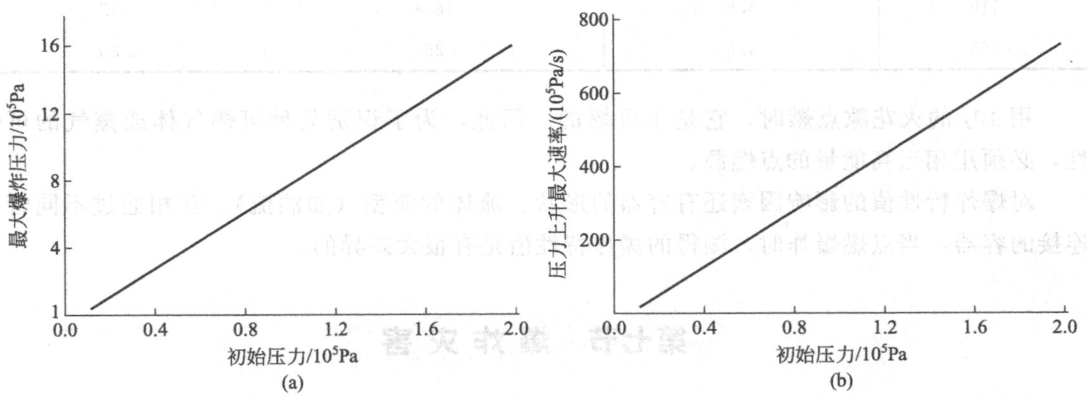

图 5-23　初始压力对最大爆炸压力和最大压力上升速率的影响

在点燃丙烷-空气混合气时，如果提高初始压力到 2×10^5Pa 以上，丙烷的体积分数 φ 在 4.5%～5.5%范围内（略高于化学计算浓度）的燃烧热很高，足以使爆炸速度经过一定的加速路程之后，上升到声速，引起压力上升，进一步加快燃烧过程。于是，爆炸压力和瞬时压力就异乎寻常地上升，使爆炸转变为爆轰。爆轰的范围在爆炸范围内，但要比爆炸范围窄，如图 5-24 所示。

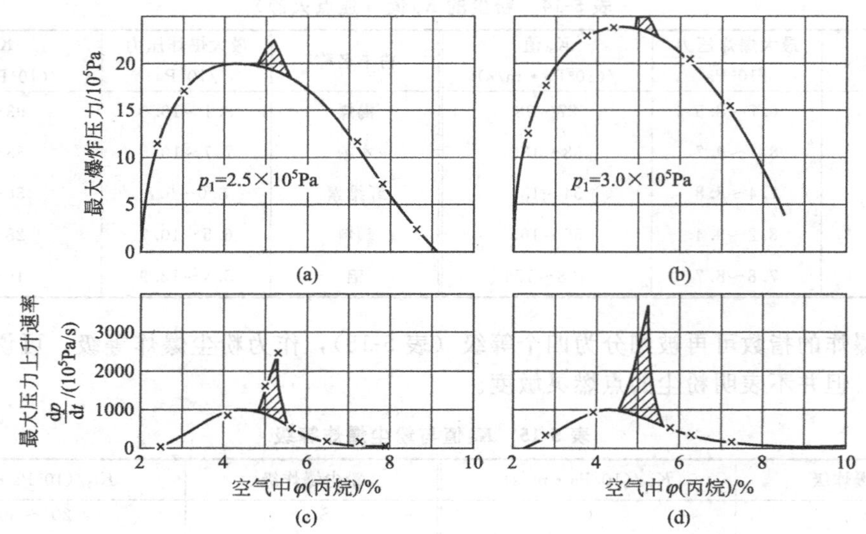

图 5-24 过高的初始压时，丙烷的爆炸特性值（容器 7L/能量≥10J）

如果加大丙烷-空气混合气的点燃源能量，可以看到与上述相似的现象。当点燃源能量为 100J 时，可以在较大的范围内（φ=3.5%～5.5%）观察到极高的燃烧速率。

点燃源能量对二氯甲烷蒸气爆炸特性值的影响由表 5-16 可见是很大的。

表 5-16 在不同点燃能量时，二氯甲烷蒸气的爆炸特性值（V=7L 容器，中心点燃）

点燃能量/J	最大爆炸压力/10^5Pa	最大压力上升速率/(10^5Pa/s)	K_g/(10^5Pa·m/s)
10		没有点燃	
65	2.2	1.5	0.29
90	3.3	9.5	1.82
110	3.6	18.4	3.12
165	4.6	25	4.80

用 10J 的火花隙点燃时，它是不可燃的。因此，为了识别某种可燃气体或蒸气的可燃性，必须用相当高能量的点燃源。

对爆炸特性值的影响因素还有容器的形状、流体的流型（如湍流），互相通过不同管径连接的容器，当点燃爆炸时，测得的爆炸特性值是有很大差异的。

第七节 爆炸灾害

一、爆炸冲击波及其破坏

（一）爆炸冲击波

粉尘爆炸或气体爆炸（爆燃或爆轰）导致反应前沿从引燃源处向外移动，其前面是冲击波或压力波前沿。可燃物质消耗完后，反应前沿终止，但是压力波继续向外移动。冲击波由压力波和随后的风组成，使冲击波引起大范围的破坏。

图 5-25 显示，对于典型的冲击波，在距离爆炸中心一定距离处的压力随时间而变化。

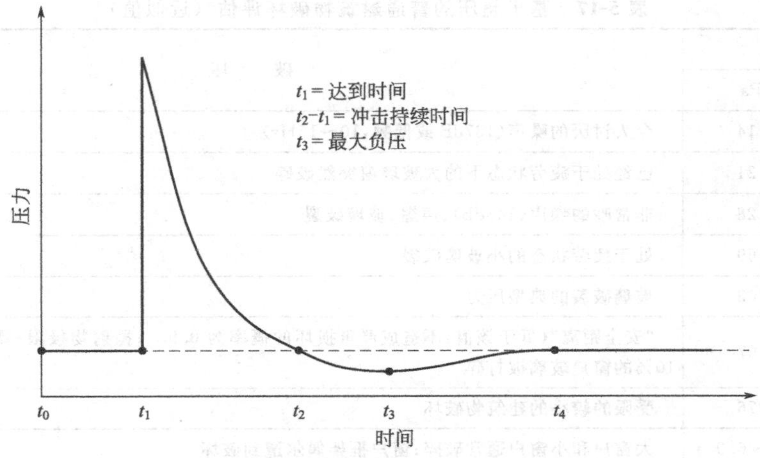

图 5-25 固定位置处的冲击波压力

爆炸在 t_0 时刻发生。激震前沿从爆炸中心到受影响位置所需时间很短，大小为 t_1，时间 t_1 称为到达时间。在时刻 t_1 处，激震前沿到达，并出现最大超压，后面紧跟着强烈而短暂的风。在时刻 t_2，压力迅速降低至周围环境压力，但是风会在同一方向持续一会儿。从 t_1 到 t_2 的时间间隔称为冲击持续时间，冲击持续时间是对独立的建筑物破坏最大的一段时间，因此，该值对于估算破坏很重要。持续降低的压力在 t_3 时刻降至周围环境压力以下的最大负压。对于大多数从 t_2 到 t_3 时段的负压，爆炸风颠倒方向朝爆炸原点吹去。同负压期有关的也有一些破坏，但是对于典型的爆炸，最大负压仅有不到 1atm，所造成的损害比超压期造成的损害小得多。但是对于大爆炸和核爆炸，负压也很大，从而导致非常大的损害。在 t_3 时刻到达最大负压后，压力将在 t_4 时刻到达周围环境压力，该时刻爆炸风和直接的破坏会终止。

一个重要的问题是在冲击波经过时怎样测量压力。如果压力传感器与冲击波垂直，所测得的超压被称为侧向（side-on）超压，有时也称为自由场（free-field）超压。在固定位置处，如图 5-25 所示，侧向超压突然增加到最大值（peak side-on，侧向超压峰值），然后当冲击波过去后，压力又降低。如果压力传感器面对着即将来临的冲击波放置，那么测得到的压力是反射（reflected）超压。反射超压包括侧向超压和滞止压力，滞止压力起因于当移动的气体与压力传感器撞击时的减速。对于低的侧向超压，反射超压大约是侧向超压的两倍，对于强的冲击波，反射超压能达到 8 倍或更多倍的侧向超压值。当冲击波垂直于墙，或所关注的物体达到时，反射超压最大，且随着偏离垂直的角度变化而减小。很多参考资料报道超压值，但并没有明确说明超压是怎样测量的。一般情况下，超压是指侧向超压，且往往是侧向超压峰值。

（二）冲击波破坏

冲击波破坏可基于压力波作用在建筑物上导致的侧向超压峰值来确定。一般情况下，破坏也是压力上升速率和冲击波持续时间的函数。使用侧向超压峰值，可以得到对冲击波破坏程度的很好的估算。

基于超压的破坏估算由表 5-17 给出，正如表 5-17 那样，即使是较小的超压，也能导致较大的破坏。

表 5-17　基于超压的普通建筑物破坏评估（近似值）

压力		破　坏
psi	kPa	
0.02	0.14	令人讨厌的噪声(137dB或低频,10～15Hz)
0.03	0.21	已经处于疲劳状态下的大玻璃窗突然破碎
0.04	0.28	非常吵的噪声(143dB)、声爆、玻璃破裂
0.1	0.69	处于疲劳状态的小玻璃破裂
0.15	1.03	玻璃破裂的典型压力
0.3	2.07	“安全距离”(低于该值,不造成严重损坏的概率为0.95);抛射物极限;屋顶出现某些破坏;10%的窗户玻璃被打碎
0.4	2.76	受限的较小的建筑物破坏
0.5～1.0	3.4～6.9	大窗户和小窗户通常破碎;窗户框架偶尔遭到破坏
0.7	4.8	房屋建筑物受到较小的破坏
1.0	6.9	房屋部分破坏,不能居住
1～2	6.9～13.8	石棉板粉碎,钢板或铝板起皱的,紧固失效,扣件失效,木板固定失效,吹落
1.3	9.0	钢结构的建筑物轻微变形
2	13.8	房屋的墙和屋顶局部坍塌
2～3	13.8～20.7	没有加固的水泥或煤渣石块墙粉碎
2.3	15.8	低限度的严重结构破坏
2.5	17.2	房屋的砌砖有50%被破坏
3	20.7	工厂建筑物内的重型机械(3000lb①)遭到少许破坏;钢结构建筑变形,并离开基础
3～4	20.7～27.6	无框架,自身构架,钢面板建筑破坏;原油储罐破裂
4	27.6	轻工业建筑物的覆层破裂
5	34.5	木制的柱折断;建筑物被巨大的水压(40000lb)轻微破坏
5～7	34.5～48.2	房屋几乎完全破坏
7	48.2	满装的火车翻倒
7～8	48.2～55.1	未加固的8～12in厚的砖板被剪切,或弯曲而失效
9	62.0	满装的火车货车车厢被完全破坏
10	68.9	建筑物可能全部遭到破坏;重型机械工具(7000lb)被移走并遭到严重破坏,非常重的机械工具(12000lb)幸免
300	2068	有限的爆坑痕迹

① 1lb=0.45359237kg。

爆炸实验证明，超压可由 TNT 当量（记为 m_{TNT}）和距离地面上爆炸原点的距离 r 来估算。由经验得到的比例关系规律为：

$$z_e = \frac{r}{m_{\text{TNT}}^{1/3}} \tag{5-19}$$

TNT 的当量能量为 1120cal/g。

图 5-26 给出了比例超压 p_s 和单位是 m/kg$^{1/3}$ 的比例距离 z_e 之间的关系曲线。比例超压 p_s 由下式给出：

$$p_s = \frac{p_0}{p_a} \tag{5-20}$$

式中，p_s 是比例超压，无量纲；p_0 是侧向超压峰值超压；p_a 是周围环境压力。

图 5-26 中的数据仅对发生在平整地面上的 TNT 爆炸有效。对于发生在敞开空气中的远远高于地面的爆炸，由图 5-26 中得到的超压应乘以 0.5。发生在化工厂中的大多数爆炸都被认为是发生在地面上。

图 5-26 中的数据，也可由如下的经验方程来描述。

$$\frac{p_0}{p_a}=\frac{1616\left[1+\left(\frac{z_e}{4.5}\right)^2\right]}{\sqrt{1+\left(\frac{z_e}{0.048}\right)^2}\sqrt{1+\left(\frac{z_e}{0.32}\right)^2}\sqrt{1+\left(\frac{z_e}{1.35}\right)^2}} \tag{5-21}$$

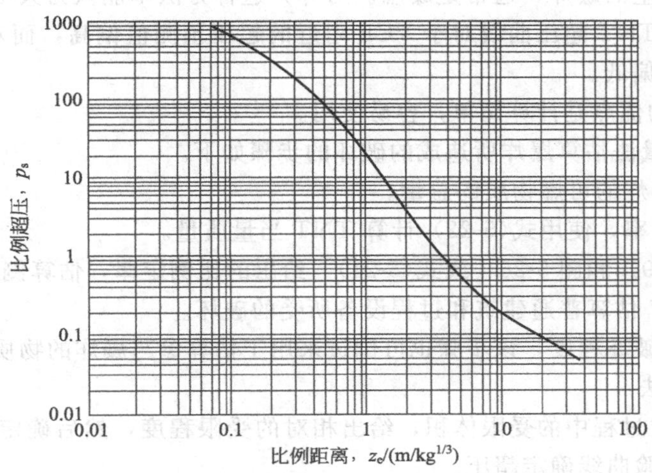

图 5-26 发生在平坦地面的 TNT 爆炸的
最大侧向超压锋值与比例距离的关系

对一定质量的物质，发生爆炸后在任何距离 r 处所产生的超压的估算步骤为：①使用所建立的热力学模型计算爆炸能；②将能量转换为相应的一定质量的 TNT；③使用比例规律和图 5-26 的关系估算超压；④使用表 5-17 估算损坏。

【例 5-3】 1kg 的 TNT 发生爆炸。计算离爆源 30m 处的超压。

解 使用式(5-19)，确定比例参数的值：

$$z_e=\frac{r}{m_{TNT}^{1/3}}=\frac{30}{1.0^{1/3}}\mathrm{m/kg^{1/3}}=30\mathrm{m/kg^{1/3}}$$

由图 5-26，比例超压为 0.055。因此，如果周围环境压力是 1atm，则所产生的侧向超压是 0.055×101.3kPa=5.6kPa。由表 5-17，该超压将引起房屋结构的较小破坏。

(三) 冲击波超压的计算

1. TNT 当量法

TNT 当量是将已知能量的可燃燃料等同于当量质量的 TNT 的一种简单方法，该方法是建立在假设燃料爆炸的行为如同具有相等能量的 TNT 爆炸的基础之上的。TNT 的当量质量可使用下式进行估算。

$$m_{TNT}=\frac{\eta m\Delta H_c}{E_{TNT}} \tag{5-22}$$

式中，m_{TNT} 是 TNT 当量质量（质量）；η 是经验爆炸效率，无量纲；m 是碳氢化合物的质量（质量）；ΔH_c 是可燃气体的爆炸能（能量/质量）；E_{TNT} 是 TNT 的爆炸能。

TNT 爆炸能的典型值是 1120cal/g=4686kJ/kg。对于可燃气体，可用燃烧热来替代爆炸能。

爆炸效率是该当量方法中的主要问题之一。爆炸效率用来调整对于众多因素的估算，包括可燃物质与空气的不完全混合、热量向机械能的不完全转化等。爆炸效率是经验值，正如很多文献所报道的，对于大多数可燃气云，估计在 1%～10%之间变化。其他一些研究人员报道，对于丙烷、二乙醚和乙炔的可燃气云，其爆炸效率分别是 5%、10%和 15%。爆炸效率也可针对固体物质定义，诸如硝酸铵。

TNT 当量方法也使用于 TNT 点源爆轰的超压曲线。蒸气云爆炸（VCE）是由于大量可燃蒸气泄漏而发生的爆炸，通常是爆燃。另外，这种方法不能认为火焰加速效应是由约束引起的，结果是，TNT 超压曲线对于 VCE 附近的超压预测值偏高，而对于离 VCE 较远距离处的超压预测值偏低。

TNT 当量法的优点是计算简单，容易使用。

使用 TNT 当量法估算爆炸所造成的破坏的步骤如下。

① 确定参与爆炸的可燃物质的总量。

② 估计爆炸效率，使用式(5-22) 计算 TNT 当量质量。

③ 使用式(5-19) 和图 5-26［或式(5-21)］给出的比例定律，估算侧向超压峰值。

④ 使用表 5-17 估算普通建筑和过程设备所受的破坏。

根据所估算的破坏程度，该步骤也可倒过来用于估算参与爆炸的物质的量。

2. TNO 多能法

TNO 方法确定过程中的受限体积，给出相对的受限程度，然后确定该受限体积对于超压的贡献使用半经验曲线确定超压。

该模型的基础是爆炸能量高度依赖于聚集程度，很少依赖于蒸气云中的燃料。

对于蒸气云爆炸，使用多能模型的步骤如下。

(1) 使用扩散模型确定气云的范围。一般情况下，由于扩散模型在拥挤空间使用受限，因此，假设不存在设备和建筑物来完成该计算步骤。

(2) 进行区域检查来确定拥挤的空间。通常情况下，重气趋向于向下移动。

在被可燃气云覆盖的区域内，确定引起强烈冲击波的潜在源。强烈冲击波的潜在源包括拥挤的空间和建筑物（例如化工厂或炼油厂中的过程设备、一堆箱子或平台和管架）；延伸的平行平面之间的距离（例如停车场内底部停靠的很近的汽车；开放的建筑，例如多层的停车车库）；管状结构内的空间（例如，隧道、桥梁、走廊、下水道系统、管路）和由于高压泄放导致的喷射中的燃料-空气混合物的剧烈动荡。可燃气云中剩余的燃料-空气混合物，被认为所产生的冲击波强度不大。

(3) 通过如下步骤，估算当量燃料-空气混合物所释放的能量。a. 认为每一个冲击波源是相互分离的；b. 假设全部的燃料-空气混合物都存在于部分受限，或有障碍物的区域，被确定为气云中冲击波源，有助于冲击波；c. 估算存在于被确定为冲击波源的单个区域内的燃料-空气混合物的体积（估算是基于区域的全部尺寸之上的；注意可燃气云可能没有充满全部的冲击波源体积，以及设备的体积应该被认为是它描绘了一个可接受的整个体积的一部分）；d. 通过将混合物的单个的体积同 $3.5\times10^{6}\mathrm{J/m^{3}}$ 相乘（该值是烃类与空气混合物，在平均化学组成计量下的典型燃烧热值），计算每次爆炸的燃烧能 E(J)。

(4) 为每一个单独冲击波指定一个代表冲击波强度的典型数字，一些公司已经规定了该步骤；然而，许多风险分析者则使用他们自己的判断方法。

如果假设爆轰的最大强度用数字 10 来代替，那么对于强烈爆炸的源强的估算是安全和保守的，然而，源强 7 似乎能更准确的代表真实的爆炸。另外，对于侧向超压低于 0.5bar（$1bar=10^5Pa$）的爆炸，源强等级为 7～10 之间的差别不大。

（5）剩余的未受限制和无障碍的部分气云所产生的爆炸，可通过假设低的初始强度进行模拟。对于延伸的静止的部分，假设为最小的强度 1。对于多数不静止的部分，但处于低强度的动荡运动（例如由于燃料释放的动量），可假设强度为 3。

（6）一旦估算出单个的当量燃料-空气混合物所导致的能量 E 和初始爆炸强度，则在计算过 Sachs 比拟距离后，距离爆源 R 处的 Sachs 比拟爆炸侧向超压和负相持续时间，就能从图 5-27 中查到。

$$\overline{R}=\frac{R}{(E/p_0)^{1/3}} \tag{5-23}$$

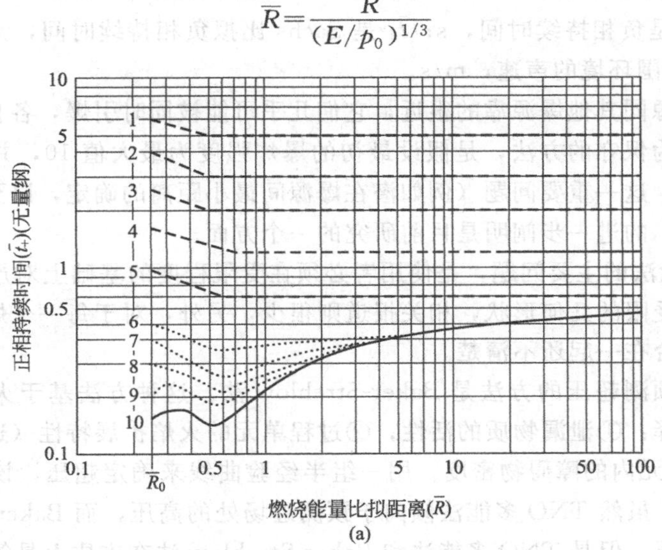

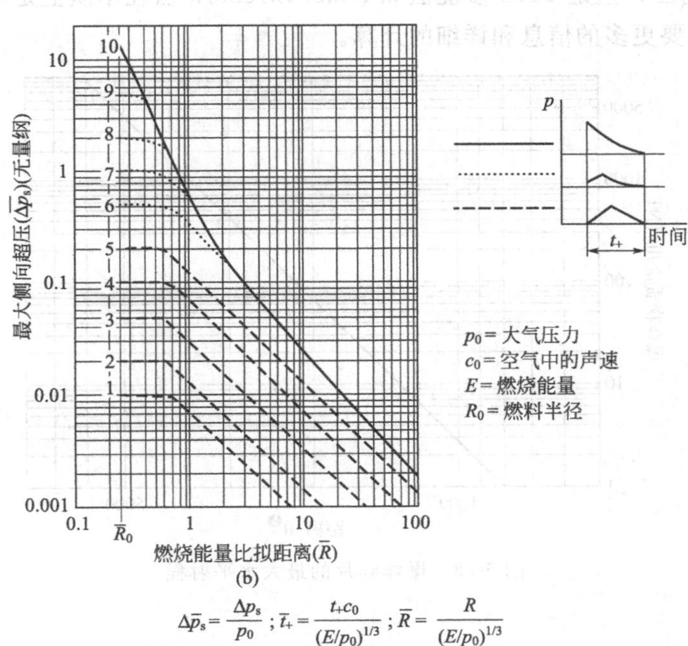

$$\Delta\overline{p}_s=\frac{\Delta p_s}{p_0};\ \overline{t}_+=\frac{t_+c_0}{(E/p_0)^{1/3}};\ \overline{R}=\frac{R}{(E/p_0)^{1/3}}$$

图 5-27　TNO 多能爆炸模型的 Sachs 比拟超压与 Sachs 比拟正相持续时间

式中，$\bar{R}$是离填料的 Sachs 比拟距离，无量纲；R 是离填料的距离，m；E 是填料的燃烧能，J；p_0 是周围环境大气压，Pa。

爆炸侧向超压峰值和负相持续时间，可根据 Sachs 比拟超压和 Sachs 比拟负相持续时间计算。超压由下式计算。

$$p_0 = \Delta \bar{p}_s p_a \tag{5-24}$$

负相持续时间，则由下式计算。

$$t_d = \bar{t}_d \frac{(E/p_0)^{1/3}}{c_0} \tag{5-25}$$

式中，p_0 是侧向爆炸超压，Pa；$\Delta \bar{p}_s$ 是 Sachs 比拟侧向爆炸超压，无量纲；p_a 是周围环境压力，Pa；t_d 是负相持续时间，s；$\bar{t}_d$ 是 Sachs 比拟负相持续时间，无量纲；E 是填料燃烧能，J；c_0 是周围环境的声速，m/s。

如果单独的爆源同其他爆源靠的很近，它们几乎可能被同时引爆，各自的爆炸应加在一起。对于该问题最为保守的方法，是假设最初的爆炸强度为最大值 10，并将每一个爆源所产生的燃烧能相加，这一重要问题（例如潜在爆源间最小距离的确定，以至于它们单独的爆炸能够被分别考虑）的进一步阐明是目前研究的一个方面。

应用 TNO 多能法的主要问题，是使用者必须在受限程度的基础上对严重系数的选择做出决定。对于局部受限的几何形状，相关报道则很少，另外，对于每一个爆炸强度所导致的结果，应该怎样结合在一起还不清楚。

另一个常用的预测超压的方法是 Baker-Strehlow 法。这种方法基于火焰速度，其根据以下 3 种因素来选择：①泄漏物质的活性；②过程单元的火焰扩展特性（这与约束和空间形状有关）；③过程单元内的障碍物密度。用一组半经验曲线来确定超压，该步骤的完整描述由 Baker 等人给出。虽然 TNO 多能法倾向于预测近场处的高压，而 Baker-Strehlow 法倾向于预测远场处的高压，但是 TNO 多能法和 Baker-Strehlow 法在本质上是等价的。两种方法比 TNT 当量法需要更多的信息和详细的计算。

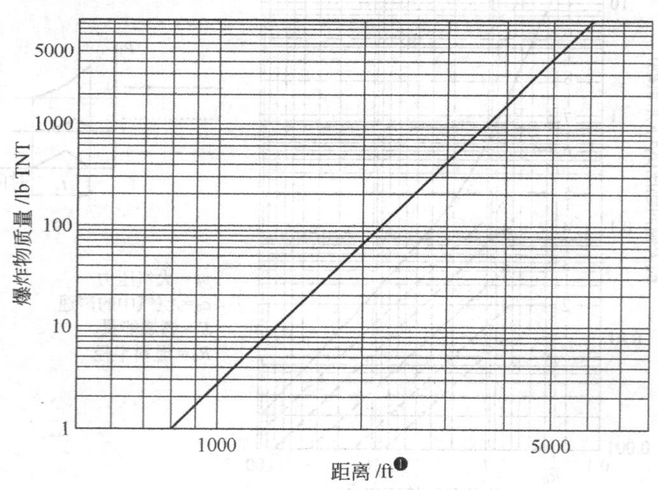

图 5-28　爆炸碎片的最大水平射程

❶ 1ft=0.3048m。

二、爆炸抛射物的破坏

发生在受限容器或结构内的爆炸能使容器或建筑物破裂，导致碎片抛射，并覆盖很宽的范围，碎片或抛射物能引起较严重的人员受伤、建筑物和过程设备受损。非受限爆炸由于冲击波作用和随后的建筑物移动也能产生抛射物。

抛射物通常意味着事故在整个工厂内传播，工厂内某一区域的局部爆炸将碎片抛射到整个工厂，这些碎片打击储罐、过程设备和管线，导致二次火灾或爆炸。

Clancey 建立了爆炸质量和碎片最大水平打击范围的经验关系，如图 5-28 所示。事故调查期间，该关系在计算碎片被抛射到所观察的位置处所需要的能量等级时很有用。

思 考 题

1. 爆轰发生的影响因素有哪些？
2. 简述爆轰与爆燃的破坏机理。
3. 常见的工业爆炸类型有哪些？其特征分别有哪些？
4. 描述 BLEVE 发生的典型过程。
5. 简述粉尘爆炸的特点。
6. 粉尘爆炸的影响因素有哪些？它们是如何影响的。
7. 简述蒸气云爆炸必须具备的条件。

第一节　着火源的控制

为预防火灾或爆炸灾害，对着火源的控制是一个重要问题。引起火灾爆炸事故的着火源主要有以下几个方面，即明火及高温表面、摩擦与撞击、绝热压缩、自氧化、电气火花、静电火花、雷击和光热射线等，对于这些着火源，在有火灾爆炸危险的场所都应充分地注意和采取严格的预防措施。

一、明火及高温表面

工厂中的明火是指生产过程中的加热用火和维修用火，即所谓的生产用火；另外还有非生产用火，如取暖用火、焚烧、吸烟等与生产无关的明火。

化学工业生产中为了达到工艺要求经常要采用加热操作，如燃油、燃煤的直接明火加热、电加热以及蒸汽、过热水或其他中间载热体加热，在这许多加热方法中，对于易燃液体的加热应尽量避免采用明火。一般温度加热时可采用蒸气或过热水；较高温度时也可采用其他载热体加热，但热载体的加热温度必须低于其安全使用温度，在使用时要保持良好的循环并留有热载体膨胀的余地，要定期检查热载体的成分，及时处理和更换变质了的热载体；当更高温度采用熔盐热载体时，应严格控制熔盐的配比，不得混有有机杂质，以防载体在高温下爆炸。如果必须采用明火，设备应严格密封，燃烧室应与设备分开建筑或隔离，并按防火规范规定留出防火间距。

在使用油浴加热时，要有防止油蒸气起火的措施。

在积存有可燃气体、蒸气的管沟、深坑、下水道及其附近，没有消除危险之前，不能有明火作业。

在有火灾爆炸危险场所的储槽和管道内部不得用蜡烛或普通照明灯具，必须采用防爆电器。由于使用普通照明灯具而引起火灾爆炸事故的事例也是不少的，如 1984 年 6 月云南某氮肥厂，用工业酒精清洗 6000m^3 空分分馏塔。作业人员用 36V 安全行灯入塔，作业结束时，当取出行灯时由于灯泡破裂造成酒精蒸气闪爆，作业人当场死亡，设备严重破坏，事故原因当然还有很多其他措施问题，但就照明一点来说，如采用便带式防爆灯，则可能免于此难。

喷灯是一种轻便的加热工具，维修时常有使用，在有火灾爆炸危险场所使用应按动火制度进行。

烟囱飞火以及汽车、拖拉机、柴油机等的排气管喷火等都可能引起可燃、易燃气体或蒸气的爆炸事故，故此类运输工具不得进入危险场所。烟囱应有足够高度，必要时装火星熄灭器，在一定范围内不得堆放易燃易爆物品。

高温物料的输送管线，不应与可燃物、可燃建筑构件等接触；在高温表面防止可燃物料散落在上面，可燃物的排放口应远离高温表面，如接近则应有隔热措施。

化工生产设备气相管道中的介质大多是易燃易爆物质，设备检修时一般又离不开切割、焊接等作业，而助燃物空气中的氧又是检修人员作业场所不可缺少的，因此，对检修动火来说燃烧要素随时可能具备，所以抢修动火具有很大的危险性。

对化工企业来说动火的含义应该明确，凡是动用明火或可能产生火花的作业都属于动火范围，如熬沥青、烘焙砂、使用喷灯等明火作业；打墙眼、凿键槽等可产生火花或高温的作业与焊割一样都属动火范围，应办理动火审批手续。

设立固定动火区应符合下述条件：固定动火区距易燃易爆设备、储罐、仓库、堆场等应符合国家防火规范的防火间距要求；区内可燃气体含量在可燃气允许含量以下；在生产装置正常放空时可燃气不致扩散到动火区；室内动火区，应与防爆生产现场隔开，不准有门窗串通，允许开的门窗要向外开，道路要畅；周围 10m 以内不得存放易燃易爆物；动火区内应备有足够的灭火器具。

禁火区动火，必须填写书面申请单，经审查批准。手续不齐，没有批准的动火证，操作工可拒绝作业。领导不采取必要措施、不办理动火申请手续，强迫工人冒险作业，是违法行为，必须对由此面造成的后果负全部责任。

对化学危险品的生产设备，管道维修动火前必须进行清洗、扫线、置换。此外对附近的地面、阴沟也要用水冲洗。

在动火前必须进行动火分析，一般不要早于动火前半小时。如动火中断半小时以上，应重做分析。从理论上讲，可燃物浓度要小于爆炸下限即不致发生燃烧爆炸事故，但考虑到取样的代表性和分析误差，应留有一定裕度。化工企业的动火标准是，爆炸下限＜4%的，动火地点可燃物浓度＜0.2%为合格；爆炸下限＞4%的，则现场可燃物含量＜0.5%为合格。国外动火分析合格标准有的取爆炸下限的1/10。

关于维修作业，在禁火区动火及动火审批、动火分析等要求，必须按有关规范规定严格执行，采取预防治施，并加强监督检查，以确保安全作业。

二、摩擦与撞击

摩擦与撞击往往成为引起火灾爆炸事故的原因。如在纺织厂，由于棉花中的钉子、石头等在开棉机里摩擦，而使棉花着火；机器上轴承等摩擦发热起火；金属零件、铁钉等落入粉碎机、反应器、提升机等设备内，由于铁器和机件的撞击起火；磨床砂轮等摩擦及铁器工具相撞击或与混凝土地面撞击发生火花；导管或容器破裂，内部溶液和气体喷出时摩擦起火；在某种条件下乙炔与铜制件生成乙炔铜，一经摩擦和冲击即能起火起爆等。

因此，在有火灾爆炸危险的场所，应采取防止火花生成的措施。

① 机器上的轴承等转动部件，应保证有良好的润滑，及时加油，并经常清除附着的可燃污垢，机件摩擦部分（如搅拌机和通风机上的轴承），最好采用有色金属或用塑料制造的轴瓦。

② 锤子、扳手等工具应用镀青铜或镀铜的钢制作。

③ 为防止金属零件等落入设备或粉碎机里，在设备进料前应装磁力离析器，不宜使用磁力离析器的如特危险的硫、碳化钙等的破碎，应采用惰气保护。

④ 输送气体或液体的管道，应定期进行耐压试验，防止破裂或接口松脱喷射起火。

⑤ 凡是撞击或摩擦的两部分都应采用不同的金属制成（如铜与钢），通风机翼应采用铜铝合金等不发生火花的材料制作。

⑥ 搬运金属容器，严禁在地上抛掷或拖拉，在容器可能碰撞部位覆盖不发生火花的材料。

⑦ 防爆生产厂房，应禁止穿带铁钉的鞋，地面应铺不发火材料地坪。

⑧ 吊装盛有可燃气和液体的金属容器用吊车，应经常重点检查，以防吊绳断裂、吊钩松滑，造成坠落冲击发火。

在处理燃点较低或起爆能量较小的物质如二硫化碳、乙醚、乙醛、汽油、环氧乙烷、乙炔等时，特别要注意不要发生摩擦和冲击。

当把高压气体通过管道时，管道中的铁锈因与气流流动，与管壁摩擦变成高温粒子，成为可燃气的着火源，这种例子也是很多的。

三、绝热压缩

绝热压缩的点燃现象，在柴油机中广为应用。在柴油机中，压缩比为13～14，压缩行程终点压缩压力达到3432～3628kPa时，绝热压缩作用能使汽缸温度升高到500℃左右，这个温度已远远超过柴油燃点，故能立即点燃喷射到在汽缸内的柴油。

有人进行了非常有趣的实验，在平滑的金属板上滴一滴硝化甘油，用平滑的金属锤打击。如果在硝化甘油液滴内不含有气泡时，要使它爆炸就需要10^5～10^6gf·cm（1gf＝9.80665×10^{-3}N）的冲击能。当硝化甘油液滴中含有极小气泡时（直径5×10^{-2}mm），用4×10^2gf·cm的冲击能，也就是用40g重锤从10cm处落下的冲击能，就可使其爆炸，且概率竟达100％。

这个事实表明，在硝化甘油液滴中的小气泡，被落锤冲击受到绝热压缩，瞬间升温，可使硝酸甘油液滴的部分被加热到着火点而爆炸，估计此时的压缩比为20：1左右，气泡温度可达480℃以上。

由此可见，在爆炸性物质的处理中，如果其中含有微小气泡时，有可能受到绝热压缩，导致意想不到的爆炸事故。

对于理想气体，热力学温度增加可由热力学绝热压缩方程式来计算：

$$T_f=T_i\left(\frac{p_f}{p_i}\right)^{(\gamma-1)/\gamma} \tag{6-1}$$

式中，T_f是最终热力学温度；T_i是初始热力学温度；p_f是最终绝对压力；p_i是初始绝对压力。

$$\gamma=c_p/c_V \tag{6-2}$$

【例6-1】 将正己烷上方的空气由101.3kPa压缩到3445.6kPa，如果初始温度为37.8℃，那么最终的温度是多少？正己烷的自燃点（AIT）为487℃，空气的γ值为1.4。

解 由式(6-1)得：

$$T_f=(37.8+273.15)\times\left(\frac{3445.6}{101.3}\right)^{(0.4/1.4)\text{K}}=852.15\text{K}=579℃$$

该温度超过了正己烷的AIT，将导致爆炸。

【例 6-2】 经常发现少量的活塞式压缩机内的润滑油出现在汽缸的孔内；为防止爆炸的发生，压缩必须经常保持在低于润滑油 AIT 很多的情况下操作。

某种润滑油的 AIT 为 400℃。计算将空气的温度上升到润滑油的 AIT 所需要的压缩比。假设初始空气温度为 25℃，大气压为 1atm。

解　应用式(6-1)，求解压缩比，得：

$$\frac{p_f}{p_i}=\left(\frac{T_f}{T_i}\right)^{\gamma/(\gamma-1)}=\left(\frac{400+273}{25+273}\right)^{1.4/0.4}=17.3$$

该压缩比说明，输出压力为 17.3×101.3＝1752.5(kPa)。实际的压缩比或压力应该大大低于该值。

以上这些例子表明，当压缩机的工作物质是可燃气体时，进行细心设计、仔细监视工作情况和进行定期预防性维护是很重要的，这对于今天来说特别重要，因为在现代的化工厂，高压过程条件变得越来越普遍。

四、自氧化

自氧化是伴随有热量释放的缓慢氧化过程，如果能量没能从体系中移走，有时也会导致自燃。挥发性较低的液体尤其受该问题的影响。挥发性较高的液体由于蒸发散热，则很少受自燃的影响。

许多火灾都是由自氧化引起的，称其为自发燃烧。具有潜在的自发燃烧的自氧化的例子包括储存在温暖区域的破旧衣物上的油，蒸气管道上的某种聚合体的绝缘层，和用某些聚合体的助滤剂（案例记录表明，当助滤剂作为土壤填充物质时，存放了 10 年的助滤剂滤渣被引燃了，导致自氧化和最终的自燃）。

五、电气火花

1. 电气火花种类

根据放电原理，电火花有以下三种。

(1) 高电压的火花放电　在高压电极附近，空气绝缘层先局部破坏，产生电晕放电，当电压继续升高时，空气绝缘层全部破坏，出现火花放电。火花放电的电压受电极形状、间隙距离的影响而不同，一般在 400V 以上，静电放电通常都属于这一种。

(2) 弧光放电　是指开闭回路、断开配线、接触不良、短路、漏电、打碎灯泡等情况下在极短时间内发生的放电。

(3) 接点上的微弱火花　指在低压情况下，接点的开闭过程中也能产生肉眼看得见的微小火花。在自动控制中用的继电器接点上或在电动机整流子、滑环等器件上产生的火花都属于这一种。

一般的电气设备很难完全避免电火花的产生，因此在有爆炸危险的场所必须根据物质的危险性正确选用不同的防爆电气设备。特别要注意普通电冰箱是不防爆的，不能储存苯、乙醚等易燃溶剂。

2. 爆炸性物质的分类

根据爆炸危险场所电气设备安全技术规程的有关规定，爆炸性物质按它们的物态共分为三大类：Ⅰ类，矿井甲烷；Ⅱ类，工厂爆炸性气体、蒸气、薄雾；Ⅲ类，爆炸性粉尘、易燃纤维。

爆炸性气体按其最大试验安全间隙和最小点燃电流比进行分级，矿井甲烷为Ⅰ级；工厂爆炸性气体分成三级，即Ⅱ_A、Ⅱ_B、Ⅱ_C；这些物质按其引燃温度的不同又分为 T_1、T_2、T_3、T_4、T_5、T_6 六组，见表 6-1。

表 6-1 爆炸性气体的分类、分级、分组举例表

类和级	最大试验安全间隙 MESG /cm	最小点燃电流比 MICR	组别与引燃温度/(℃)					
			T_1	T_2	T_3	T_4	T_5	T_6
			$T>450$	$450\geqslant T>300$	$300\geqslant T>200$	$200\geqslant T>135$	$135\geqslant T>100$	$100\geqslant T>85$
Ⅰ	MESG=1.14	MICR=1.0	甲烷					
$Ⅱ_A$	$0.9<$ MESG <1.14	$0.8<$ MICR <1.0	乙烷、丙烷、丙酮、苯乙烯、氯乙烯、苯胺、甲苯、苯、氨、甲醇、一氧化碳、乙酸乙酯、乙酸、丙烯腈	丁烷、乙醇、丙烯、丁醇、乙酸丁酯、乙酸戊酯、乙酸酐	戊烷、己烷、庚烷、癸烷、辛烷、汽油、硫化氢、环己烷	乙醚、乙醛		亚硝酸乙酯
$Ⅱ_B$	$0.5<$ MESG $\leqslant 0.9$	$0.45<$ MICR $\leqslant 0.8$	二甲醚、民用煤气、环丙烷	环氧乙烷、环氧丙烷、丁二烯、乙烯	异戊二烯			
$Ⅱ_C$	MESG $\leqslant 0.5$	MICR $\leqslant 0.45$	水煤气、氢、焦炉煤气	乙炔			二硫化碳	硝酸乙酯

爆炸性粉尘（包括易燃纤维）按其物理性质分为$Ⅲ_A$、$Ⅲ_B$两级；按自燃温度分为T_{1-1}、T_{1-2}、T_{1-3}三组，见表 6-2。

表 6-2 爆炸性粉尘分级分组举例表

类和级	粉尘物质 \ 引燃温度/℃ \ 组别	T_{1-1}	T_{1-2}	T_{1-3}
		$T>270$	$270\geqslant T>200$	$200\geqslant T>140$
$Ⅲ_A$	非导电性可燃纤维	木棉纤维、纸纤维、亚硫酸盐纤维素、人造毛料短纤维	木质纤维	
	非导电性爆炸性粉尘	小麦、玉米、砂糖、苯酚树脂	可可子粉	
$Ⅲ_B$	导电性爆炸性粉尘	镁、铝、铝青铜、焦炭、炭黑	铁、铝（含油）	
	火炸药粉尘		黑火药 TNT	硝化棉、黑索金、特屈儿、泰安

3. 爆炸危险环境的分区

为了便于选择合适的电气设备和进行适当的电气安装设计，在有爆炸危险物质存在的场所，根据爆炸性物质出现的频度，持续时间和危险程度，按气体爆炸危险场所和粉尘爆炸危险场所两大类分别给予划分区域等级。

（1）气体或蒸气爆炸危险环境

① 0 级区域（简称 0 区） 在正常情况下，爆炸性气体混合物连续地、短时间频繁地出现或长时间存在的场所。

② 1 级区域（简称 1 区） 在正常情况下，爆炸性气体混合物有可能出现的场所。

③ 2 级区域（简称 2 区） 在正常情况下，爆炸性气体混合物不能出现，仅在不正常情况下偶尔短时间出现的场所。

（2）粉尘爆炸危险环境

① 10 级区域　在正常情况下，爆炸性粉尘或可燃纤维与空气的混合物，可能连续地、短时间内频繁地出现或长时间存在的场所。

② 11 级区域　在正常情况下，爆炸性粉尘或可燃纤维与空气的混合物不能出现，仅在不正常的情况下偶尔短时间出现的场所。

4. 防爆电气设备的分类

防爆电气设备，根据结构和防爆原理不同可分为以下几种类型。

(1) 隔爆型 (d)　这种电气设备具有隔爆外壳，即使内部有爆炸性混合物进入并引起爆炸，也不致引起外部爆炸性混合物的爆炸。它是根据最大不传爆间隙的原理而设计的，具有牢固的外壳，能承受 1.5 倍的实际爆炸压力而不变形，设备连续运转其上升的温度不能引燃爆炸性混合物。

(2) 增安型 (e)　也叫防爆安全型，这种电气设备在正常运行条件下，不会产生点燃爆炸性混合物的火花或达到危险的温度。

(3) 本质安全型 (i)　在正常运行或标准试验条件下所产生的火花或热效应均不能点燃爆炸性混合物的电路电气设备，也就是说这类设备产生的能量低于爆炸物质的最小点火能。

(4) 正压型 (p)　这种电气设备具有保护外壳。壳内充有保护气体（如惰性气体），其压力高于周围爆炸性混合物气体的压力，以避免外部爆炸性混合物进入壳内发生爆炸。

(5) 充油型 (o)　将可能产生火花、电弧或危险温度的部件浸在油中，起到熄弧、绝缘、散热、防腐的作用，从而不能点燃油面以上和外壳周围的爆炸性混合物。

(6) 充砂型 (q)　这种设备外壳内充填细砂颗粒材料，以便在规定使用条件下，外壳内产生的电弧、火焰传播，壳壁或颗粒材料表面的过热温度均不能点燃周围的爆炸性混合物。

(7) 防爆特殊型 (s)　上述类型以外的防爆电气设备。

(8) 无火花型 (n)　这种电气设备在正常运行的条件下不产生火花或电弧，也不产生能点燃周围爆炸性的混合物的高温表面或灼热点。

5. 防爆电气设备的防爆标志及选型

根据我国的规定，各种防爆电气设备都应标明防爆合格证号和防爆类型、类别、级别、温度组别等的铭牌作为标志。其分类、分级、分组与爆炸性物质的分类、分级、分组方法相同，等级参数及符号也相同。例如：电气设备Ⅰ类隔爆型，标志为 dⅠ；Ⅱ类隔爆型 B 级 T_3 组其标志为 dⅡBT_3；Ⅱ类本质安全型Ⅰa 级 B 级 T5 组，其标志为 iaⅡBT_5。如果采用一种以上的复合型防爆电气设备，须先标出主体防爆型式后再标出其他防爆型式，如主体为增安型，其他部件为隔爆型 B 级 T_4 组，则其标志为 edⅡBT_4。

防爆电气设备应根据爆炸危险场所的区域和爆炸物质的类别、级别、组别进行选型。当同一场所存在两种或两种以上爆炸混合物时，应按危险程度较高的级别选用，表 6-3 中列出了气体爆炸危险场所用的电气设备防爆类型。

表 6-3　气体爆炸危险场所用电气设备防爆类型选型表

爆炸危险区域	适用的防护型式	
	电气设备类型	符号
0 区	①本质安全型(ia 级)	ia
	②其他特别为 0 区设计的电气设备(特殊型)	s

续表

爆炸危险区域	适用的防护型式	
	电气设备类型	符号
1区	①适用于0区的防护类型	
	②隔爆型	d
	③增安型	e
	④本质安全型(ib级)	ib
	⑤充油型	o
	⑥正压型	p
	⑦充砂型	q
	⑧其他特别为1区设计的电气设备(特殊型)	s
2区	①适应于0区或1区的防护类型	
	②无火花型	n

第二节　静电及其控制

静电是人类很早就发现的一种现象。古代即已发现琥珀在皮毛上摩擦后能吸住纸屑或通草球，后来又进一步发现，玻璃棒在丝绸上摩擦或硬橡胶在毛织物上摩擦都有相同的性质。

工业中，常见的静电产生的情况有通过管道抽吸不导电的液体、混合不能互溶的液体、用空气输送固体和泄漏的蒸气与没有接地的导体接触，这些例子中，静电聚集形成很高的电压，随后的接地将产生巨大的高能火花。

工厂中，对于可能存在可燃性蒸气的操作，电荷积累超过0.1mJ就被认为是危险的，该电量的静电很容易产生，在地毯上行走所产生的静电积累平均为20mJ，电压超过了几千伏，而随后的静电放电往往酿成火灾爆炸事故。因此，认识静电并了解静电的产生、积聚、放电形式以及如何预防，对于火灾爆炸事故的预防非常重要。

一、静电的产生

静电的产生是一个比较复杂的过程，大家知道物质是由带正电荷的原子核与带负电荷的电子所组成，由于其带电数量相等，因此呈电中性。如由于某种原因使物质获得电子而又无法失去或失去电子又得不到补充，这样就会使该物质附上了电荷，这种附着在物体上较难移动的集团电荷称之为静电。

两种物质相互摩擦产生静电是人们所熟知的产生静电的一种方式。根据双电层概念，在两物质的表面紧密接触，当其接触间距小于25×10^{-8}cm时，在其接触的界面上会产生电子的转移，失去电子的物质带正电，得到电子的物质带负电。电子的转移是靠“逸出功”来实现的。所谓“逸出功”，就是一个自由电子从金属内转移到金属外所需做的功，也称为功函数，用ϕ来表示，单位为电子伏特（eV）。一般金属的功函数在3～5eV之间，如Mg 3.65eV，Zn 4.24eV，Cu 4.46eV，Hg 4.53eV，Ag 4.47eV，W 4.67eV，Au 4.90eV，Ni 4.97eV，Pt 5.42eV。由于功函数的不同，当两金属板由紧密接触分离时就会产生电子的转移。如A、B两种不同金属板的$\phi_A>\phi_B$，当紧密接触后分离，电子就会从B板表面转移到

A 表面，结果 A 带上负电，B 带上正电。这就是说，逸出功高者带负电（获得电子），低者带正电（失去电子）。A、B 两金属板由于逸出功不同，当紧密接触分离后就带上了静电荷。

双电层概念不仅可解释固体与固体界面的电子转移，而且也可以说明固体与液体、固体与气体、液体与另一不相溶液体等接触引起静电的问题。此外，物质受压或受热，以及物质受到其他带电体感应等，均会产生静电。

由于物质的功函数不同，引出双电层概念，进而揭示了不同物质摩擦产生静电的极性的规律。通过试验把两种物质紧密接触时失去电子带正电的物质排在前面，带负电的排在后面从而得到一个静电起电序列表，见表 6-4。表中偏（+）端的功函数低，偏（−）端的功函数高，亦即是说处于前者的物质带正电，后者带负电。

表 6-4 静电带电序列表

(+)正电性	黏胶丝	铁	沙兰树脂
石棉	皮肤	铜	聚酯树脂
玻璃	干酪素	镍	聚丙烯腈纤维
头发	醋酸酯	黄铜	碳化钙
云母	铝	银	聚乙烯
尼龙	锌	硫黄	赛璐珞
羊毛	镉	橡胶	玻璃纸
人造纤维	铬	铂	聚氯乙烯
铅	纸	维尼纶	聚四氟乙烯
棉布	硬橡胶	聚苯乙烯	硝酸纤维
丝	麻	腈纶	(−)负电性

表 6-4 中物质带电极性的规律是由实验测得的，在实际应用中，由于受杂质、表面氧化程度、吸附作用、接触压力、温度以及湿度的影响，其带电极性规律会稍有出入。

二、静电的积聚及其影响因素

(一) 静电的积聚

化工厂中，与危险的静电放电有关的电荷积聚过程有四种。

(1) 接触和摩擦带电　当两种物质接触时，若其中一种为绝缘体，在界面处发生电荷分离。如果把这两种物质分开，那么部分电荷仍然维持分离状态，导致这两种物质带有极性相反、电量相等的电荷。

(2) 双层带电　电荷分离发生在任何界面处液相的微小尺度上（固-液、气-液或液-液）。随着液体的流动，液体将电荷带走，并使相反极性的电荷留在另外一个界面上，如管壁。

(3) 感应带电　这种现象仅适用于导电的物质。例如，穿有绝缘鞋的人可能接触到头顶上方带有正电荷的容器（先前充满了正电荷的固体），人身体上的电子（头部、肩膀和手臂）向容器的正电荷移动，因此，在人身体的另一端就积累了等量的正电荷，这就使人体的下部由于感应而带有正电荷。当碰到金属物体时，就会产生电子的转移，产生火花。

(4) 输送带电　当带电的液体液滴或固体颗粒被置于绝缘的物体上时，该物体带电。转移的电荷是物体电容和液滴、颗粒和界面电导率的函数。

(二) 静电积聚的影响因素

1. 电阻率

物体产生了静电，能否积聚，关键在于物质的电阻率。电阻率有体电阻率 ρ_v 和表面电阻率 ρ_s 两种。在研究固体带静电时，用表面电阻率，即任意一个正方形对边之间的表面电阻，单位为Ω。研究液体带静电时，则用体电阻，即单位长度、单位面积的介质电流通过其内部的电阻，单位为Ω·cm。电阻率高的物体其导电性差，电子难以流失，自身也不易获得电子；电阻率低的物质，导电性能好，电子获得和流失均较容易。就防静电而言，如液态物质的电阻率在$10^6 \sim 10^8 \Omega \cdot cm$数量级以下者，即使产生静电，也较易消失，不会引起危害，此种物质称为静电导体；电阻率在$10^9 \sim 10^{10} \Omega \cdot cm$者，有可能引起静电危害，但产生的静电量不大；电阻率在$10^{11} \sim 10^{15} \Omega \cdot cm$者，极易积聚静电，危害较大，是防静电的重点；至于电阻率大于$10^{15} \Omega \cdot cm$者，不易产生静电，但若一旦产生静电，也较难消除。

汽油、煤油、苯、乙醚等电阻率在$10^{11} \sim 10^{15} \Omega \cdot cm$之间，极易积聚静电。而原油、重油的电阻率低于$10^{10} \Omega \cdot cm$，一般静电问题不严重。水是静电良导体，但如少量水混合于油品中，水滴与油品相对流动也会产生静电，这样油品静电积聚就会增加。

电阻率由于测试方法、含杂质情况不同有相当出入，表6-5列出了几种常见液体的电阻率。

2. 介电常数ε

介电常数又称电容率，它同电阻率一起决定着静电产生的结果和状态。当流体的相对介电常数超过20，不论是管道连续输送还是储运，当有接地装置时都不会产生静电积聚。

表6-5　几种常见液体的电阻率

名称	电阻率/Ω·cm	名称	电阻率/Ω·cm
乙烷	1.0×10^{8}	三氯乙烯	6.1×10^{11}
石油醚	8.4×10^{14}	乙醚	5.6×10^{11}
煤油	7.3×10^{14}	乙醇	7.4×10^{8}
庚烷	4.9×10^{13}	正丁醇	1.1×10^{8}
轻油	1.3×10^{14}	丙酮	1.7×10^{7}
二硫化碳	3.9×10^{13}	醋酸乙酯	1.7×10^{7}
二甲苯	3×10^{13}	甲醇	2.3×10^{8}
甲苯	2.7×10^{13}	醋酸甲酯	2.9×10^{5}
汽油	2.5×10^{13}	蒸馏水	1×10^{6}
苯	1.6×10^{13}	异丙醇	2.8×10^{9}

3. 静电消散的半衰期$t_{1/2}$

静电愈不容易泄漏，危险性愈大。通常取带电体上静电电量泄漏到原来一半所需要的时间叫静电消散半衰期（以下简称半衰期），液体的半衰期可用下式计算。

$$t_{1/2}=6.5\times10^{-14}\varepsilon\rho \tag{6-3}$$

式中，ε为液体的介电常数；ρ为电阻率。

对于固体带电物质，半衰期可用下式求得。

$$t_{1/2}=0.69RC \tag{6-4}$$

式中，R为固体的对地电容；R为导体的绝缘电阻。

半衰期是判断静电积聚的重要参数，在有些国家根据他们的经验，规定静电消散半衰期$t_{1/2}<0.012s$的，可以认为其静电的积聚是安全的。在此条件下即使产生静电，也不致积聚起来。某些液体的介电常数ε、电阻率与半衰期的关系，列于表6-6。

生产操作条件造成产生静电的原因除前面已提到的外，与输送液体的流速、管径、输送距离以及管材、管壁粗糙程度、流经弯头数量、通过过滤网密度和材质等都有关系。用帆布管、塑料管等绝缘性管道输送液体，比用金属管道产生的静电要多得多；油品含有杂质，包括水分和不同油品，在搅拌时也会产生静电。

表 6-6 不同液体的介电常数、电阻率与半衰期

名称	介电常数 ε	电阻率 $\rho_v/\Omega\cdot cm$	半衰期 $t_{1/2}/s$
己烷	1.9	1×10^{10}	1.2×10^{5}
二甲苯	2.4	3×10^{13}	4.6×10^{6}
甲苯	2.4	2.7×10^{13}	4.1×10^{6}
苯	2.3	1.6×10^{13}	2.4×10^{6}
庚烷	2.0	4.9×10^{13}	6.4×10^{6}
乙醇	25.7	7.4×10^{8}	1.2×10^{-3}
甲醇	33.7	2.3×10^{6}	5.0×10^{-6}
水	80.4	1×10^{6}	4.9×10^{-8}
异丙醇	25.0	2.8×10^{5}	4×10^{-3}

空气的湿度对静电积聚有很大影响，当相对湿度超过 60%时，物体表面就会形成一层极薄的水膜，使表面电阻率大为降低，成为静电的良导体，静电就不易积聚。

三、静电放电

当场强超过 3MV/m（空气的击穿电压），或当表面以如下 6 种方法达到最大电荷密度 $2.7\times10^{-5}C/m^2$ 时，带电物体就会向地面或带有相反电荷的物体放电：①火花；②传播电极；③尖端积聚（有时以尖端放电著称）；④电刷；⑤电弧；⑥电晕。

火花放电（图 6-1）是两种金属物体间的放电，因为两物体都是导电体，电子转移至带电物体的某一尖点的引出端，并在第二个物体的某一尖点处进入该物体，因此，该高能量的火花能够引燃可燃性气体或粉尘。

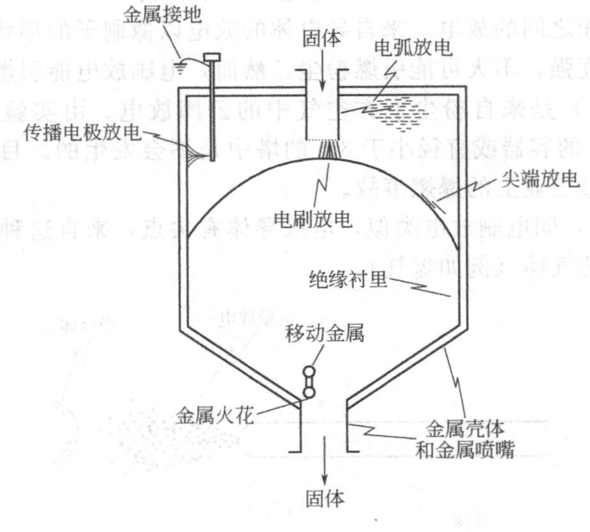

图 6-1 常见的静电放电

传播电极放电（图 6-1 和图 6-2）是接地导电体接近由导电体做衬里的带电绝缘体时的放电。这些放电都具有较高的能量，能引燃可燃性气体和粉尘。数据表明，如果绝缘体的击穿电压为 4kV 或更少时，传播电极放电是不可能发生的。

尖端放电（图 6-1）是发生在粉尘堆圆锥表面上的一种电极型放电。这种放电所需要的

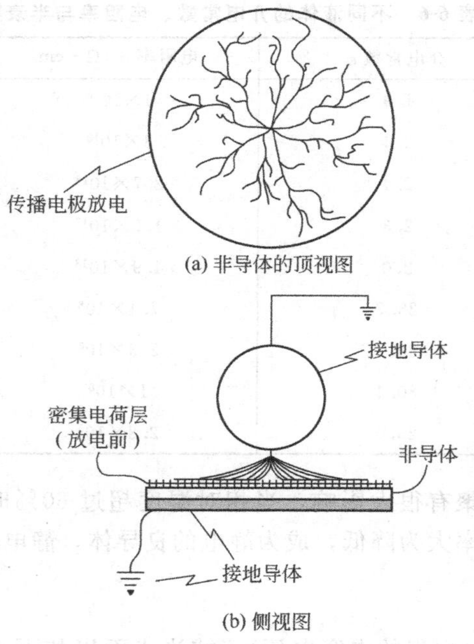

图 6-2　传播电极放电

条件是：①高电阻率的粉尘（$>10^{10}\Omega\cdot m$）；②粗糙颗粒的粉尘（直径>1mm）；③具有高电荷质量比的粉尘（例如由于风力输送而带电）；④充装速率大于 0.5kg/s。这些是相对强烈的放电，能量达到几百毫焦；因此，可以引燃可燃气体和粉尘。为引燃粉尘，粗糙的粉尘需要一小部分纤细的颗粒，以达到爆炸氛围。

电刷放电（图 6-1）是有着相对尖点的导电体（半径为 0.1～100mm）与另外一个导电体或带电的绝缘体表面之间的放电。来自导电体的放电以像刷子的形状发光。放电强度没有点对点的火花放电强度强，不大可能引燃粉尘。然而，电刷放电能引燃可燃性气体。

电弧放电（图 6-1）是来自粉尘上方空气中的云团放电。由实验得知，类似闪电的放电，在体积小于 60m^3 的容器或直径小于 3m 的塔中是不会发生的。目前还没有证据证明类似闪电的放电，导致过工业上的爆燃事故。

电晕放电（图 6-3）同电刷放电类似，电极导体有尖点，来自这种电极的放电具有足够的能量能引燃最敏感的气体（例如氢气）。

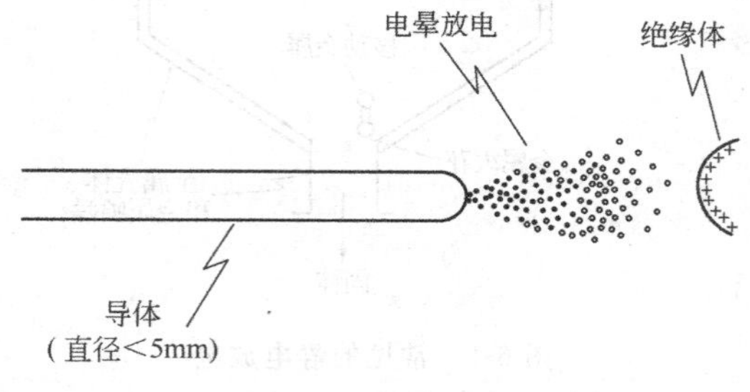

图 6-3　电晕放电

四、流动电流

流动电流 I_S 是流动的液体或固体将电子由一个表面转移至另一个表面所产生的电荷移动。当液体或固体流经管道（金属或玻璃）时，静电在流动的物质上产生。该电流同电路中的电流类似。液体流动电流与管径、管长、流体速度和流体性质之间的关系见下式。

$$I_S=1\times10^{-5}\times(ud)^2\left[1-\exp\left(-\frac{L}{u\tau}\right)\right] \tag{6-5}$$

式中，I_S 是流动电流，A；u 是速度，m/s；d 是管径，m；L 是管长，m；τ 是液体松弛时间，s。

松弛时间是电荷被泄漏驱散所需要的时间，用下式计算。

$$\tau=\frac{\varepsilon_r\varepsilon_0}{\gamma_c} \tag{6-6}$$

式中，τ 是松弛时间，s；ε_r 是相对介电常数，无量纲；ε_0 是介电常数，其值为 8.85×10^{-14} s/(Ω·cm)；γ_c 是电导率。常见物质的电导率和相对介电常数列于表 6-7 中。

表 6-7　常见物质的电导率和相对介电常数

物　质	电导率/(S/cm)	相对介电常数
液体		
苯	$7.6\times10^{-8}\sim1\times10^{-18}$	2.3
甲苯	$<1\times10^{-14}$	2.4
二甲苯	$<1\times10^{-15}$	2.4
庚烷	$<1\times10^{-18}$	2.0
正己烷	$<1\times10^{-18}$	1.9
甲醇	4.4×10^{-7}	33.7
乙醇	1.5×10^{-7}	25.7
异丙醇	3.5×10^{-6}	25.0
水	5.5×10^{-6}	80.4
其他物质和空气		
空气		1.0
纤维素	1.0×10^{-9}	3.9～7.5
耐热玻璃	1.0×10^{-14}	4.8
石蜡	$10^{-16}\sim0.2\times10^{-18}$	1.9～2.3
橡胶	0.33×10^{-13}	3.0
板岩	1.0×10^{-8}	6.0～7.5
聚四氟乙烯	0.5×10^{-13}	2.0
木材	$10^{-10}\sim10^{-13}$	3.0

当运输固体时，也有电荷的积累。固体颗粒表面的分离导致静电的积累。由于固体的几何尺寸通常很难定义，因此，固体静电的计算采取经验方法进行处理。

输送固体时，所产生的流动电流是固体处理方法（见表 6-8）和流动速率的函数。

$$I_S=Cu \tag{6-7}$$

式中，I_S 单位是 C/s 或 A；C 单位是 C/kg，在表 6-8 中给出；u 是固体流速，kg/s。

表 6-9 中列出了静电计算过程中可接受的指导性取值。

表 6-8 各种操作的电荷积累

过程	电荷/(C/kg)
筛分	$10^{-11}\sim10^{-9}$
倒出	$10^{-9}\sim10^{-7}$
研磨	$10^{-7}\sim10^{-6}$
微粉化	$10^{-7}\sim10^{-4}$
在斜面上滑行	$10^{-7}\sim10^{-5}$
固体的风力输送	$10^{-7}\sim10^{-5}$

表 6-9 可接受的静电计算值

项　目	数　值
相距 0.5in 的针尖间产生火花的电压	14000V
相距 0.01mm 的平板间产生火花的电压	350V
电晕放电前的最大电荷密度	2.65×10^{-9}C/cm^2
最小点火能/mJ	
空气中的蒸气	0.1
空气中的薄雾	1.0
空气中的粉尘	10.0
近似电容 C/pF	
人	100～400
汽车	500
油罐车(2000US gal)	1000
储罐(直径为 12ft,绝缘)	100000
2in 的法兰之间(间隙 1/8in)	20
接触 Z 电势	0.01～0.1V

注：1US gal=3.78541dm^3。

五、静电电压差

图 6-4 举例说明了带有输入管线的储罐，液体经输入管线流入储罐，流动电流在输入管

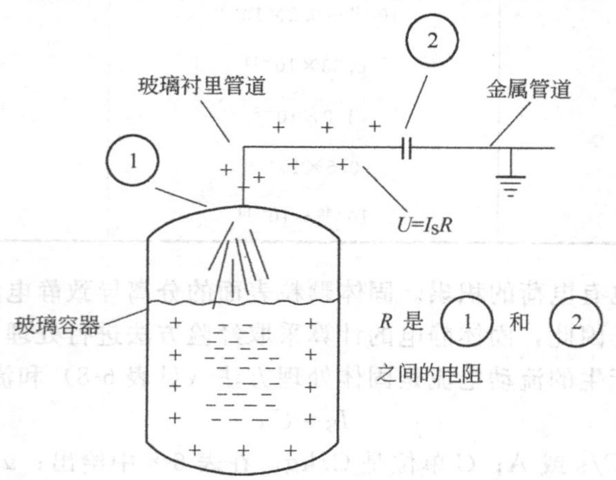

图 6-4 流体流动导致的加料管线上电荷的聚积

线至容器，以及容器自身积累电荷和电压。从金属管线接地至玻璃管末端的电压，由下式计算。

$$U=I_S R \tag{6-8}$$

电阻 R（欧姆）由液体的电导率 γ_c（Ω/cm）、导体长度 L（cm）、导体横截面积 A（cm²）计算：

$$R=\frac{L}{\gamma_c A} \tag{6-9}$$

该关系表明，随着导体横截面积的增加，电阻减小，如果导体长度增加，则电阻增加。流动电流 $dQ/dt=I_S$ 能导致电荷的积累。假设流动电流为常数，则

$$Q=I_S t \tag{6-10}$$

式中，I_S 为电流，A；t 为时间，s。式(6-10) 假设系统开始时无电荷积累，仅有一个恒定的电荷源 I_S，无电流或电荷损失项（对于更复杂的系统见本节“六、电荷平衡”）。

【例 6-3】 如图 6-5 所示，计算的装料喷嘴和接地储罐间形成的电压。另外，计算存储在喷嘴中的能量和积累在液体中的能量。分析说明在以下两个流速条件下的潜在危害。(1) 1US gal/min；(2) 150US gal/min。已知软管长度为 20ft；软管直径为 2in；液体电导率为 10^{-8} S/cm；介电常数为 25.7；密度为 0.88g/cm³。

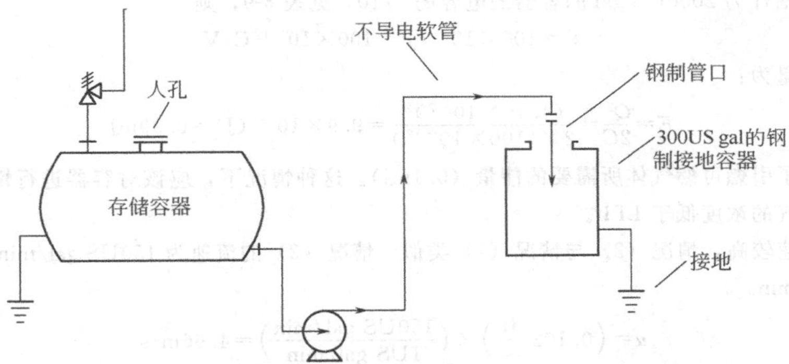

图 6-5 【例 6-3】的系统示意图

解 (1) 因为软管和喷嘴没有接地，喷嘴顶部产生的电压为 $U=IR$。对于导电液体，电阻长度相当于软管长度，电阻面积相当于导电液体的横截面积，电阻由式(6-9) 计算。

$$L=20\times12\times2.54=610(\text{cm})$$
$$A=\pi r^2=3.14\times1^2\times2.54^2=20.3(\text{cm}^2)$$

由式(6-9) 得：

$$R=\frac{1}{\gamma_c}\times\frac{L}{A}=10^8\times\frac{610}{20.3}=3.00\times10^9(\Omega)$$

流动电流是速度和管道直径的函数。管道内液体的平均速度为：

$$u=\frac{1}{3.14}\times\frac{1}{7.48}\times\frac{144}{1}\times\frac{1}{60}$$
$$=0.102(\text{ft/s})=3.1\times10^{-2}\text{m/s}$$

由式(6-6) 估算松弛时间：

$$\tau=\frac{\varepsilon_r\varepsilon_0}{\gamma_c}=\frac{25.7\times8.85\times10^{-14}}{10^{-8}}=22.7\times10^{-5}(\text{s})$$

由式(6-5) 计算流动电流：

$$I_S=10\times10^{-6}\times\left(3.1\times10^{-2}\times\frac{2}{12\times3.28}\right)^2\times\left[1-\exp\left(-\frac{20}{0.102\times2.27\times10^{-4}}\right)\right]$$
$$=2.48\times10^{-11}(\text{A})$$

步骤 1：计算喷嘴边缘间所形成的电容内积累的能量。边缘间的火花可能成为引燃源。假设喷嘴接地，沿管线 20ft 的电压差等于从软管边缘到喷嘴边缘的电压差。电压为：

$$U=IR=2.48\times10^{-11}\times3.0\times10^{9}=0.074(\mathrm{V})$$

间距为 1in 的两个边缘间的电容由表 6-9 得到，即：

$$C=20\times10^{-12}\,\mathrm{F}=20\times10^{-12}\,\mathrm{C/V}$$

则能量公式为：

$$E=\frac{CU^2}{2}=\frac{20\times10^{-12}\times0.074^2}{2}=5.49\times10^{-14}\,\mathrm{J}$$

该能量比引燃可燃气体所需要的能量（0.1mJ）低很多；因此喷嘴处不存在危险。

步骤 2：计算液体储罐形成的电容积累的能量。电刷放电能从该液体跳到金属部分，例如接地热电偶。积累的电荷由式(6-10) 计算。

$$Q=I_St$$

设时间等于容器的充装时间：

$$t=(300\mathrm{US\ gal})/(1\mathrm{US\ gal/min})\times(60\mathrm{s/min})=18000\mathrm{s}$$

代入式(6-10) 得：

$$Q=I_St=2.48\times10^{-11}\times18000=4.46\times10^{-7}(\mathrm{C})$$

液体的电容估计为 2000US gal 的容器的电容的 1/10，见表 6-9，则

$$C=100\times10^{-12}\,\mathrm{F}=100\times10^{-12}\,\mathrm{C/V}$$

则积累的能量为：

$$E=\frac{Q^2}{2C}=\frac{(4.46\times10^{-7})^2}{2\times(100\times10^{-12})}=9.9\times10^{-4}(\mathrm{J})=0.99\mathrm{mJ}$$

该能量超过了引燃可燃气体所需要的能量（0.1mJ）。这种情况下，应该对容器进行惰化处理，充入氮气来确保可燃蒸气的浓度低于 LFL。

(2) 除了流速较高，情况 (2) 与情况 (1) 类似，情况 (2) 的流速为 150US gal/min，而情况 (1) 的流速为 1US gal/min。

$$u=\left(0.102\,\frac{\mathrm{ft}}{\mathrm{s}}\right)\times\left(\frac{150\mathrm{US\ gal/min}}{1\mathrm{US\ gal/min}}\right)=4.66\mathrm{m/s}$$

电阻同情况(1) 相同，为 $3.0\times10^9\Omega$，则

$$\tau=22.7\times10^{-5}\,\mathrm{s}$$

流动电流为：

$$I_S=10\times10^{-6}\times(4.66\times6.1)^2\times\left[1-\exp\left(-\frac{20}{15.3\times2.27\times10^{-4}}\right)\right]$$
$$=8.08\times10^{-4}\,\mathrm{A}$$

步骤1：计算喷嘴边缘间所形成的电容内积累的能量：

$$U=IR=8.08\times10^{-4}\times3\times10^{9}=2.42\times10^{6}(\mathrm{V})$$

则积累的能量：

$$E=\frac{CU^2}{2}=\frac{(20\times10^{-12})(2.42\times10^{6})^2}{2}=58.6(\mathrm{J})$$

该能量比引燃可燃气体所需的能量（0.1mJ）大。

步骤 2：计算液体储罐形成的电容积累的能量：

$$t=\frac{300\mathrm{US\ gal}}{150\mathrm{US\ gal/min}}\times\frac{60\mathrm{s}}{\mathrm{min}}=120\mathrm{s}$$

$$Q=I_St=(8.08\times10^{-4})\times160=0.13(\mathrm{C})$$

$$E=\frac{Q^2}{2C}=\frac{0.13^2}{2\times(100\times10^{-12})}=8.45\times10^{7}(\mathrm{J})$$

该能量超过了 0.1mJ，这说明惰化的重要性，未惰化时积累的能量很容易就超过 0.1mJ。

六、电荷平衡

一些系统要比先前介绍的系统复杂得多。例如，拥有多个进、出口管线的容器，见图6-6。

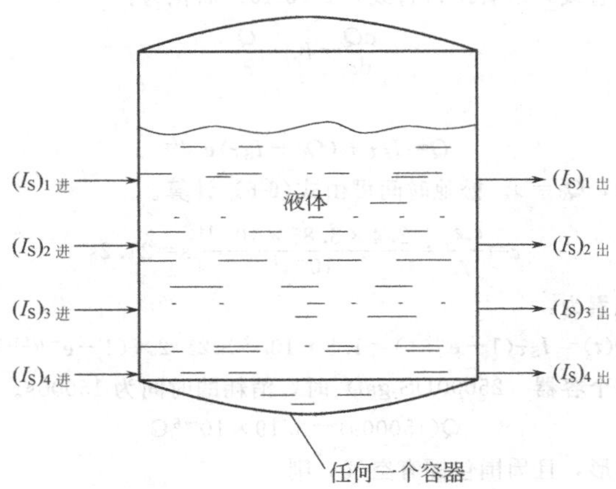

图 6-6 具有多个进、出管线的容器

对于这类系统，需要用电荷平衡来建立电荷和积累的能量的时间函数。通过考虑流入的电流、流出的液体所携带的电荷，以及由于松弛所导致的电荷损失，来建立电荷平衡。

$$\frac{\mathrm{d}Q}{\mathrm{d}t}=\sum^{n}(I_S)_{i,\mathrm{in}}-\sum^{m}(I_S)_{j,\mathrm{out}}-\frac{Q}{\tau} \tag{6-11}$$

式中，$(I_S)_{i,\mathrm{in}}$是通过一组 n 个管线中的管线 i 进入储罐的流动电流；$(I_S)_{j,\mathrm{out}}$是通过一组 m 个管线中的管线 j 离开储罐的电流；Q/τ 是由松弛导致的电荷损失；τ 是松弛时间。

$(I_S)_{j,\mathrm{out}}$是储罐内积累的电荷和来自特定的输出管口 j 的流出速率 F 的函数：

$$(I_S)_{j,\mathrm{out}}=\frac{F_j}{V_c}Q \tag{6-12}$$

式中，V_c 是容器或储罐的体积；Q 是储罐内的全部电荷。将式(6-12) 代入式(6-11) 得：

$$\frac{\mathrm{d}Q}{\mathrm{d}t}=\sum(I_S)_{i,\mathrm{in}}-\sum\frac{F_j}{V_c}Q-\frac{Q}{\tau} \tag{6-13}$$

如果流速、流动电流和松弛时间都是常数，那么式(6-13) 便成为线性的微分方程，使用标准的求解方法可进行求解。

$$Q=A+B\mathrm{e}^{-Ct} \tag{6-14}$$

式中，$A=\dfrac{\sum(I_S)_{i,\mathrm{in}}}{\dfrac{1}{\tau}+\sum\dfrac{F_n}{V_c}}$，$B=Q_0-\dfrac{\sum(I_S)_{i,\mathrm{in}}}{\dfrac{1}{\tau}+\sum\dfrac{F_n}{V_c}}$，$C=\dfrac{1}{\tau}+\sum\dfrac{F_n}{V_c}$。

Q_0 是储罐内 $t=0$ 时的初始电荷。这些方程联合式(6-5) 和式(6-14) 可用于计算以时间为函数的 Q 和 J。因此，就能对相对复杂系统的危险性进行评价。

当充装速率和流出速率是连续时，可也使用式(6-14)。这种情况下，对于每一步确定的$\sum(I_S)_{i,\mathrm{in}}$和$\sum(F_n/V_c)$，可计算该步的 Q，初始的 Q_0 就是前一计算步的计算结果。

连续操作的例子是：①将苯以特定的速率通过已知尺寸的特定管线充装入容器内；②通过另外两根不同的管线以不同的速率充装入甲醇和甲苯；③使该批物料保持一段时间；④以特定的速率通过另外一根不同的管线将该批物料排出。如果管线尺寸、充装速率和结构材料已知，则每一操作步骤的潜在危险就能估算出来。

【例 6-4】 将甲苯充装入 50000US gal 的大型容器内。当容器充满一半时，计算充装操作期间的 Q 和 J，其中 $F=100\text{US gal/min}$，$I_S=1.5\times10^{-7}\text{A}$，液体电导率$=10^{-14}\text{S/cm}$，介电常数$=2.4$。

解 因为只有一个进口管线，没有出口管线，式(6-10) 简化为：

$$\frac{dQ}{dt}=I_S-\frac{Q}{\tau}$$

因此，

$$Q=I_S\tau+(Q_0-I_S\tau)e^{-t/\tau}$$

因为容器一开始是空的，$Q_0=0$。松弛时间可由式(6-6) 计算。

$$\tau=\frac{\varepsilon_r\varepsilon_0}{\gamma_c}=\frac{2.4\times8.85\times10^{-14}}{10^{-14}}\text{s}=21.2\text{s}$$

以时间为函数的电荷积累为：

$$Q(t)=I_S\tau(1-e^{-t/\tau})=1.5\times10^{-7}\times21.2\times(1-e^{-t/21.2})$$

当容器内液体充装至半个容器（25000US gal）时，消耗的时间为 15000s。则

$$Q(15000\text{s})=3.19\times10^{-6}\text{C}$$

假设该容器的形状为球形，且周围包围有空气，则

$$V_t=\frac{4}{3}\pi r^3$$

$$r=\left(\frac{3V_t}{4\pi}\right)^{1/3}=\left(\frac{3}{4\pi}\times\frac{25000\text{US gal}}{7.48\text{US gal/ft}^3}\right)^{1/3}=9.27\text{ft}$$

使用如下方程，并假设空气的相对介电常数为 1，有

$$C=4\pi\varepsilon_r\varepsilon_0 r=4\times3.14\times1.0\times2.7\times10^{-12}\times9.27\text{F}$$
$$=3.14\times10^{-10}(\text{F})$$

则容器内（25000US gal 的甲苯）积蓄的能量为

$$J=\frac{Q^2}{2C}=\frac{(3.19\times10^{-6})^2}{2\times3.14\times10^{-10}}=1.62\times10^{-2}\text{J}=1.62(\text{mJ})$$

引燃所需的最低能量为 0.10mJ；因此，该容器的操作条件很危险。

【例 6-5】 图 6-7 显示了一个将甲苯转注到某带溢出管线的储罐中的操作。请计算：

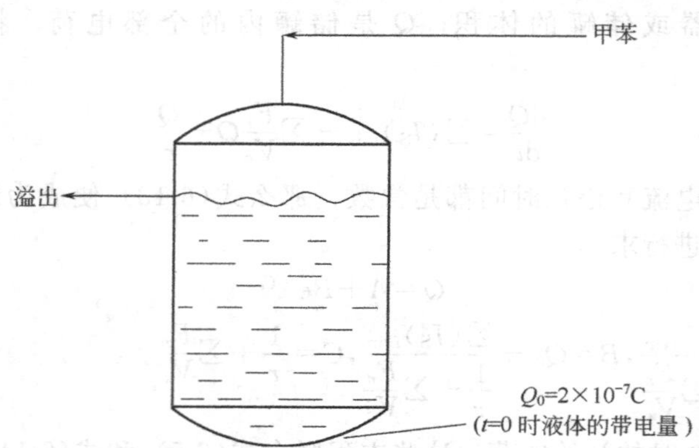

图 6-7 复杂容器系统的电荷积聚

(1) 当容器内液体刚好达到溢出线时的 Q 和 J，容器初始为空。

(2) 平衡条件（$t=\infty$）下的 Q 和 J。

(3) 如果平衡条件达到后就停止流动，将积累的电荷减少到平衡电荷的一半所需的时间。

(4) 在平衡条件下，随放电而移走的电荷。

已知：容器体积$=5\text{US gal}$，甲苯流动速率$=100\text{US gal/min}$，流动电流 $I_S=1.5\times10^{-7}\text{A}$（由于管线内的过滤器而产生高值），液体电导率$=10^{-14}\text{S/cm}$，介电常数$=2.4$，初始容器电荷$=2\times10^{-7}\text{C}$。

解　(1) 容器的滞留时间为：

$$滞留时间=\frac{5\text{US gal}}{100\text{US gal/min}}\times\frac{60\text{s}}{1\text{min}}=3.00\text{s}$$

松弛时间由式(6-6) 计算：

$$\tau=\frac{\varepsilon_r\varepsilon_0}{\gamma_c}=\frac{2.4\times8.85\times10^{-14}}{10^{-14}}\text{s}=21.2\text{s}$$

在充装操作过程中，在液面达到排放线之前，式(6-13) 和式(6-14) 可变为：

$$\frac{dQ}{dt}=I_S-\frac{Q}{\tau}$$

$$Q(t)=I_S\tau+(Q_0-I_S\tau)e^{-t/\tau}$$

$$=1.5\times10^{-7}\times21.2+(2\times10^{-7}-1.5\times10^{-7}\times21.2)e^{-t/21.2}$$

$$=3.18\times10^{-6}-2.98\times10^{-6}e^{-t/21.2}$$

式中，$Q(t)$ 的单位是 C；t 的单位是 s。

在 3s 的时候：

$$Q(t=3\text{s})=5.93\times10^{-7}\text{C}$$

该值即为到达溢出线之前所积累的电荷。

容器的电容，通过假设周围包围有作为绝缘物质的空气的球形容器来计算。因此，球半径为：

$$r=\left(\frac{3\times0.668\text{ft}^3}{4\pi}\right)^{1/3}=0.542\text{ft}$$

估算电容为：

$$C=4\pi\varepsilon_r\varepsilon_0 r=4\pi\times1.0\times2.7\times10^{-12}\times0.542\text{F}$$

$$=1.84\times10^{-11}\text{F}$$

积累在容器内的能量为如下方程：

$$J=\frac{Q^2}{2C}=\frac{(5.93\times10^{-7})^2}{2\times1.84\times10^{-11}}\text{J}=9.65\text{mJ}$$

所积累的能量 (9.55mJ) 大大超过了引燃可燃气体所需要的能量，该系统是在危险条件下操作的。

(2) 当操作时间大大超过松弛时间时，容器将逐渐稳定到平衡状态，因此，式(6-14) 的指数项为零。这种情况下，式(6-14) 变为：

$$Q(t=\infty)=\frac{I_S}{\frac{1}{\tau}+\frac{F}{V_c}}=\frac{1.5\times10^{-7}}{\frac{1}{21.2}+\frac{1}{3}}\text{C}=3.94\times10^{-7}\text{C}$$

由 (1) 知，电容 $C=1.84\times10^{-11}$F，则能量为：

$$J=\frac{Q^2}{2C}=\frac{(3.94\times10^{-7})^2}{2\times1.84\times10^{-11}}\text{J}=4.22\text{mJ}$$

虽然，随着液体的溢出会有额外的电荷损失，但该系统仍在危险的条件下操作。

(3) 当停止流动后，$(I_S)_{in}$ 和 $(I_S)_{out}$ 为零，式(6-14) 变为：

$$Q=Q_0e^{-t/\tau}$$

对于 $Q/Q_0=0.5$，有：

$$0.5=e^{-t/\tau}$$

$$t=(21.2\times\ln2)\text{s}=14.7\text{s}$$

因此，将积累的电荷减少到初始电荷的一半，仅需要约 15s 的时间。

(4) 在平衡条件下，式(6-13) 可设为零：

$$\frac{dQ}{dt}=I_S-\left(\frac{1}{\tau}+\frac{F}{V_c}\right)Q=0$$

由 (2) 知，$Q(t\to\infty)=3.94\times10^{-7}$C，则

由于松弛所损失的电荷为：$\frac{Q}{\tau}=1.86\times10^{-8}\text{C/s}$

由于溢出而损失的电荷为：$\frac{F}{V_c}Q=1.31\times10^{-7}$C/s

对于该例，因液体溢出而造成的电荷损失，比松弛所引起的电荷损失要多。

在化学工业中，静电及其放电引起的火花，仍然是引起严重的火灾爆炸的原因。本章节中所给出的例题和基本理论强调了该问题的重要性，对于基本理论的强调希望会使该问题变得容易理解一些。

七、静电的危害

1. 引起火灾爆炸

当两导电体之间的距离比导电体的直径小，以及导电体之间的电场强度近似为3MV/m时，两导电体之间就会产生火花。如果导电体之间的距离大于导电体的弯曲半径，就会产生电刷放电。

静电引起火灾爆炸的原因是静电放电火花能量达到周围可燃物的最小点火能量而引起。火花放电的能量是物体上的积聚的电量、物体的电容和物体电压的函数。静电放电能量可用下式计算。

$$E=\frac{1}{2}QU=\frac{1}{2}CU^2 \tag{6-15}$$

式中，E 为静电放电能量，J；Q 为电量，C；U 为静电压，V；C 为电容，F。化学工业中常使用的各种物质的电容，见表6-10。

表 6-10 化学工业中常使用的各种物质的电容

物　体	电容/F
小铲子、啤酒罐、工具	5×10^{-12}
桶、小的鼓形圆桶	20×10^{-12}
50～100US gal 的容器	100×10^{-12}
人	200×10^{-12}
汽车	500×10^{-12}
油罐车	1000×10^{-12}

【例 6-6】 当向槽车中装苯时产生静电，测得静电压为1000V，电容为1.0×10^{-9}F，如发生静电放电，问放电能量能否引起苯的燃烧或爆炸？

解

$$E=\frac{1}{2}CU^2=\frac{1}{2}\times1.0\times10^{-9}\times1000^2\text{J}=5\times10^{-4}\text{J}=0.5\text{mJ}$$

已知苯的最小引燃能量为0.2mJ，上述数值大大超过了苯的最小引燃能量，所以完全可以使之爆炸。

在化工生产中由于静电火花引起火灾爆炸事故必须具备下列条件。

① 要具备产生静电的条件。

② 要具备产生火花放电的电位。

③ 有能产生火花放电的条件。

④ 放电火花有足够能量。

⑤ 现场环境有易燃易爆混合物。

此5个条件缺一不可，因此要达到预防目的，只要消除其中一条即可防止火灾爆炸事故。

静电放电所产生的能量同气体、蒸气和粉尘的最小引燃能的比较在图 6-8 中进行了说明，结果表明，通常可燃气体和蒸气能够被火花、电刷、圆锥尖端和传播电极放电引燃，可燃粉尘仅能被火花、传播电极和圆锥尖端放电引燃。图 6-8 中虚线所包围的区域表示不确定区域。

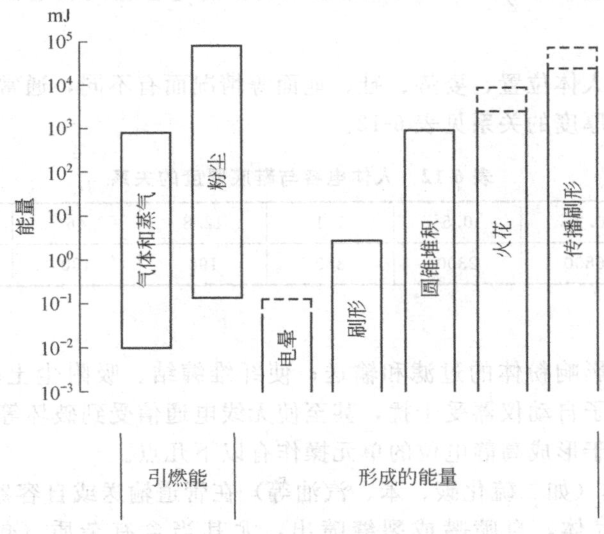

图 6-8 最小引燃能与静电放电能量的比较

2. 电击伤害

人在活动过程中由于人体、衣物等均会与相接触的物体发生摩擦或相互接触分离，因而均可能产生静电，静电电压可高达数千伏甚至上万伏。当带电人体与接地导体接近时会发生放电，或带电体与人体接近时也会发生放电。这两种电击对人体的伤害程度取决于放电能量的大小，当人体电容为 90pF 时，不同电压下静电电击时人体的反应情况见表 6-11。

表 6-11 静电电击时人体的反应（人体电容为 90pF）

电压/kV	能量/mJ	人体反应
1	0.045	没有感觉
2	0.18	手指外侧感觉，但不疼痛
2.5	0.281	放电部位有针刺感，轻微冲击感，但不疼痛
3	0.405	有轻微和中等针刺痛感
4	0.72	手指轻微疼痛，有较强的针刺痛感
5	1.125	手掌乃至手腕前部有电击疼痛感
6	1.62	手指剧痛，手腕后部有强烈电击疼痛感
7	2.205	手指、手掌剧痛，有麻木感
8	2.88	手掌乃至手腕前部有麻木感
9	3.645	手腕剧痛，手部严重麻木
10	4.5	整个手剧痛，有电流通过感
11	5.445	手指剧烈麻木，整个手有强烈电击感
12	6.48	由于强烈电击，整个手有强烈电击感

生产过程中产生的静电所引起的电击一般不致直接使人致命，但由此造成二次事故，如电击使人坠落或摔倒，或引起工作人员精神紧张，妨碍工作，甚至产生其他危害，是不能忽视的。

因为静电放电能量 $E=\frac{1}{2}CU^2$，所以带静电物体的电容愈大或电压愈高，则电击程度愈严重。

人体对地电容因人体位置、姿势、鞋、地面等情况而有不同，通常在数十到数百微法之间。人体电容与鞋底厚度的关系见表 6-12。

表 6-12　人体电容与鞋底厚度的关系

鞋底厚度/mm	0.25	0.5	1.1	12.8	46	89	155
人体电容/pF	6800	2300	850	190	130	100	75

3. 妨碍生产

静电力的存在，影响粉体的过滤和输送；使纤维缠结、吸附尘土；静电火花使胶片感光，降低质量；使电子自动仪器受干扰，甚至使无线电通信受到破坏等。

在生产过程中易于形成高静电位的单元操作有以下几点。

① 高电阻率液体（如二硫化碳、苯、汽油等）在管道输送或自容器转注时。

② 压缩或液化气体，自喷嘴或裂缝喷出，尤其当含有杂质（包括乳化液或悬浮固体）时。

③ 某些粉体在管道中输送时。

④ 高电阻物料在搅拌、过滤、压碎、研磨、过筛时。

⑤ 传动带传动、皮带输送时。

⑥ 两物料压紧、剥离，胶片涂片时等。

以上操作过程均可能产生静电的大量积聚，应采取必要的防静电措施。

八、静电的控制

防止静电的危害应从限制静电的产生和积聚这两方面着手。在化工生产中预防静电事故，主要是防止由于静电火花引起的火灾爆炸事故，防止措施如下。

（一）从工艺上控制静电产生

1. 合理设计与选材

利用静电序列表，尽可能选用相互摩擦或接触的两种物质的带电序列位置接近，以降低静电产生；或使物料与不同材料制成的设备相接触，产生不同电性的静电，以消除物料所带静电。

在有火灾爆炸危险场所，设备管道尽可能光滑平整无棱角，管径无骤变；皮带传动应用导电皮带，运转速度要慢，要防止过载打滑、脱落，防止皮带与皮带罩相互摩擦；输送高电阻率液体应自底部注入或自器壁缓缓流入容器内；尽量减少过滤器，并安装在管路的起端，否则还应采取其他相应防静电措施。

2. 松弛

当将液体通过位于容器上部的管道抽吸到容器中时，分离过程产生流动电流 I_S，该电流是电荷积累的基础。在管道刚要进入储罐处，通过增加一个放大截面的管道，可能会相当大地减少静电危害。该控制提供了通过松弛来减少电荷的积累时间。在该管道的扩张截面段的滞留时间，应该大约是由式(6-6)所计算得到的时间的2倍。

在实际情况中，发现控制时间等于或大于所计算得到的松弛时间的1.5倍，该时间对于消除电荷积累来说足够了。因此，“两倍松弛时间”准则提供的安全系数为4。

3. 控制流速

对于液体物料的输送，通过控制流速可限制静电的产生。烃类油管管径与流速应满足如下关系。

$$v^2d \leqslant 0.64 \tag{6-16}$$

式中，v为流速，m/s；d为管径，m。

不同管径的限制流速见表6-13。

表6-13　不同管径的限制流速

管径d/m	限制流速/(m/s)	v^2	v^2d	管径d/m	限制流速/(m/s)	v^2	v^2d
0.01	8	64	0.64	0.20	1.8	3.24	0.648
0.025	4.9	24	0.60	0.40	1.3	1.69	0.676
0.05	3.5	12.25	0.61	0.60	1.0	1.0	0.60
0.10	2.5	6.25	0.625				

中国石油化工总公司规定，铁路罐（槽）车浸没装油速度应满足下列关系：$v^2d \leqslant 0.8$；汽车罐（槽）车浸没装油速度应满足$v^2d \leqslant 0.5$。

4. 控制杂质和水分

在油品输送过程中，当油料带有水分时，必须将流速限制在1m/s以下，否则，将会产生危险的静电。

5. 控制温度

当不同温度油品混合时，由于温差，出现扰动也会产生静电。

(二) 泄漏导走静电

1. 空气增湿

在工艺条件允许的情况下，增加空气相对湿度可以降低静电非导体的绝缘性。一般相对湿度在80%时几乎不带静电，在70%时就能减少带静电的危险。有学者曾对A-56号汽油在相同条件下测试：相对湿度35%～46%时，静电压1100V；50%时为500～600V；72%～75%时基本上无静电。移动带电体，在需消电处增湿产生水膜，只要保持1～2s就够了。增湿方法可采用通风系统调湿、地面洒水及喷放水蒸气等。

2. 加抗静电剂

加入抗静电剂使静电非导体增加吸湿性或导电性，从而改变物质的电阻率，加速静电荷的泄漏。抗静电添加剂种类很多，如无机盐类的硝酸钾、氯化钾等与甘油等成膜物质配合作用；表面活性剂类的脂肪族磺酸盐、聚乙二醇等；无机半导体类的亚铜、银的卤化物等；有机半导体高分子聚合物类的高分子化合物和电解质高分子聚合物等。选用时要根据对象、目的、物料工艺状态，以及成本、毒性、腐蚀性、使用场所及有效期等进行全面考虑。

在橡胶或塑料生产中可加石墨、炭黑、金属粉末等材料制成防静电橡胶或塑料，化纤织物中加入0.2%季铵盐阳离子抗静电剂，就可使静电降到安全限度。

在传动带上涂一层工业甘油（50%），由于吸湿使皮带表面形成一层水膜，也可达到防静电目的，但对悬浮的粉状或雾状物质，任何静电添加剂均无效果。

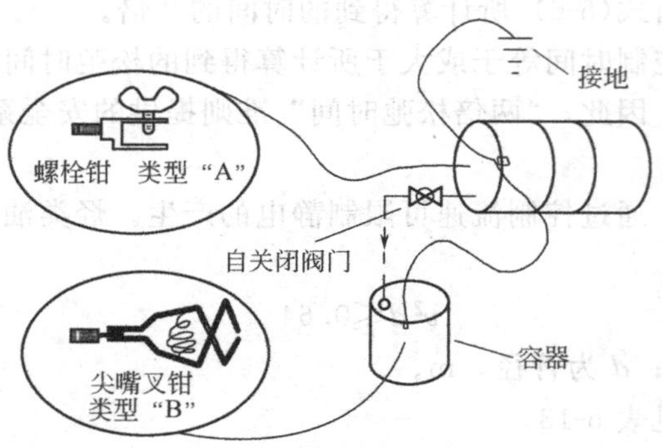

(a) 圆桶带电的连接和接地方式

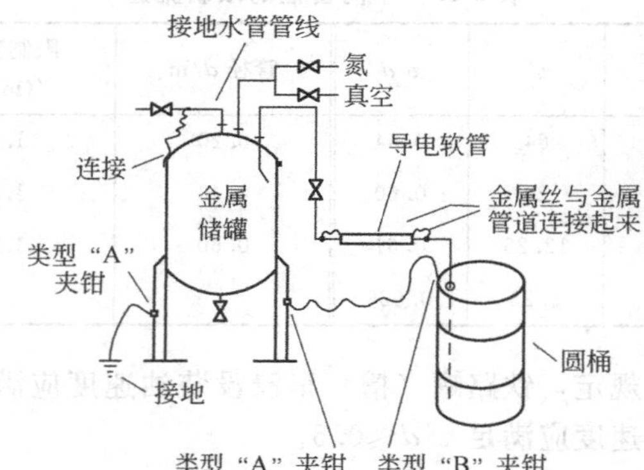

(b) 储罐连接和接地方式(一)

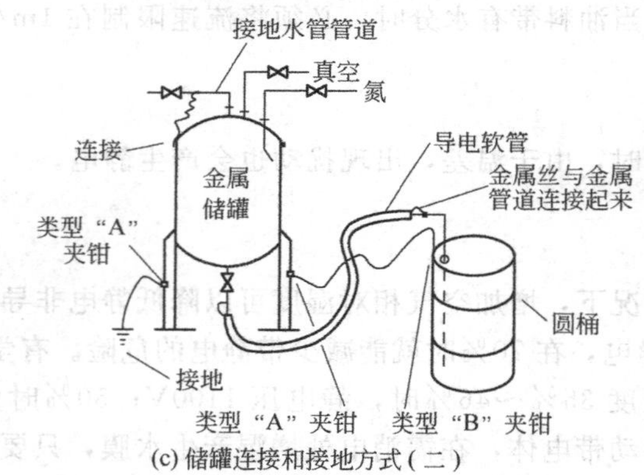

(c) 储罐连接和接地方式(二)

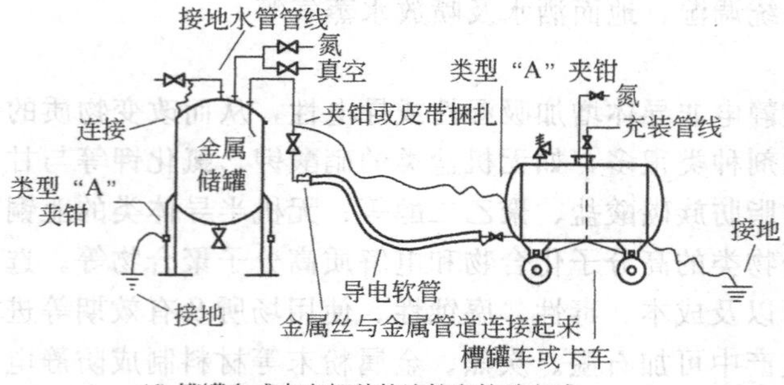

(d) 槽罐车或卡车卸载的连接和接地方式

图 6-9 储罐和容器的连接和接地方法

3. 静电接地或连接

静电接地是将带电物体的电荷通过接地导线迅速引入大地，避免出现高电位，这是消除对地电位差的一个基本措施。但它只能消除带电导体表面的自由电荷，对非导体的静电荷，效果是不大的。应静电接地的一般对象有生产或加工易燃液体和可燃气体的设备及有关储罐、气柜、输送管道、闸门、通风管及以金属丝网、过滤器等；输送可燃性粉尘的管道和生产设备如混合器、过滤器、压缩器、干燥器、吸收装置、磨筛等；注油或其他有机溶剂设备和油槽车，包括注油栈桥、铁轨机、油桶、磅秤、加油管、漏斗、容器及装卸油的船舶等。此外，在火灾爆炸危险的场所，或静电对产品质量、人身安全有影响的地方所使用的金属用具、门把手、盲插销、移动式金属车辆、家具以及编有金属丝的地毯也应接地。

为防止感应带电，凡有火灾爆炸危险场所，对平行管道间距小于 10cm 时，每隔 10m 应有跨线；金属梁柱、构架与管道、金属设备、平台也应相互连接并接地。

由于不按规定接地或接地不可靠，造成的事故是不少的。静电接地要牢固紧密可靠，注意不被油漆、锈垢等所隔断。对工艺设备、管道静电接地的跨接端及引出端的位置应选在不受外力损伤，便于检查维修和与接地干线相连接的地方。

对移动设备或槽车、罐车、油轮、手推车以及其他移动容器，在其停留处，要有专门的接地装置以供移动设备接地之用。罐车、油槽车到场之后即停机刹车，关闭电路；打开罐盖前要进行接地；注液完毕后，要停一段时间再将接地线拆除。

连接和接地将整个系统的电压减少到地面水平，或者零电压。这也消除了系统各部分之间积累的电荷，消除了潜在的静电火花。连接和接地的例子如图 6-9 和图 6-10 所示。

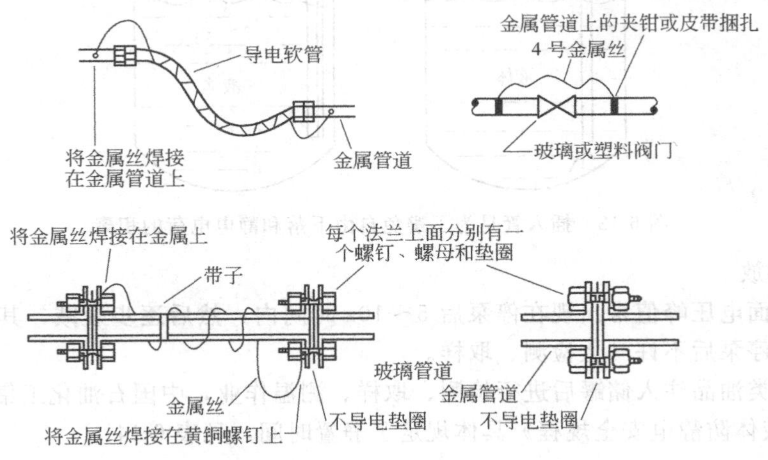

图 6-10 阀门、管道和法兰的连接方法

玻璃和塑料衬里的容器，通过衬垫或金属探针接地，如图 6-11 所示。然而，当操作具有低导电性的液体时，该技术无效，这种情况下，充装管线应延伸到容器的底部（图6-12），以帮助消除来自充装操作中分离过程产生（和聚集）的电荷。另外，充装速度应该足够低，以便使由流动电流 I_S 产生的电荷最少。

4. 浸渍管

延伸的管线，有时也叫做浸渍腿或浸渍管，减少了当液体被允许自由下落时的静电积聚。然而当使用浸渍管时，必须十分小心，要防止充装停止时，液体因虹吸而倒流出来。通常所使用的方法是将浸渍管上的孔靠近容器的顶部。另外一种方法是使用角铁代替管子，使液体沿角铁流下（图 6-12）。在对圆桶充装时，也可以使用这些方法。

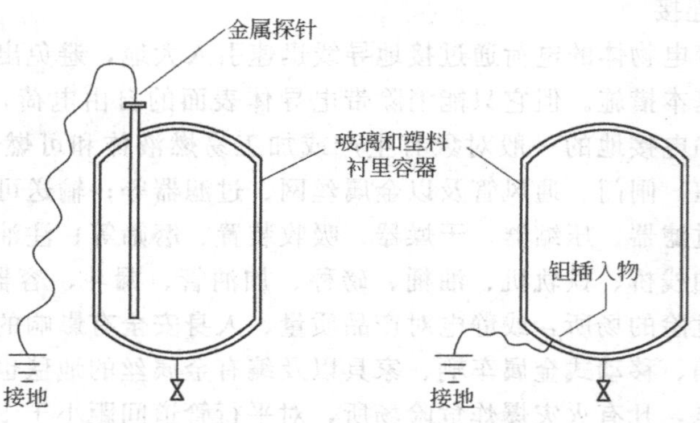

图 6-11　玻璃和塑料衬里容器接地

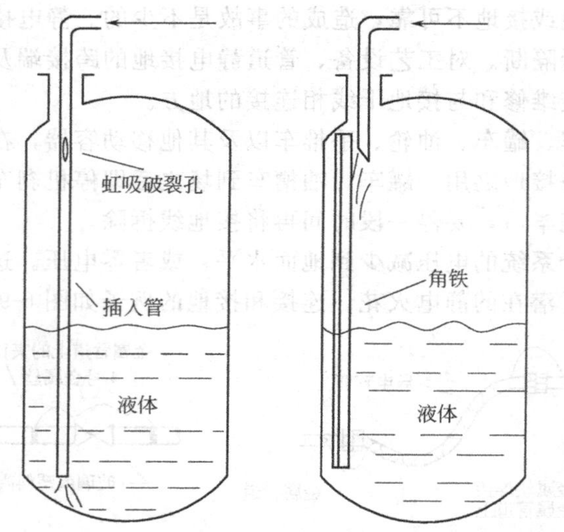

图 6-12　插入管是为了避免自由下落和静电电荷的积聚

5. 静置存放

装料时液面电压峰值常出现在停泵后 5～10s 时间内，然后逐步衰减，其过程随油品不同而异，因此停泵后不许马上检测、取样。

对甲、乙类油品注入储罐后进行检测、取样、测温作业，中国石油化工集团公司制定的《易燃、可燃液体防静电安全规程》具体规定了静置时间，见表 6-14。

表 6-14　油品注入储罐后的静置时间

电导率/(S/m)	储油设备容积/m^3			
	<10	10～50	50～500	500～1000
	静置时间/min			
$>10^{-6}$	1	1	1	2
$10^{-12}\sim10^{-6}$	2	3	10	30
$10^{-14}\sim10^{-12}$	4	5	60	120
$<10^{-14}$	10	15	120	240

(三) 采用中和电荷的方法

这类方法主要是装静电消除器（也叫静电中和器）。静电中和器就是能产生相反电荷离子的装置。由于产生了相反电荷离子，物体上的静电荷得到相反符号电荷的中和，从而消除静电的危害。

静电中和器按照工作原理和结构的不同，大体上可分为感应式中和器、高压中和器、放射线中和器和离子流中和器，可根据不同生产情况选用。

（四）人体防静电

人体防静电包括接地、穿防静电鞋、防静电服以及加强防静电安全操作等。

1．人体防静电措施

在工作时穿防静电工作鞋，电阻应小于$1\times10^{8}\Omega$；禁止穿羊毛或化纤厚袜；穿防静电工作服或手套和帽子，不穿厚毛衣，可穿棉制品服装。

在人体必须接地的场所，应有金属接地棒，当手接触时即可导走人体静电。坐着工作，可在手腕上佩带接地腕带等。

2．导电工作地面

产生静电场所的工作地面应是静电的导体，其泄漏电阻既要小到防止人体积聚静电，又要考虑不会由于误触动力电导致人体伤害。

导电性地面通常指用电阻率在$10^{6}\Omega\cdot m$以下的材料制成的地面。表 6-15 为不同地面材料的泄漏电阻。

表 6-15　不同地面材料的泄漏电阻

材料名称	泄漏电阻/Ω	材料名称	泄漏电阻/Ω
导电性水磨石	$10^{5}\sim10^{7}$	一般涂漆地面	$10^{9}\sim10^{12}$
导电性橡胶	$10^{4}\sim10^{8}$	橡胶贴面	$10^{9}\sim10^{13}$
石	$10^{4}\sim10^{9}$	木胶合板	$10^{10}\sim10^{13}$
混凝土	$10^{5}\sim10^{10}$	沥青	$10^{11}\sim10^{13}$
导电性聚氯乙烯	$10^{7}\sim10^{11}$	聚氯乙烯贴面	$10^{12}\sim10^{15}$

此外，也可用定时洒水方法使混凝土地面、嵌木地板湿润，使橡胶、塑料贴面及油漆地面形成水膜，增加导电性。每班洒水至少 1～2 次，当空气相对湿度在 30%以下时应多洒几次。

3．安全操作

在工作中尽量不做与人体静电放电有影响的事，如在工作场所不穿脱衣服鞋帽等。

在有静电危险场所操作、巡视、检查等活动时，不得携带与工作无关的金属物品，如钥匙、硬币、手表、戒指等。在工作中应佩带好规定的劳防用品和穿防护工作服，工作有条理，动作要稳重，处理问题要果断。

第三节　惰　　化

惰化是把惰性气体加入到可燃性混合气体中，使氧气浓度减少到极限氧浓度（LOC）以下的过程。惰性气体通常是氮气或二氧化碳，有时也用水蒸气。对于大多数气体，LOC 大约为 10%，对于大多数粉尘，LOC 大约为 8%。

惰化最初是用惰性气体吹扫容器，以使氧气浓度降至安全浓度以下。通常使用的控制点比 LOC 低 4%，也就是说，如果 LOC 为 10%，那么控制点就是氧气浓度为 6%。

空容器被惰化后，开始充装可燃性物质。需要使用惰化系统来维持液体表面上方气相空间的惰化环境。理想的是，这一系统应该包括惰性气体自动添加功能，以便控制氧气浓度低于LOC，该控制系统应该具有分析器，从而可以连续监测与LOC相关的氧气浓度，并且能够在氧气浓度接近LOC时，控制惰性气体添加系统添加惰性气体。然而，通常情况下，惰化系统仅仅包括用来维持气相空间中固定的绝对惰性气体压力的调节器；这样就确保了惰性气体总是从容器流出，而不是空气流入容器中。然而，分析系统却能在不牺牲安全的前提下，极大地节约惰性气体的用量。

假设所设计的惰化系统用来维持氧气浓度低于10%。随着氧气漏入容器，其浓度增加至8%，来自氧气探测器的信号打开了惰性气体输入阀，直到氧气浓度被重新调整至6%。这一闭环控制系统，具有高（8%）、低（6%）惰化设置点，可维持氧气浓度处于具有一定安全裕度的安全水平。

可使用以下几种惰化方法来将初始氧气浓度降低至低设置点：真空惰化、压力惰化、压力-真空联合惰化、使用不纯的氮气进行真空和压力惰化、吹扫惰化和虹吸惰化。

1. 真空惰化

真空惰化对容器来说是最普通的惰化过程。这一过程对于大型储罐不适用，因为，它们通常没有针对真空来进行设计，通常仅能承受几十毫米水柱的压力。

然而，反应器通常是针对完全真空设计的，也就是说，表压为－760mmHg（1mmHg=133.322Pa）或绝对压力为零，因此，对反应器来说，真空惰化是很普通的过程。真空惰化过程包括以下步骤：①对容器抽真空直到达到需要的真空为止；②用诸如氮气或二氧化碳等惰性气体来消除真空，直到大气压力；③重复步骤①和②，直到达到所需要的氧化剂浓度。

真空下氧化剂浓度（y_0）与初始浓度相同，初始高压（p_H）和低压或真空（p_L）下的物质的量可利用状态方程进行计算。

真空惰化过程可用如图6-13所示的楼梯式进程进行说明。某已知尺寸的容器从初始氧气浓度y_0被真空惰化为最终的目标氧气浓度y_j。容器初始压力为p_H，使用压力为p_L的真空装置进行真空惰化。以下计算的目的是确定为达到所期望的氧气浓度所需要的循环次数。

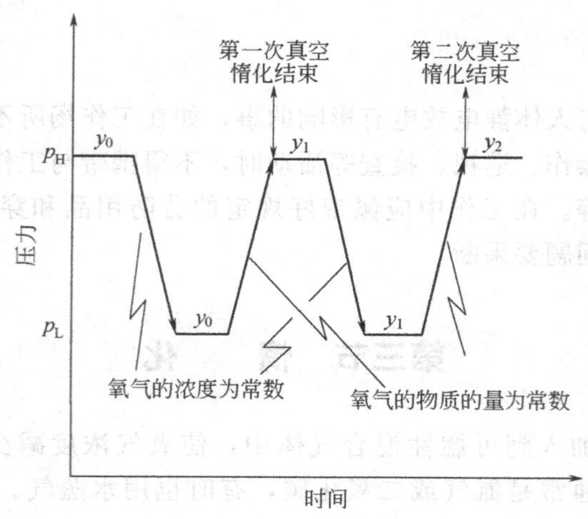

图6-13　真空惰化循环

假设遵守理想气体状态方程，每一压力下的总物质的量为：

$$n_{\mathrm{H}}=\frac{p_{\mathrm{H}}V}{R_{\mathrm{g}}T} \tag{6-17}$$

$$n_{\mathrm{L}}=\frac{p_{\mathrm{L}}V}{R_{\mathrm{g}}T} \tag{6-18}$$

式中，n_{H} 和 n_{L} 分别是在大气环境状态下和真空状态下的总物质的量。

低压 p_{L} 和高压 p_{H} 下氧的物质的量通常使用 Dalton 定律计算：

$$(n_{\mathrm{oxy}})_{1\mathrm{L}}=y_0 n_{\mathrm{L}} \tag{6-19}$$

$$(n_{\mathrm{oxy}})_{1\mathrm{H}}=y_0 n_{\mathrm{H}} \tag{6-20}$$

式中，1H 和 1L 分别是初始环境和初始真空状态。

当真空被纯氮气消除后，氧的物质的量与在真空状态下的一样，氮气的物质的量增加。新的（低的）氧浓度为：

$$y_1=\frac{(n_{\mathrm{oxy}})_{1\mathrm{L}}}{n_{\mathrm{H}}} \tag{6-21}$$

式中，y_1 是用氮气初次惰化后氧气的浓度。将式(6-19) 代入式(6-21) 得：

$$y_1=\frac{(n_{\mathrm{oxy}})_{2\mathrm{L}}}{n_{\mathrm{H}}}=y_0\frac{n_{\mathrm{L}}}{n_{\mathrm{H}}}$$

如果真空和惰化消除过程重复进行，第二次惰化后的浓度为：

$$y_2=\frac{(n_{\mathrm{oxy}})_{2\mathrm{L}}}{n_{\mathrm{H}}}=y_1\frac{n_{\mathrm{L}}}{n_{\mathrm{H}}}=y_0\left(\frac{n_{\mathrm{L}}}{n_{\mathrm{H}}}\right)^2$$

每当需要将氧浓度减少到所期望的水平时，就要重复该过程。j 次惰化循环后（即真空和消除）的浓度，由下面的普遍性方程式给出：

$$y_j=y_0=\left(\frac{n_{\mathrm{L}}}{n_{\mathrm{H}}}\right)^j=y_0\left(\frac{p_{\mathrm{L}}}{p_{\mathrm{H}}}\right)^j \tag{6-22}$$

式(6-22) 假设每一次循环的压力极限 p_{H} 和 p_{L} 都是相同的。

每一次循环所添加的氮气的总物质的量为一常数。j 次循环后，氮气的总物质的量为：

$$\Delta n_{\mathrm{N}_2}=j(p_{\mathrm{H}}-p_{\mathrm{L}})\frac{V}{R_{\mathrm{g}}T} \tag{6-23}$$

【例 6-7】 使用真空惰化技术将 1000US gal 容器内的氧气浓度降低至 1×10^{-6}。计算需要惰化的次数和所需要的氮气数量。温度为 75 ℉ $[t/℃=\frac{5}{9}(t/℉-32)]$，容器刚开始是在周围环境条件下充入空气。使用真空泵达到 20mmHg 的绝对压力，随后真空被纯氮气消除，直到压力恢复至 1atm。

解　初始和终止状态的氧气浓度为：

$$y_0=0.21$$
$$y_{\mathrm{f}}=1\times10^{-6}$$

所需要的循环次数由式(6-22) 计算：

$$y_j=y_0\left(\frac{p_{\mathrm{L}}}{p_{\mathrm{H}}}\right)^j$$

$$\ln\left(\frac{y_j}{y_0}\right)=j\ln\left(\frac{p_{\mathrm{L}}}{p_{\mathrm{H}}}\right)$$

$$j=\frac{\ln(10^{-6}/0.21)}{\ln(20/760)}=3.37$$

惰化次数 $j=3.37$，故需要 4 次循环才能将氧气浓度减少至 1×10^{-6}。

由式(6-23) 计算需使用的氮气总数。低压 p_{L} 为：

$$p_L=\frac{20}{760}\times 14.7\text{psi}^{❶}=0.387\text{psi}$$

$$\begin{aligned}\Delta n_{N_2}&=j(p_H-p_L)\frac{V}{R_g T}\\&=4\times(14.7-0.387)\text{psi}\times\frac{(1000\text{US gal})(1\text{ft}^3/7.48\text{US gal})}{(10.73\text{psi}\cdot\text{ft}^3/\text{lb}\cdot\text{mol}\cdot{}^\circ\text{F})(75+460){}^\circ\text{F}}\\&=1.33\text{lb}\cdot\text{mol}=37.2\text{lb 氮气}\end{aligned}$$

2. 压力惰化

容器通过添加带压的惰性气体而得到压力惰化。添加的气体扩散并遍及整个容器后，与大气相通，压力降至周围环境压力。将氧化剂浓度降至所期望的浓度可能需要一次以上的压力循环。

将氧气浓度降低至目标浓度的循环如图 6-14 所示。这种情况下，容器初始压力为 p_L，使用压力为 p_H 的纯氮气源加压。目标是确定将浓度降低至所期望的浓度所需要的压力惰化循环次数。

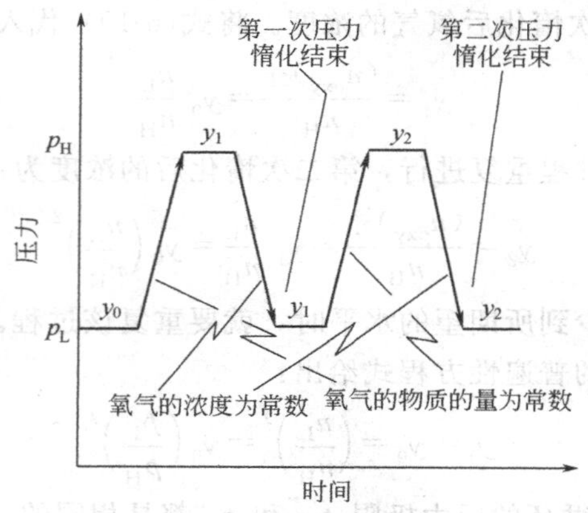

图 6-14 压力惰化循环

因为容器是使用纯氮气加压，因此，在加压过程中氧气的物质的量不变，但摩尔分数减少。在降压过程中，容器内气体组成不变，但总物质的量减少。因而，氧气的摩尔分数不变。

该惰化过程所使用的关系与式(6-22) 相同，式中，n_L 是在大气压下的总物质的量（低压）；n_H 是在加压下的总物质的量（高压）。然而，本情形下，容器内氧的初始浓度（y_0）在容器加压（首次加压状态）后计算，该加压状态下的物质的量为 n_H，大气压下的物质的量为 n_L。

压力惰化较真空惰化的优点是潜在的循环时间减少了。加压过程比相对较慢的制造真空的过程要快得多。另外，随着绝对真空的减少，真空系统的容量急剧减少，然而，压力惰化需要较多的惰性气体，因此，应根据成本和性能来选择最优的惰化过程。

【例 6-8】 使用压力惰化技术，将【例 6-7】中的相同容器中的氧气浓度减少。计算使用压力为 80psi、温度为 75 ℉的纯氮气将氧气浓度降低至 1×10^{-6} 所需要的惰化次数。另外，计算所需要的氮气总量。比较两种惰化过程所需要的氮气的数量。

解 使用式(6-22) 计算所需要的循环次数。氧气的初始摩尔分数 y_0 是第一次加压后氧气的浓度。高压下的组成使用如下方程式计算：

---

❶ 1psi=6894.76Pa。

$$y_0=0.21\times\frac{p_0}{p_H}$$

式中，p_0 是起始压力（这里是大气压）。代入已知数据得：

$$y_0=0.21\times\frac{14.7\text{psi}}{(80+14.7)\text{psi}}=0.0326$$

最终的氧气浓度（y_j）被指定为 10^{-6}。使用式(6-22) 计算所需要的循环次数：

$$y_j=y_0\left(\frac{p_L}{p_H}\right)^j$$

$$j=\frac{\ln(10^{-6}/0.0326)}{\ln[14.7\text{psi}/(80+14.7)\text{psi}]}$$

惰化循环次数 $j=5.6$。因此需要 6 次压力惰化，真空惰化则需要 4 次。由式(6-23) 计算该惰化操作所使用的氮气总量：

$$\begin{aligned}\Delta n_{N_2}&=j(p_H-p_L)\frac{V}{R_g T}\\&=6\times(94.7-14.7)\text{psi}\times\frac{133.7\text{ft}^3}{[10.73\text{psi}\cdot\text{ft}^3/(\text{lb}\cdot\text{mol}\cdot{}^\circ\text{F})]535^\circ\text{F}}\\&=11.1\ \text{lb}\cdot\text{mol}=311\ \text{lb 氮气}\end{aligned}$$

压力惰化需要 6 次惰化以及 311 lb 的氮气，使用真空惰化则需要 4 次惰化和 37.2 lb 的氮气。该结果表明，需要对性能价格比进行比较，来确定是否压力惰化所节约的时间抵消了所增加的氮气成本。

3. 压力-真空联合惰化

某些情况下，压力惰化和真空惰化可同时使用来惰化容器。计算过程依赖于容器是否被首先抽空或加压。

初始为加压惰化的惰化循环见图 6-15。这种情况下，循环的开始定义为初始加压的结束。如果初始氧气摩尔分数为 0.21，初始加压后的氧气摩尔分数由下式给出。

$$y_0=0.21\times\frac{p_0}{p_H}\tag{6-24}$$

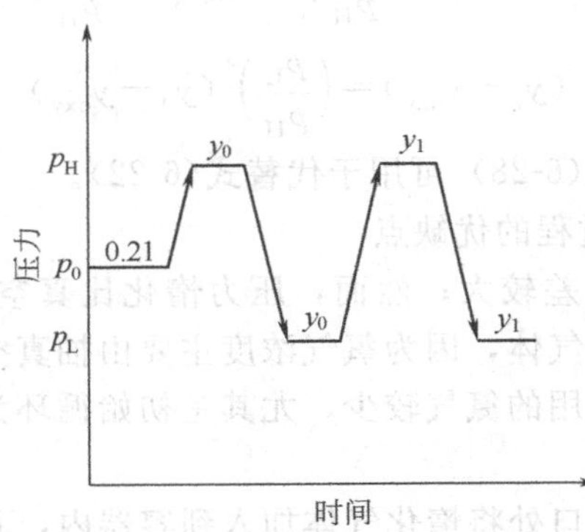

图 6-15　初始加压的真空-压力惰化

在该点处，剩余的循环与真空惰化相同，可使用式(6-22)。然而，循环的次数 j 为初始加压后的循环次数。

初始为真空惰化的惰化循环见图 6-16。这种情况下，循环的开始定义为初始抽真空的结束，该点处的氧气摩尔分数与初始摩尔分数相同。另外，剩余的循环同压力惰化操作相同。

4. 使用不纯的氮气进行真空和压力惰化

为真空和压力惰化而建立的方程，仅能应用于纯氮气的情况。如今的许多氮气分离过程

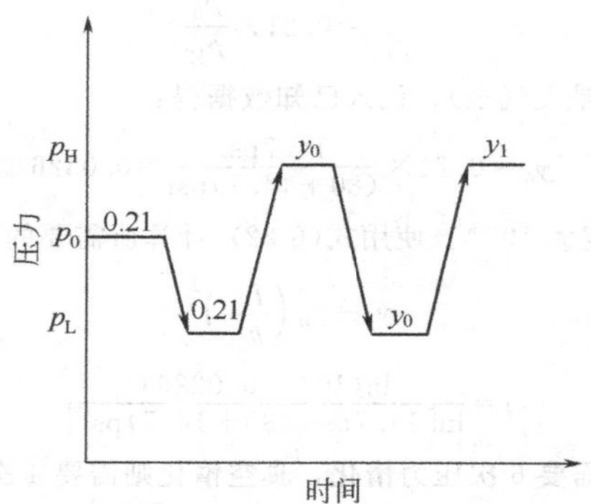

图 6-16　初始抽真空的真空-压力惰化

并不能提供纯净的氮气，它们提供的氮气典型值为98%及以上。

假设氮气中含有恒定摩尔分数为 y_{oxy} 的氧气。对于压力惰化过程，初次加压后，氧气的总物质的量为初始物质的量加上包含在氮气中的氧气的物质的量，其值为：

$$n_{oxy}=y_0\frac{p_L V}{R_g T}+y_{oxy}(p_H-p_L)\frac{V}{R_g T} \tag{6-25}$$

初次加压后，容器内的总物质的量由式(6-17) 给出，因此，该循环结束后氧气的摩尔分数为：

$$y_1=\frac{n_{xoy}}{n_{tot}}=y_0\left(\frac{p_L}{p_H}\right)+y_{oxy}\left(1-\frac{p_L}{p_H}\right) \tag{6-26}$$

对于第 j 次压力循环后的氧气浓度，该结果可普遍化为以下递归方程［式(6-27)］和普遍化方程［式(6-28)］：

$$y_j=y_{j-1}\left(\frac{p_L}{p_H}\right)+y_{oxy}\left(1-\frac{p_L}{p_H}\right) \tag{6-27}$$

$$(y_j-y_{oxy})=\left(\frac{p_L}{p_H}\right)^j(y_0-y_{oxy}) \tag{6-28}$$

对于压力和真空惰化，式(6-28) 可用于代替式(6-22)。

5. 各种压力和真空惰化过程的优缺点

压力惰化较快，因为压力差较大；然而，压力惰化比真空惰化需要使用更多的惰性气体。真空惰化使用较少的惰性气体，因为氧气浓度主要由抽真空来减少。当真空和压力联合惰化时，同压力惰化相比，使用的氮气较少，尤其是初始循环为真空循环时。

6. 吹扫惰化

吹扫惰化过程是在一个开口处将惰化气体加入到容器内，并从另外一个开口处将混合气体从容器内抽出到环境中。当容器或设备没有针对压力或真空划分等级时，通常使用该惰化过程；惰化气体在大气环境压力下被加入和抽出。

假设气体在容器内完全混合、温度和压力为常数。在这些条件下，排出气流的质量或体积流量等于进口气流。容器周围的物质平衡为：

$$V\frac{dC}{dt}=C_0Q_V-CQ_V \tag{6-29}$$

式中，V 为容器体积；C 为容器内氧化剂的浓度（质量或体积单位）；C_0 为进口氧化剂浓度（质量或体积单位）；Q_V 为体积流量；t 为时间。

进入容器的氧化剂的质量或体积流量是 C_0Q_V，流出的氧化剂流量是 CQ_V。式(6-29)

重新整理和积分得：

$$Q_V\int_0^t \mathrm{d}t = V\int_{C_1}^{C_2}\frac{\mathrm{d}C}{C_0-C} \tag{6-30}$$

将氧化剂浓度从 C_1 减少至 C_2，所需要的惰性气体的体积为 CQ_v，由式(6-30) 计算：

$$Q_Vt = V\ln\frac{C_1-C_0}{C_2-C_0} \tag{6-31}$$

对于许多系统，$C_0=0$。

【例 6-9】 某储罐内装有体积分数为 100％的空气，必须用氮气进行惰化至氧气的体积分数低于 1.25％。容器的体积为 $1000\mathrm{ft}^3$，假设氮气中含有 0.01％的氧气，请问必须添加多少氮气?

解 由式(6-31) 计算所需要的氮气体积 Q_Vt：

$$\begin{aligned}Q_Vt &= V\ln\frac{C_1-C_0}{C_2-C_0}\\ &= 1000\mathrm{ft}^3\times\ln\frac{21.0-0.01}{1.25-0.01}\\ &= 2830\mathrm{ft}^3\end{aligned}$$

这就是所添加的氮气（含有 0.01％的氧气）的量。将氧气浓度减少至 1.25％所需要的纯氮气的量为：

$$Q_Vt = 1000\mathrm{ft}^3\times\ln\frac{21.0}{1.25} = 2821\mathrm{ft}^3$$

7. 虹吸惰化

如【例 6-9】所说明的，吹扫惰化过程需要大量的氮气。当惰化大型容器时，代价会很高。使用虹吸惰化可使这种类型的惰化费用降至最低。

虹吸惰化过程一开始将容器用液体充满，所使用的液体是水或其他任何能与容器内的产品互溶的液体。惰化气体随后在液体排出容器时加入到容器的气相空间。惰化气体的体积等于容器的体积，惰化速率等于液体体积排放速率。

在使用虹吸惰化过程中，首先是将容器中充满液体，然后，使用吹扫惰化过程将氧气从剩余的顶部空间移走。使用该方法，对于额外的吹扫惰化，仅需要少许额外的费用就能将氧气浓度降低至低浓度。

第四节 可燃性图表及其应用

一、可燃性图表

描述气体或蒸气可燃性的一般方法就是如图 6-17 所示的三角图。燃料、氧气和惰性气体的浓度（以体积分数或摩尔分数表示）标绘在三条轴上。三角的顶点分别表示 100％的燃料、氧气和氮气，三条轴上的短线段代表了其刻度的变化方向。因此，点 A 代表甲烷含量为 60％、氧气含量为 20％、氮气含量为 20％的混合气体。虚线所包围的区域代表位于此范围内的混合气体都具有可燃性。由于点 A 位于燃烧区域范围之外，因此该混合气体是不可燃的。

图 6-17 中的空气线代表燃料和空气的所有可能组合。空气线与氮气轴相交于纯净空气中 79％的氮气含量（21％的氧气含量）处。空气线与燃烧区域边界的交点就是 UFL 和 LFL。

化学剂量组成线代表燃料与氧气的所有化学计量组成。燃烧反应可以写成：

$$\text{燃料} + zO_2 \longrightarrow \text{燃烧产物} \tag{6-32}$$

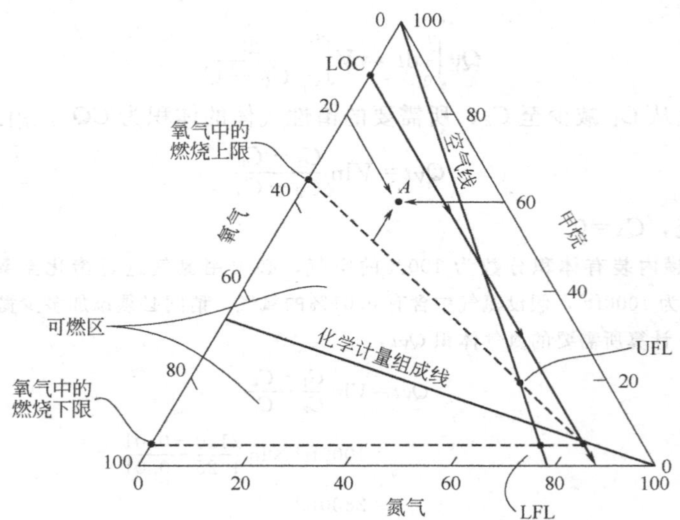

图 6-17 初始温度为 25℃，压力为 1atm 时甲烷的可燃性图表

式中，z 是氧气的化学剂量系数。化学计量组成线与氧气轴（氧气的体积分数）的交点由下式计算。

$$\frac{z}{1+z}\times 100\% \tag{6-33}$$

化学剂量组成线由该点与纯氮气的顶点连接绘制而成。

式(6-33) 是由认为在氧气轴上不存在任何氮气而得到的。因此，现有的物质的量是燃料的物质的量（1mol）加上氧气的物质的量（$z$mol)。总物质的量为 $1+z$，氧气的现有摩尔分数或体积分数由式(6-33) 给出。

图 6-17 中也显示了 LOC 线，很明显，对于任何混合气体，当其含有的氧气浓度低于 LOC 时，是不会燃烧的。

可燃性图表上的可燃区域的形状和尺寸随许多参数而变化，包括燃料的种类、温度、压力和惰性气体的种类。因此，燃烧极限和 LOC 也随这些参数而发生变化。

由可燃性图表，可得出以下结论。

① 如果两种气体混合物 R 和 S 混合在一起，那么得到的混合物的组成位于可燃性图表（图 6-18）中连接点 R 和点 S 的直线上。最终混合物在直线上位置依赖于相结合的混合物的相对物质的量：如果混合物 S 的物质的量较多，那么混合后的混合物的位置就接近于点 S。这与相图中使用的杠杆规则是相同的。

② 如果混合物 R 被混合物 S 连续稀释，那么混合后的混合物的组成将在可燃性图表中连接点 R 和点 S 的直线上移动。随着稀释的不断进行，混合物的组成越来越接近于点 S。最后，无限稀释后，混合物的组成将位于点 S。

③ 对于组成点落在穿越相对应的一种纯组分的顶点的直线上的系统来说，其他两组分将沿该直线的全部长度以固定比存在。

④ 通过读取位于化学组成计量线与经过 LFL 的水平线的交点处氧气的浓度可以估算 LOC。这与下式是相等的。

$$\mathrm{LOC}=z(\mathrm{LFL}) \tag{6-34}$$

图 6-18 显示了两种气体混合物，分别以 R 和 S 表示，混合后形成混合气体 M。每一个

气体混合物都有基于三种气体组分 A、B、C 的特定的组成。对于 R，气体的摩尔分数分别为 x_{AR}，x_{BR} 和 x_{CR}，总物质的量为 n_R。对于 S，气体的摩尔分数分别为 x_{AS}，x_{BS} 和 x_{CS}，总物质的量为 n_S，对于混合物 M，气体的摩尔分数分别为 x_{AM}，x_{BM} 和 x_{CM}，总物质的量为 n_M，这些组分显现在涉及组分 A 和 C 的图 6-19 中。

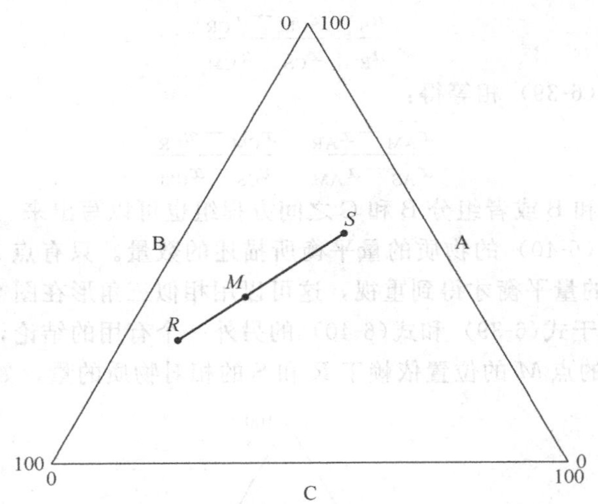

图 6-18　混合物 R 和混合物 S 组合在一起形成混合物 M

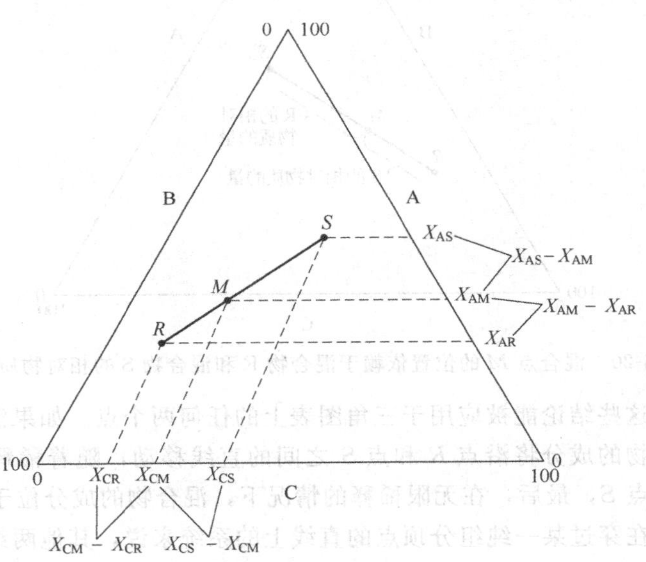

图 6-19　图 6-18 的成分信息

全部和某一组分物质平衡可被用来描述混合过程。因为在混合期间不发生反应，物质的量不变，则

$$n_M=n_R+n_S \tag{6-35}$$

组分 A 的物质的量平衡为：

$$n_M x_{AM}=n_R x_{AR}+n_S x_{AS} \tag{6-36}$$

组分 C 的质量平衡为：

$$n_M x_{CM}=n_R x_{CR}+n_S x_{CS} \tag{6-37}$$

将式(6-35)代入式(6-36)并重新整理得：

$$\frac{n_S}{n_R}=\frac{x_{AM}-x_{AR}}{x_{AS}-x_{AM}} \tag{6-38}$$

相同，将式(6-35)代入式(6-36)得：

$$\frac{n_S}{n_R}=\frac{x_{CM}-x_{CR}}{x_{CS}-x_{CM}} \tag{6-39}$$

令式(6-38)和式(6-39)相等得：

$$\frac{x_{AM}-x_{AR}}{x_{AS}-x_{AM}}=\frac{x_{CM}-x_{CR}}{x_{CS}-x_{CM}} \tag{6-40}$$

相同的，组分 A 和 B 或者组分 B 和 C 之间方程组也可以写出来。

图 6-19 显示了式(6-40)的物质的量平衡所描述的数量。只有点 M 位于点 R 和点 S 之间的直线上时，物质的量平衡才得到重视，这可以用相似三角形在图 6-19 中展示。

图 6-20 显示了基于式(6-39)和式(6-40)的另外一个有用的结论，这些方程意味着点 R 和点 S 之间的直线上的点 M 的位置依赖于 R 和 S 的相对物质的量，如图 6-20 所示。

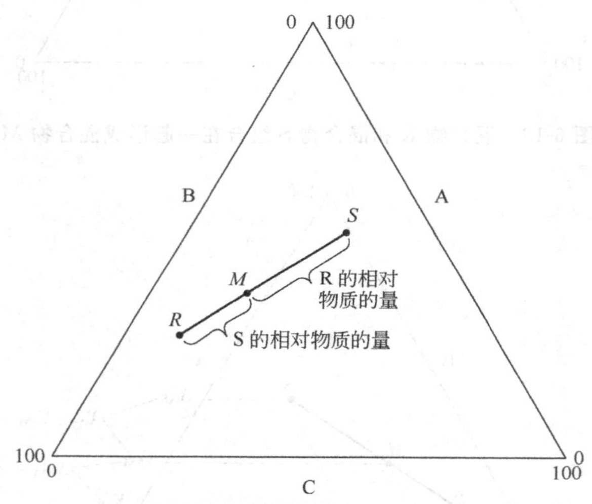

图 6-20　混合点 M 的位置依赖于混合物 R 和混合物 S 的相对物质的量

一般情况下，这些结论能被应用于三角图表上的任何两个点。如果混合物 R 被混合物 S 连续地稀释，混合物的成分将沿点 R 和点 S 之间的直线移动，随着稀释的进行，混合物的成分越来越接近于点 S，最后，在无限稀释的情况下，混合物的成分位于点 S。

对于组分点落在穿过某一纯组分顶点的直线上的系统来说，其他两组分沿整个直线长度以固定的比例呈现出来。这显示在图 6-21 中。对于这种情况，组分 A 和 B 沿直线所显示的比例是常数，大小可按下式计算。

$$\frac{x_A}{x_B}=\frac{100-x}{x} \tag{6-41}$$

该结论的一个应用显示在图 6-22 中。

这些结论对于在操作过程中追踪气体组成，以便确定该过程中是否存在可燃性混合物是很有用的。例如，对于一个装有纯甲烷的储罐，作为定期维护程序的一部分，必须对内壁进行检查。对于该项操作，必须把甲烷从储罐中转移出来，并充入空气，以便检查人员有足够的空气呼吸。该程序的第一步就是将储罐内的压力降至大气压。此时，储罐内装有 100% 的

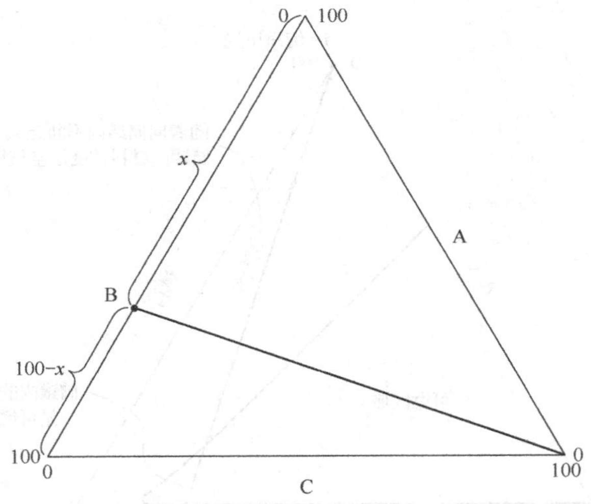

图 6-21 沿图中的直线组分 A 和组分 B 的比例为常数，大小为 $x/(100-x)$

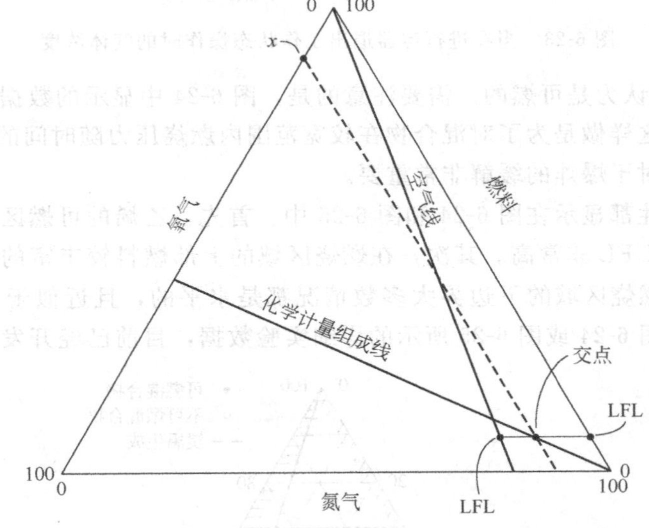

图 6-22 在 LFL 与化学计量组成线的交点处确定氧气浓度 x

甲烷，由图 6-23 中的点 A 代表。如果打开储罐使空气进入，储罐内气体的组成将沿图 6-23中的空气线移动直到容器内气体的组成最终到达点 B，即纯空气。注意，在该空气线的某些点处，气体组成经过了可燃区域，如果存在足够能量的引燃源，那么就会导致火灾或爆炸。

将储罐内重新装入甲烷的过程，则正好相反。该情形下，过程由图 6-23 中的点 B 开始。如果关闭储罐，并充入甲烷，储罐内的气体组成将沿空气线移动并在点 A 处结束。当气体组成经过燃烧区域时，混合物再一次成为可燃物。

对于这两种情况，可使用惰化的方法来避开燃烧区域，这将在后面中做详细讨论。

整个可燃性图表的确定，需要使用特定的测试仪器进行几百次的试验。对于甲烷和乙烯，其标有实验数据的图表分别见图 6-24 和图 6-25。由于最大压力超过了容器的压力等级，或者因为燃烧不稳定，或观察到有向爆轰的转变，因此，没能得到可燃区域中间区域的数据。对于这些数据，按照 ASTM E918，如果引燃后压力的增加大于初始周围环境压力的

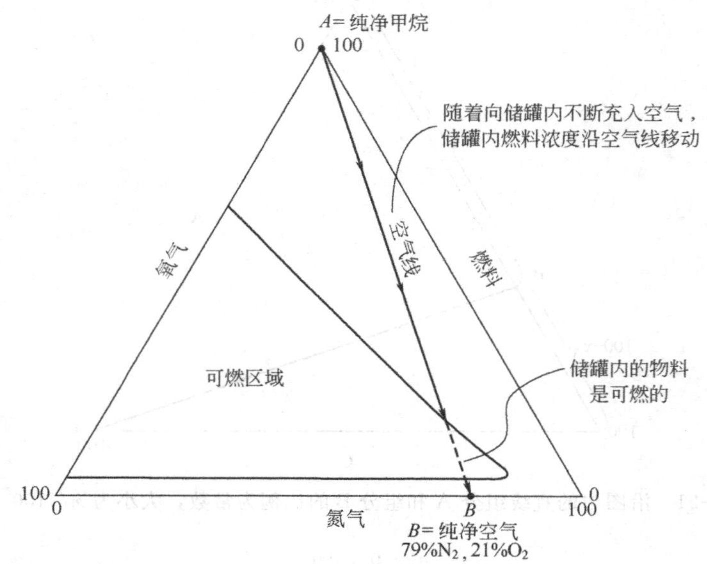

图 6-23　当在进行容器退出工作状态操作时的气体浓度

7%，则混合物就被认为是可燃的。需要注意的是，图 6-24 中显示的数据要比定义燃烧极限所需数据还要多，这样做是为了对混合物在较宽范围内燃烧压力随时间的变化行为进行更全面的理解。该信息对于爆炸的缓解非常重要。

许多重要的特性都显示在图 6-24 和图 6-25 中。首先，乙烯的可燃区域比甲烷的可燃区域大得多，乙烯的 UFL 非常高。其次，在燃烧区域的上部燃料较丰富的部分，燃烧产生大量的黑烟。最后，燃烧区域的下边界大多数情况都是水平的，且近似于 LFL。对于大多数体系，并没有像如图 6-24 或图 6-25 所示的详细实验数据，目前已经开发出几种估算可燃区域的方法。

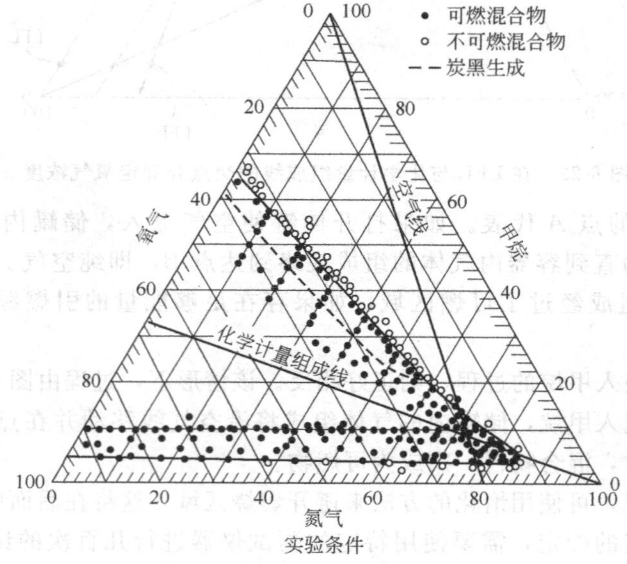

图 6-24　甲烷的实验可燃性图表

初始压力 14.69psi；点火器类型：1cm 40 AWG SnCu/500VA；初始温度：25℃；
点火能量：10J；反应器体积：20L；点火位置：中心

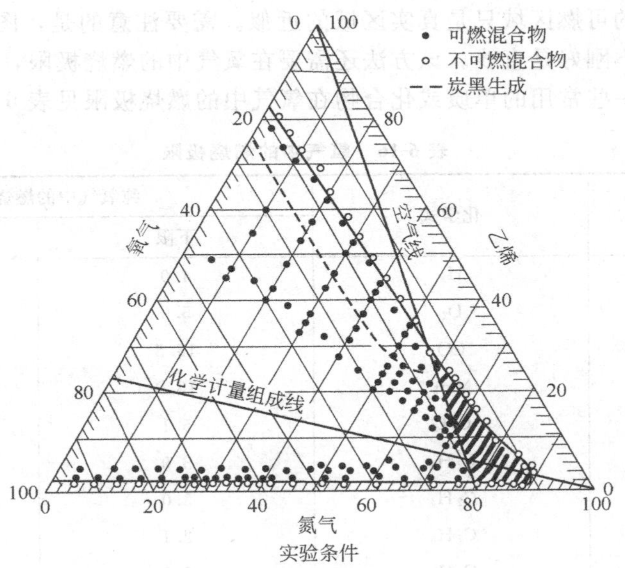

图 6-25　乙烯的实验可燃性图表

初始压力 14.69psi；点火器类型：1cm 40 AWG SnCu/500VA；初始温度：25℃；点火能量：10J；反应器体积：20L；点火位置：中心

方法 1（图 6-26）　已知空气中的燃烧极限、LOC 和在氧气中的燃烧极限，估算方法如下。

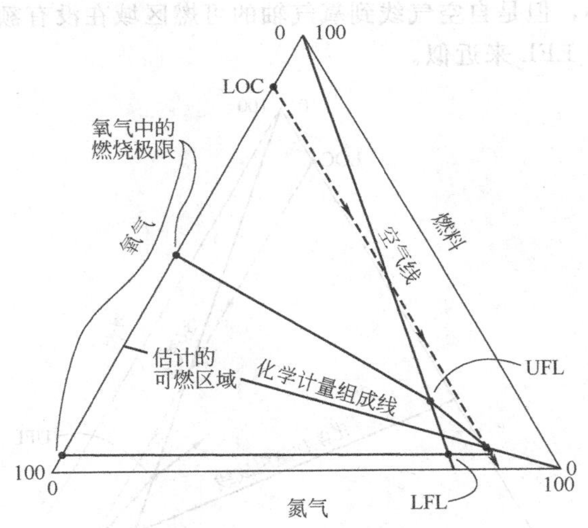

图 6-26　可燃性区域的近似方法 1

① 以点的形式将空气中的燃烧极限画在空气线上。

② 以点的形式将氧气中的燃烧极限画在氧气轴上。

③ 由式(6-33) 在氧气轴上确定化学组成剂量点，由该点开始到 100％的氮气顶点绘制化学组成剂量线。

④ 在氧气轴上定位 LOC，绘制平行于燃料轴的直线直到该直线与化学组成剂量线相交，在交点处绘制一点。

⑤ 连接所显示的所有点。

由该方法得到的可燃区域只是真实区域的近似。需要注意的是，图 6-24 和图 6-25 中确定区域极限的线并不刚好是直线。该方法还需要在氧气中的燃烧极限，该数据并不是很容易就能得到的。对于一些常用的单质或化合物在氧气中的燃烧极限见表 6-16。

表 6-16　氧气中的燃烧极限

化合物	化学式	纯氧气中的燃烧极限/%	
		下限	上限
氢气	H_2	4.0	94
氘	D_2	5.0	95
一氧化碳	CO	15.5	94
氨气	NH_3	15.0	79
甲烷	CH_4	5.1	61
乙烷	C_2H_6	3.0	66
乙烯	C_2H_4	3.0	80
丙烯	C_3H_6	2.1	53
环丙烷	C_3H_6	2.5	60
二乙醚	$C_4H_{10}O$	2.0	82
二乙烯基醚	C_4H_6O	1.8	85

方法 2（图 6-27）　已知空气中的燃烧极限和 LOC，估算方法如下：使用方法 1 中的步骤①、③和④。该情形下，仅连接可燃区域前端的点。虽然可燃区域扩充了抵达氧气轴的所有路径和扩充了其大小，但是自空气线到氧气轴的可燃区域在没有额外数据的情况下不能被细化，下边界也可以由 LFL 来近似。

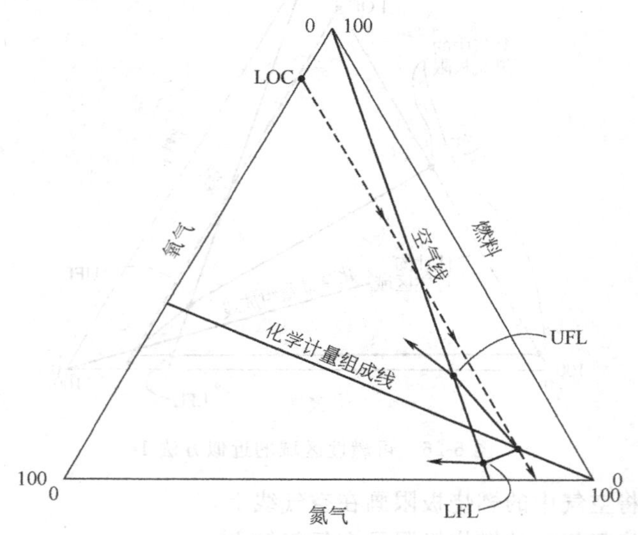

图 6-27　可燃性区域的近似方法 2（仅空气线右边的区域是测定的）

方法 3（图 6-28）　已知空气中的燃烧极限，估算方法如下：使用方法 1 中的步骤①和③，估算 LOC，这仅仅是估算，通常（并不总是）给出的 LOC 值是保守的。

二、可燃性图表的应用

前面介绍的可燃性图表，是阻止可燃性混合物存在的重要工具。如前所述，单靠消除引

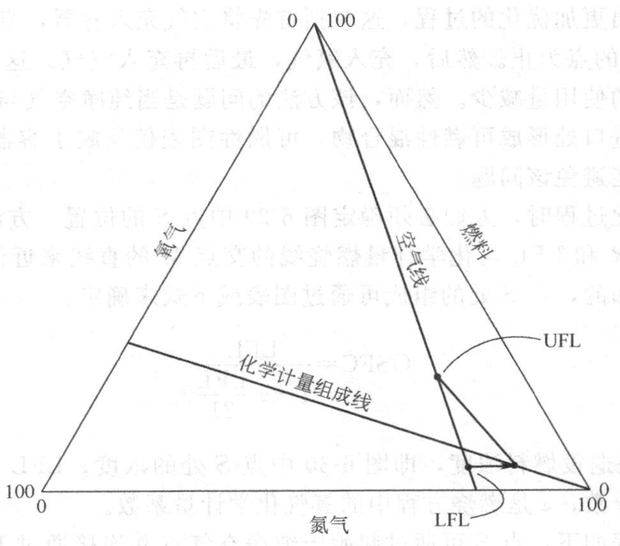

图 6-28　可燃性区域的近似方法 3（仅空气线的右边区域是测定的）

燃源来防止火灾爆炸的发生是不够的；引燃源太多，以至于其不能作为主要的防止火灾爆炸的手段。一个比较可靠的设计是把防止可燃性混合物的存在作为主要的控制手段，其次，才是消除引燃源。对于确定是否存在可燃性混合物和为惰化及惰化过程提供目标浓度来说，可燃性图表很重要，目的是避免可燃区域。某一容器退出使用的过程见图 6-29，容器初始位于点 A，装有纯净的燃料。如果使用空气来惰化该容器，组成将沿穿越可燃区域的 AR 线变化。如果氮气首先注入该容器，气体组成将沿 AS 线变化，见图 6-29。一种方法是持续注入氮气，直到容器充满纯净的氮气为止，然而，这需要大量的氮气和费用。更有效的方法是使用氮气惰化，直到点 S 为止。然后导入空气，气体组成将沿图 6-29 中的 SR 线变化。在这种情况下，就可避免穿越可燃区域，确保了容器准备过程的安全性。

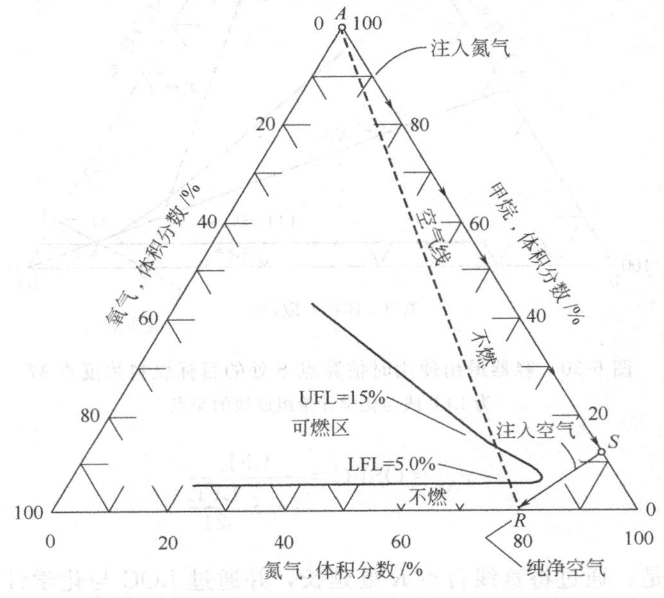

图 6-29　容器退出使用时避免可燃区域的过程

人们还可能提出更加优化的过程，这包括首先将空气充入容器，直到到达空气化学计量线上位于 UFL 上方的点为止。然后，充入氮气，最后再充入空气。这种方法避免了可燃区域的前端，使氮气的使用量减少。然而，该方法的问题是当纯净空气与容器内富含燃料的混合气混合时，会在进口处形成可燃性混合物。可燃性图表仅反映了容器内的平均气体组成，首先使用氮气，则能避免该问题。

当使用氮气惰化过程时，人们必须确定图 6-29 中点 S 的位置，方法见图 6-30。点 S 可由连接纯净空气点 R 和 LFL 与化学计量燃烧线的交点 M 的直线来近似。由于点 R 和点 M 处的气体组成是已知的，点 S 处的组成可通过图表或下式来确定。

$$\mathrm{OSFC}=\frac{\mathrm{LFL}}{1-z\dfrac{\mathrm{LFL}}{21}} \tag{6-42}$$

式中，OSFC 是退役燃料浓度，即图 6-30 中点 S 处的浓度；LFL 是处于燃烧下限时燃料在空气中的体积分数；z 是燃烧方程中的氧气化学计量系数。

公式的推导过程如下：点 S 可通过起始于纯净空气点并连接通过 LFL 与化学计量线的交点的直线来近似。式(6-40) 可用来确定点 S 处的气体组成。参考图 6-19，知道点 R 和点 M 处的气体组成，并计算点 S 处的气体组成。令 A 代表燃料，C 代表氧气。那么由图 6-29 和图 6-30，$x_{\mathrm{AR}}=0$，$x_{\mathrm{AM}}=\mathrm{LFL}$，$x_{\mathrm{AS}}$是未知的 OSFC，由式(6-34)，$x_{\mathrm{CM}}=z(\mathrm{LFL})$，$x_{\mathrm{CR}}=21\%$，$x_{\mathrm{CS}}=0$。然后，代入式(6-40) 并求解 x_{AS}得：

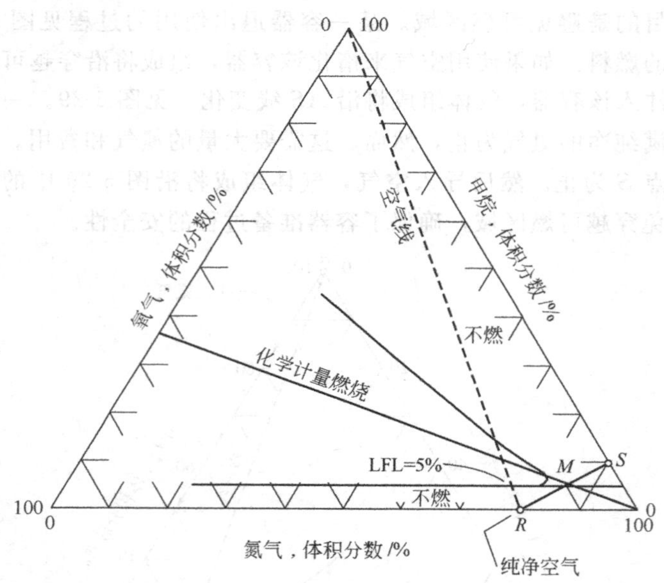

图 6-30　容器退出使用时估算点 S 处的目标燃料浓度点 M 为 LFL 线与化学计量组成线的交点

$$x_{\mathrm{AS}}=\mathrm{OSFC}=\frac{\mathrm{LFL}}{1-z\dfrac{\mathrm{LFL}}{21}}$$

另外一种方法是，通过将直线自点 R 处延长，并通过 LOC 与化学计量线交点来估算点 S 处的燃料浓度。结果为：

$$OSFC=\frac{LOC}{z\left(1-\frac{LOC}{21}\right)} \tag{6-43}$$

式中，LOC是最小氧浓度，%。

式(6-42) 和式(6-43) 是点 S 处的燃料浓度的近似。幸运的是，它们通常是比较保守的，所预测的燃料浓度比实验得到的OSFC的值小。例如，对于甲烷，其LFL为5.3%，z 为2。因此式(6-42) 预测的OSFC为10.7%的燃料。而实验得到的OSFC的值为14.5%(表6-17)。使用LOC的实验值为12%，由式(6-43) 得到的OSFC为14%，该值很接近于实验值，但仍然偏保守。对于乙烯、1,3-丁二烯和氢气，式(6-43) 所预测的OSFC值比实验得到的值要高。

表6-17　服役氧浓度 (ISOC) 和退役燃料浓度 (OSFC) 的实验值

化学物质	OSFC 体积分数/%	ISOC 体积分数/%	化学物质	OSFC 体积分数/%	ISOC 体积分数/%
甲烷	14.5	13	环丙烷	7.0	12.0
乙烷	7.0	11.7	甲醇	15.0	10.8
丙烷	6.2	12.0	乙醇	9.5	11.0
丁烷	5.8	12.5	二甲醚	7.1	11.0
正戊烷	4.2	12.0	二乙醚	3.8	11.0
正己烷	3.8	12.2	甲酸甲酯	12.5	11.0
天然气	11.0	12.8	甲酸异丁酯	6.5	12.7
乙烯	6.0	10.5	乙酸甲酯	8.5	11.7
丙烯	6.0	12.0	丙酮	7.8	12.0
2-甲基丙烯	5.5	12.5	丁酮	5.3	11.5
1-丁烯	4.8	11.7	二硫化碳	2.5	6.0
3-甲基丁烯	4.0	11.5	汽油(115/145)	3.8	12.0
1,3-丁二烯	4.9	10.8	JP-4	3.5	11.7
乙炔	4.0	7.0	氢气	5.0	5.7
苯	3.7	11.8	一氧化碳	19.5	7.0

图6-31说明了容器投入使用的过程。容器内开始充满了空气，位于点 A 处。充入氮气直至到达点 S。然后充入燃料，沿 SR 线移动，直至达到点 R。问题是确定点 S 处的氧气(或氮气) 浓度。服役氧气浓度代表了图6-31中点 S 处刚好避免可燃区域的最大氧浓度，含有少许安全裕度。

如果没有详细的可燃性图表，那么必须估算ISOC，一种方法是使用LFL与化学计量燃烧线的交点。从三角形的上部顶点 (R) 开始画线，并通过该交点，一直与氮气轴相交，见图6-32。点 S 处的组成可由图表确定，或由下式计算。

$$ISOC=\frac{zLFL}{1-\frac{LFL}{100}} \tag{6-44}$$

式中，ISOC是服役氧气浓度 (体积分数)，%；z 是氧气的化学计量系数；LFL是燃料的燃烧下限 (体积分数)，%。

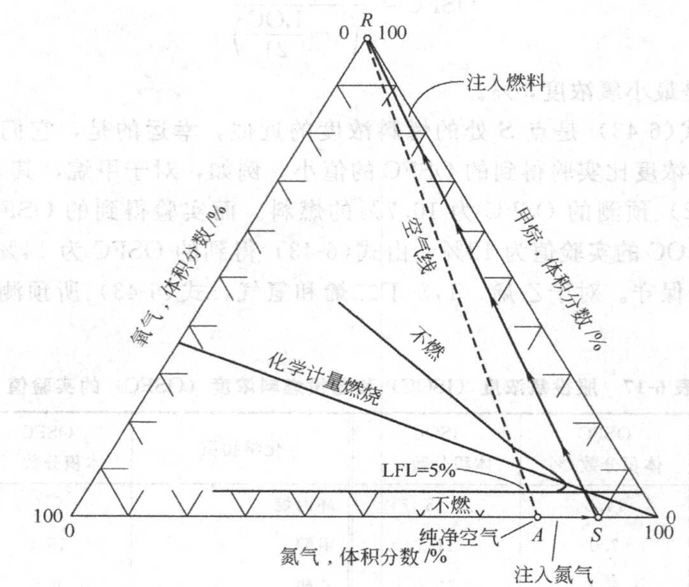

图 6-31　容器投入使用时避免燃烧区域的过程

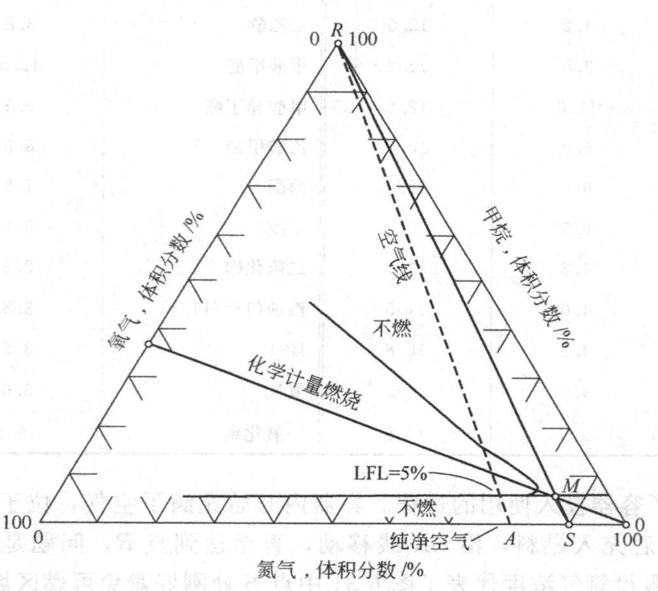

图 6-32　容器投入使用时估算点 S 处的氮气目标浓度

点 M 为 LFL 线和化学计量组成线的交点

式(6-44) 的推导如下：自三角形的顶点开始画线，穿过该交点到达氮气轴线，如图6-32所示。令 A 代表燃料，C 代表氧气。然后，由图 6-32，$x_{AM}=\text{LFL}$，$x_{AR}=100$，$x_{AS}=0$，由式(6-40)，$x_{CM}=z(\text{LFL})$，$x_{CR}=0$，x_{CS} 是未知的 ISOC，代入式(6-40)，并求解 ISOC 得：

$$\text{ISOC}=\frac{z(\text{LFL})}{1-\dfrac{\text{LFL}}{100}}$$

点 S 处的氮气浓度等于 100－ISOC。

使用类似的方法，使用最小氧浓度与化学剂量燃烧线的交点，也能得到估算 ISOC 的计算式，解析解为：

$$ISOC=\frac{z(LOC)}{z-\frac{LOC}{100}} \tag{6-45}$$

式中，LOC 是最小氧浓度。

使用式(6-44) 和式(6-45) 的预测值与表 6-17 中的实验值的比较显示，除了甲酸甲酯外，对于所有物质，式(6-44) 的预测值都比实验值低；除了丁烷、3-甲基-1-丁烷、甲酸异丁酯和丙酮外，对于所有物质，式(6-45) 的预测值都比实验值低。计算值并没有列在表 6-17中，推荐使用与过程条件尽可能接近的直接可靠的实验数据。

在容器投入使用或退出使用时，也有其他一些方法来估算目标气体的浓度。例如，NFPA（美国防火协会标准）69（防爆系统标准）建议，如果连续监测储罐内的氧气浓度，则目标氧气浓度低于测量的 LOC 值不超过 2%。如果 LOC 低于 5%，目标氧气浓度不能超过 LOC 的 60%。如果氧气浓度不是被连续监测，那么设备不能在超过 60%LOC 的条件下进行操作；如果 LOC 低于 5%，则设备不能在超过 40%LOC 的条件下进行操作。

第五节 通 风

正确的通风是防止火灾、爆炸的另外一种方法。通风的目的是稀释空气中爆炸性蒸气的浓度，以防止爆炸和限制危险性的可燃混合物燃烧。

一、露天工厂

建议采用露天工厂，因为露天工厂的平均风速高，能安全地稀释工厂内可能存在的挥发性化学物质。虽然工厂制订了安全预防措施来减少泄漏，但是，还是有来自泵密封处和其他潜在泄漏点的事故性泄漏的发生。

二、非露天工厂

通常情况下，工艺过程不能位于户外，这就需要使用通风系统来达到稀释空气中爆炸性气体或蒸气的浓度。通风系统由风扇和输送管道组成，可分为正压通风和负压通风。最好的通风系统是负压系统，风扇位于系统排气末端，将空气抽出去。这确保了来自工作场所的空气从抽吸口进入到系统中来，而不是将受污染的空气经排放口从管道系统进入到工作场所。正压通风系统与负压通风系统的区别如图 6-33 所示。

有两种类型的通风技术，即局部通风和稀释通风。局部通风是控制可燃性气体泄漏的最有效的方法。然而，也可以使用稀释通风，因为潜在的泄漏点很多，仅使用局部通风来覆盖所有的潜在泄漏点，这在设备和经济上是不可能的。

（一）局部通风

局部通风最普遍的例子就是通风橱。通风橱是一种完全将污染源封起来，或者使空气以某种方式运动起来，以至于将污染物运送到排放设备的系统。标准的实用实验室通风橱见图 6-34。新鲜空气经由通风橱的窗口区吸收进来，通过管道由顶部排出。通风橱内的气流高度依赖于窗口的位置，保持窗口最低限度地打开几厘米很重要，这样能确保有足够的新鲜空

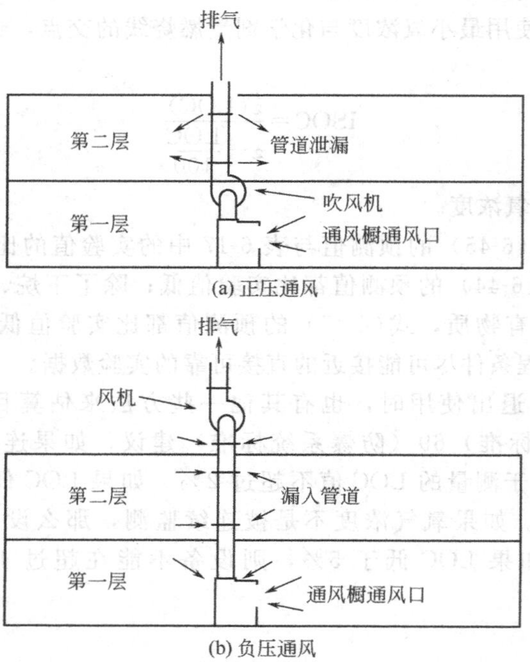

排气

第二层　管道泄漏

吹风机

第一层　通风橱通风口

(a) 正压通风

排气

风机

第二层　漏入管道

第一层　通风橱通风口

(b) 负压通风

图 6-33　正压通风系统和负压通风系统间的区别

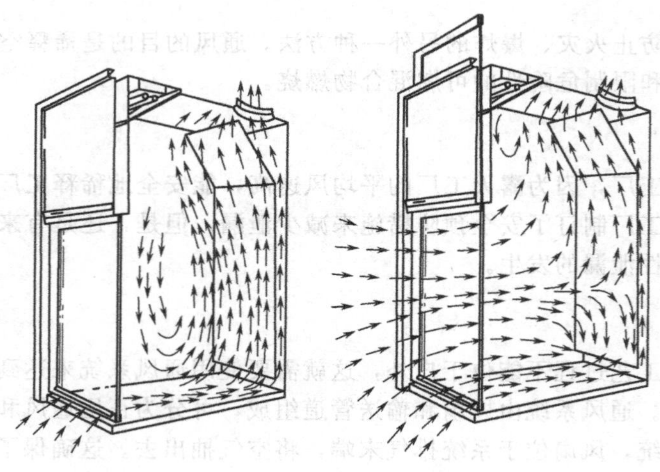

图 6-34　标准的实用实验室通风橱

气。同样，窗口不应该全部打开，因为污染物有可能会漏出。通风橱后面的隔板，确保污染物自工作表面和后面的较低拐角处移走。

另外一种实验室通风橱是旁路通风橱，如图 6-35 所示。对于这种设计，旁路空气通过通风橱顶部的格栅供给。这确保了利用新鲜空气清除通风橱内的污染物。当通风橱窗口打开时就能减少旁路空气的供应。

(二) 稀释通风

如果污染物不能被置于通风橱中，并且必须在开放区域或空间内使用，那么稀释通风是有必要的。稀释通风通常比局部通风需要更多的空气流量，运行费用很大。

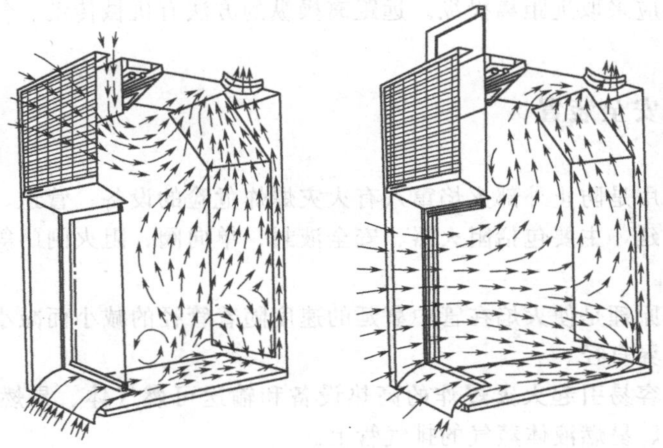

图 6-35　标准的旁路实验室通风橱

第六节　火灾和爆炸蔓延的控制

安全生产首先应当强调防患于未然，把预防放在第一位。一旦发生事故，就要考虑如何将事故控制在最小的范围，使损失最小化。因此火灾及爆炸蔓延的控制在开始设计时就应重点考虑。对工艺装置的布局设计、建筑结构及防火区域的划分，不仅要有利于工艺要求、运行管理，还要符合事故控制要求，以便把事故控制在局部范围内。

例如，出于投资上的考虑，布局紧凑为好，但这样对防止火灾和爆炸蔓延不力，有可能使事故后果扩大，所以两者要统筹兼顾，一定要留有必要的防火间距。

为了限制火灾蔓延及减少爆炸损失，厂址选择及防爆厂房的布局和结构应按照相关要求建设，如根据所在地区主导风的风向，把火源置于易燃物质可能释放点的上风侧；为人员、物料和车辆流动提供充分的通道；厂址应靠近水量充足、水质优良的水源等。化工企业应根据我国《建筑设计防火规范》(GB 50016—2006)，建设相应等级的厂房；采用防火墙、防火门、防火堤对易燃易爆的危险场所进行防火分离，并确保防火间距。

一、隔离和远距离操纵

化工生产中，因某些设备与装置危险性较大，应采取分区隔离和远距离操纵等措施。

1. 分区隔离

在总体设计时，应慎重考虑危险车间的布置位置。按照国家的有关规定，危险车间与其他车间或装置应保持一定的间距，充分估计相邻车间建（构）筑物可能引起的相互影响。对个别危险性大的设备，可采用隔离操作和防护屏的方法使操作人员与生产设备隔离。例如，合成氨生产中合成车间压缩岗位的布置。

在同一车间的各个工段，应视其生产性质和危险程度而予以隔离，各种原料、成品、半成品的储藏，亦应按其性质、储量不同而进行隔离。

2. 远距离操纵

在化工生产中，大多数的连续生产过程，主要是根据反应进行情况和程度来调节各种阀门，而某些阀门操作人员难以接近，开闭又较费力，或要求迅速启闭，上述情况都应进行远距离操纵。操纵人员只需在操纵室进行操作，记录有关数据。对于热辐射高的设备及危险性大的反应装置，也应采取远距离操纵。远距离操纵的方法有机械传动、气压传动、液压传动和电动操纵。

二、防火与防爆安全装置

(一) 阻火装置

阻火装置的作用是防止外部火焰窜入有火灾爆炸危险的设备、管道、容器，或阻止火焰在设备或管道间蔓延，主要包括阻火器、安全液封、单向阀、阻火闸门等。

1. 阻火器

阻火器的工作原理是使火焰在管中蔓延的速度随着管径的减小而减小，最后可以达到一个火焰不蔓延的临界直径。

阻火器常用在容易引起火灾爆炸的高热设备和输送可燃气体、易燃液体蒸气的管道之间，以及可燃气体、易燃液体蒸气的排气管上。

阻火器有金属网、砾石和波纹金属片等形式。

(1) 金属网阻火器　其结构如图 6-36 所示，是用若干具有一定孔径的金属网把中间分隔成许多小孔隙。对一般有机溶剂采用四层金属网即可阻止火焰蔓延，通常采用 6～12 层。

(2) 砾石阻火器　其结构如图 6-37 所示，是用砂粒、卵石、玻璃球等作为填料，这些阻火介质使阻火器内的空间被分隔成许多非直线形小孔隙，当可燃气体发生燃烧时，这些非直线形微孔能有效地阻止火焰的蔓延，其阻火效果比金属网阻火器更好。阻火介质的直径一般为 3～4mm。

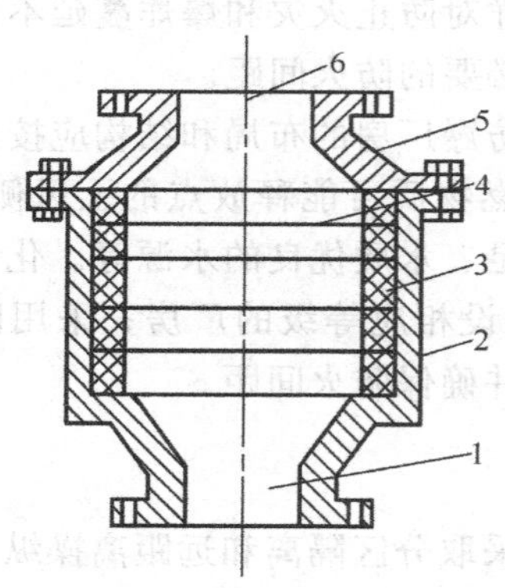

图 6-36　金属网阻火器

1—进口；2—壳体；3—垫圈；
4—金属网；5—上盖；6—出口

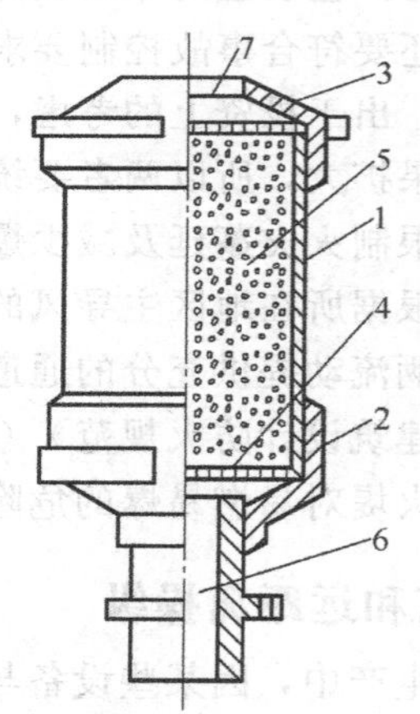

图 6-37　砾石阻火器

1—壳体；2—下盖；3—上盖；4—网格；
5—砂粒；6—进口；7—出口

(3) 波纹金属片阻火器　其结构如图 6-38 所示，壳体由铝合金铸造而成，阻火层由 0.1～0.2mm 厚的不锈钢带压制而成波纹形。两波纹带之间加一层同厚度的平带缠绕成圆形阻火层，阻火层上形成许多三角形孔隙，孔隙尺寸在 0.45～1.5mm，其尺寸大小由火焰传播速度的大小决定，三角形孔隙有利于阻止火焰通过，阻火层厚度一般大于 50mm。

2. 安全液封

安全液封的阻火原理是液体封在进出口之间，一旦液封的一侧着火，火焰都将在液封处被熄灭，从而阻止火焰蔓延。安全液封一般安装在气体管道与生产设备或气柜之间，一般用水作为阻火介质。

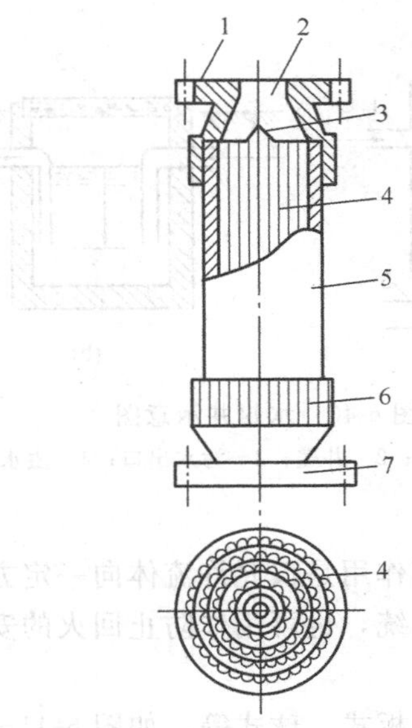

图 6-38　波纹金属片阻火器

1—上盖；2—出口；3—轴芯；4—波纹金属片；5—外壳；6—下盖；7—进口

安全液封的结构形式常用的敞开式和封闭式两种，如图 6-39 所示。

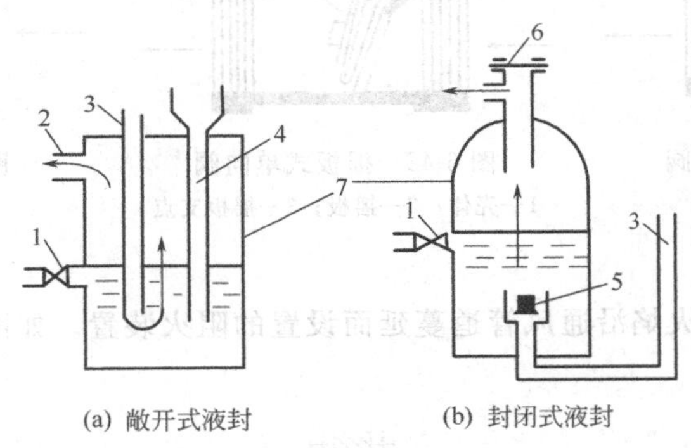

(a) 敞开式液封　　(b) 封闭式液封

图 6-39　安全液封示意图

1—验水栓；2—气体出口；3—进气管；4—安全管；5—单向阀；6—爆破片；7—外壳

水封井是安全液封的一种，设置在有可燃气体、易燃液体蒸气或油污的污水管网上，以防止燃烧或爆炸沿管网蔓延，水封井的结构如图 6-40 所示。

安全液封的使用安全要求如下。

① 使用安全水封时，应随时注意水位不得低于水位阀门所标定的位置。但水位也不能过高，否则除了可燃气体通过困难外，水还可能随可燃气体一起进入出气管，每次发生火焰倒燃后应随时检查水位并补足。安全液封应保持垂直位置。

② 冬季使用安全水封时，在工作完毕后应把水全部排出、洗净，以免冻结。如发现冻结现象，只能用热水或蒸汽加热解冻，严禁用明火烘烤。为了防冻，可在水中加少量食盐以降低水的冰点。

③ 使用封闭式安全水封时，由于可燃气体中可能带有黏性杂质，使用一段时间后容易黏附在阀和阀座等处，所以需要经常检查逆止阀的气密性。

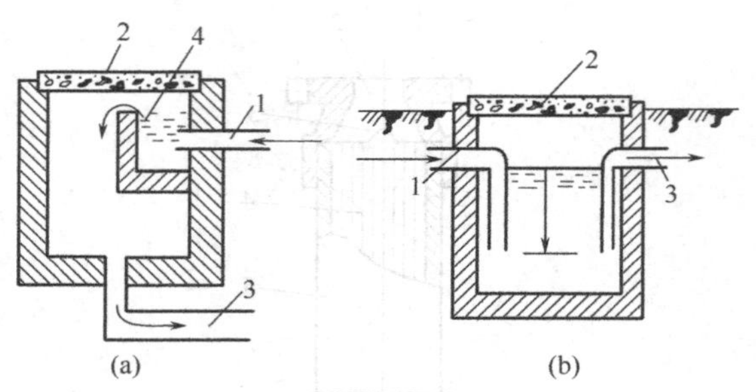

图 6-40 水封井示意图

1—污水进口；2—井盖；3—污水出口；4—溢水槽

3. 单向阀

单向阀又称止逆阀、止回阀，其作用是仅允许流体向一定方向流动，遇有回流即自动关闭。常用于防止高压物料窜入低压系统，也可用作防止回火的安全装置。如液化石油气瓶上的调压阀就是单向阀的一种。

生产中用的单向阀有升降式、摇板式、球式等，如图 6-41～图 6-43 所示。

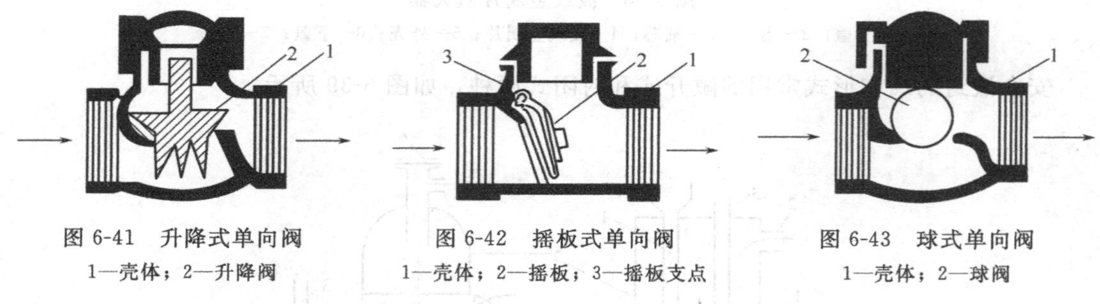

图 6-41 升降式单向阀

1—壳体；2—升降阀

图 6-42 摇板式单向阀

1—壳体；2—摇板；3—摇板支点

图 6-43 球式单向阀

1—壳体；2—球阀

4. 阻火闸门

阻火闸门是为防止火焰沿通风管道蔓延而设置的阻火装置。如图 6-44 所示为跌落式自动阻火闸门。

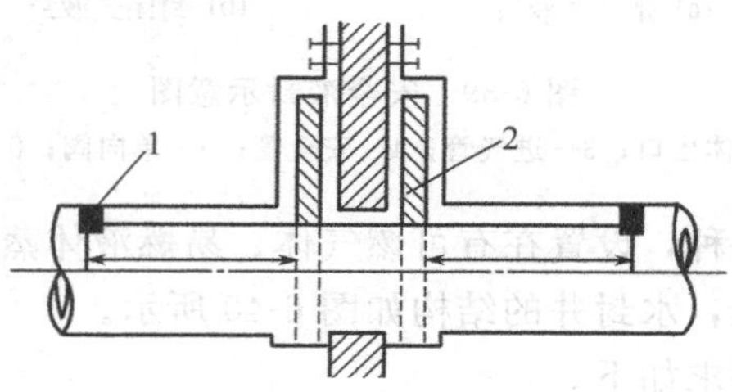

图 6-44 跌落式自动阻火阀门

1—易熔合金元件；2—阻火闸门

正常情况下，阻火闸门受易熔合金元件控制处于开启状态，一旦着火，温度高，会使易熔金属熔化，此时闸门失去控制，受重力作用自动关闭。也有的阻火闸门是手动的，在遇火警时由人迅速关闭。

(二) 防爆泄压装置

尽管化工厂中有很多安全预防措施，但是设备的失效或操作者的失误都能引起过程压力增加，并超过安全的水平。如果压力上升到很高，就可能超过管线和容器的最大强度，这将导致过程装置的破裂，引发有毒或易燃化学品的大量泄漏，导致火灾爆炸或中毒事故的发生。

防止超压的最后一种方法是安装泄压系统，以便在过大的压力显现前释放掉液体或气体。泄压系统由泄压装置和与之相连的在下游安全地处理喷射出的物质的过程设备组成。

1. 泄压的概念

对于失控反应，典型的压力随时间的变化曲线如图 6-45 所示。假设反应器内发生放热反应，如果由于冷却水系统遭受破坏、阀门失效或其他情况导致冷却失败，那么反应器温度将上升，随着温度的上升，反应速率增加，导致产生更多的热量，这种自加速机理，导致反应失控。

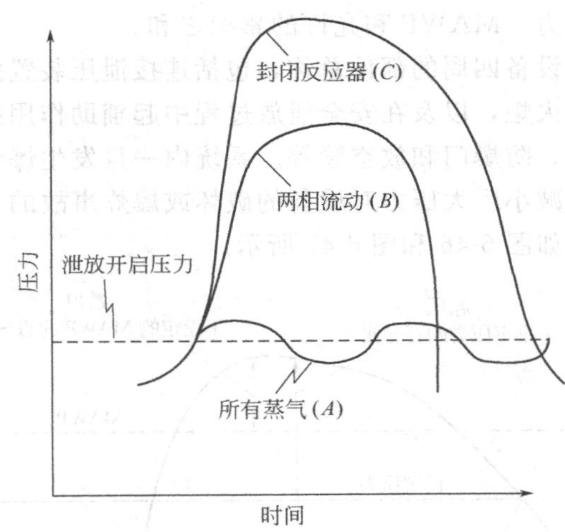

图 6-45 反应失控时间压力曲线

A—泄放的蒸气；*B*—泄放的泡沫（两相流动）；*C*—密闭的容器

由于高温导致液体组分或气体组分产品蒸气压增加，反应器内压力增加。

对于大型的商用反应器，反应失控能在几分钟内发生。每分钟温度和压力分别增加几百摄氏度和几兆帕。对于图 6-45 中的曲线，冷却在 $t=0$ 时失效。

如果反应器没有泄压系统，压力和温度将持续增加，直到反应物全部被消耗掉，如图 6-45 中的曲线 *C*。反应物全部消耗完后，热量生成停止，反应器冷却下来；压力随后降低。曲线 *C* 假设反应器能经受住失控反应的全部压力。

如果反应器有泄压设备，压力响应依赖于泄压设备的特性和通过泄压设备排放的流体的性质。图 6-45 中的曲线 *A* 表示蒸气的泄放，曲线 *B* 表示两相泄放。反应器内的压力将增加，直到泄压设备在设定的压力下动作。

当两相流体泄放时（图 6-45 中的曲线 *B*），随着安全阀的开启，压力持续上升，超出初始泄放压力的压力增量称为超压。

曲线 *A* 是针对通过安全阀的蒸气或气体排放。当泄压设备打开时，压力立即下降，因为只要排放掉少量的蒸气，压力就能降低。压力持续降低，直到安全阀关闭。

下面将给出化学工业中描述泄压的最常用到的定义。

（1）设定压力　泄压设备开始动作的压力。

（2）最大允许工作压力（MAWP）　对于设定温度的容器，顶部允许的最大测量压力，有时也称为设计压力。随着操作温度的增加，MAWP 减少，因为容器金属在高温下强度降低。同样，随着操作温度的下降，MAWP 下降，因为金属在低温下将变脆。典型的容器失效发生在 4 倍或 5 倍于 MAWP 下，虽然在低于 2 倍 MAWP 压力下容器可能会发生变形。

(3) 操作压力　通常工作期间的测量压力，通常比 MAWP 低 10%。

(4) 累积　在泄放过程中，超出容器的 MAWP 的压力增量，表示为 MAWP 的百分比。

(5) 超压　在泄放过程中，容器内超出设定压力的压力增量。当设定压力为 MAWP 时，超压等于累积，表示为设定压力的百分比。

(6) 背压　由排放系统压力导致的泄放过程中泄压设备出口处的压力。

(7) 压降　泄压设备的设定压力与泄压设备复位压力之间的压力差，表示为设定压力的百分比。

(8) 最大允许累积压力　MAWP 和允许的累积之和。

(9) 泄压系统　泄压设备四周的部件总称，包括连接泄压装置的管道、泄压设备、排放管线、放空桶，洗涤器、火炬，以及在安全泄放过程中起辅助作用的其他类型的设备。泄压装置包括安全阀、防爆片、防爆门和放空管等。系统内一旦发生爆炸或压力骤增时，可以通过这些设施释放能量，以减小巨大压力对设备的破坏或爆炸事故的发生。

这些术语之间的关系如图 6-46 和图 6-47 所示。

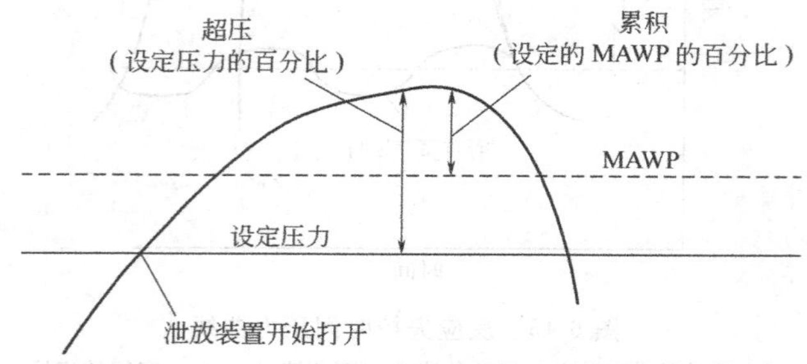

图 6-46　超压和累积的描述

2. 泄压装置

(1) 安全阀　是为了防止设备或容器内非正常压力过高引起物理性爆炸而设置的。当设备或容器内压力升高超过一定限度时安全阀能自动开启，排放部分气体，当压力降至安全范围内再自行关闭，从而实现设备和容器内压力的自动控制，防止设备和容器的破裂爆炸。

常用的安全阀有弹簧式、杠杆式，其结构如图 6-48 和图 6-49 所示。

工作温度高而压力不高的设备宜选杠杆式，高压设备宜选弹簧式，一般多用弹簧式安全阀。

设置安全阀时应注意以下几点。

① 压力容器的安全阀直接安装在容器本体上。容器内有气、液两相物料时，安全阀加装于气相部分，防止排出液相物料而发生事故。

② 一般安全阀可就地放空，放空口应高出操作人员 1m 以上且不应朝向 15m 以内的明火或易燃物。室内设备、容器的安全阀放空口应引出房顶，并高出房顶 2m 以上。

③ 安全阀用于泄放可燃及有毒液体时，应将排泄管接入事故储槽、污油罐或其他容器；用于泄放与空气混合能自燃的气体时，应接入密闭的放空塔或火炬。

④ 当安全阀的入口处装有隔断阀时，隔断阀应为常开状态。

⑤ 安全阀的选型、规格、排放压力的设定应合理。

(2) 防爆片（又称爆破片）　是通过法兰装在受压设备或容器上。当设备或容器内因化

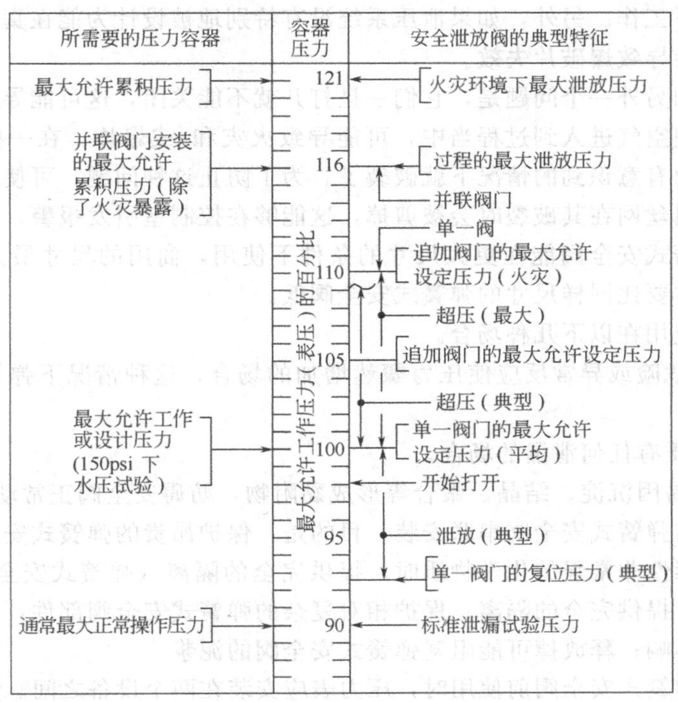

图 6-47　泄压压力

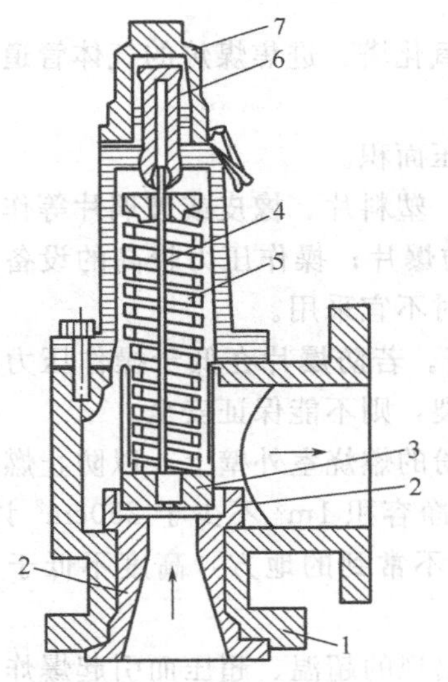

图 6-48　弹簧式安全阀

1—阀体；2—阀座；3—阀芯；4—阀杆；
5—弹簧；6—螺帽；7—阀盖

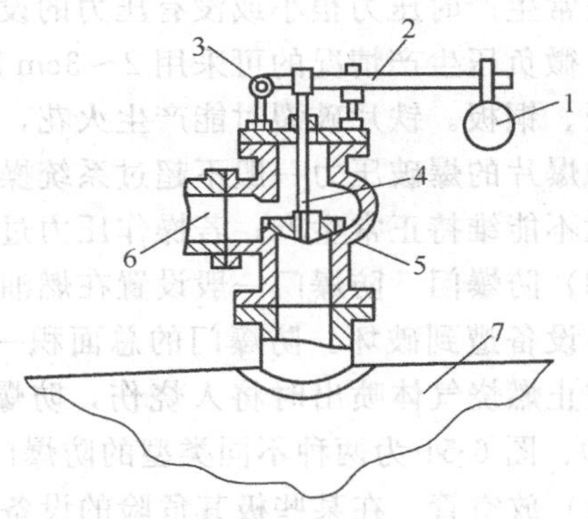

图 6-49　杠杆式安全阀

1—重锤；2—杠杆；3—杠杆支点；4—阀芯；
5—阀座；6—排出管；7—容器或设备

学爆炸或其他原因产生过高压力时，防爆片作为人为设计的薄弱环节自行破裂，高压流体即通过防爆片从放空管排出，使爆炸压力难以继续升高，从而保护设备或容器的主体免遭更大的损坏，使在场的人员不致遭受致命的伤害。

爆破片的一个重要问题是，金属的可扰性随着过程压力的变化而变化。可扰性能导致爆破片在压力低于设定压力时过早失效，因为这个原因，一些爆破片系统，设计在压力远远低于设定压力条件下工作。另外，如果泄压系统没有特别地被设计为能在真空环境下工作，那么真空环境可能会导致爆破片失效。

爆破片系统的另外一个问题是，它们一旦打开就不能关闭，这可能导致过程物质的全部排放，也可能会使空气进入到过程当中，可能导致火灾和/或爆炸。在一些事故中，爆破片在过程操作人员没有意识到的情况下就破裂了。为了防止这种问题，可使用内含金属丝网的爆破片，而该金属丝网在其破裂时会被剪掉，这能够在控制室引发报警，以警告操作人员。

爆破片比弹簧式安全阀能在更大尺寸的条件下使用，商用的尺寸最大的达到直径为几米。爆破片的成本要比同样尺寸的弹簧式安全阀低。

防爆片一般应用在以下几种场合。

① 存在爆燃危险或异常反应使压力骤然增加的场合，这种情况下弹簧安全阀由于惯性而不适应。

② 不允许介质有任何泄漏的场合。

③ 内部物料易因沉淀、结晶、聚合等形成黏附物，妨碍安全阀正常动作的场合。

爆破片通常与弹簧式安全阀串联安装，目的是：保护昂贵的弹簧式安全阀免遭腐蚀环境的损害；当处理毒性非常强的化学物质时，提供完全的隔离（弹簧式安全阀却不能）；当处理可燃性气体时，提供完全的隔离；保护相对复杂的弹簧式安全阀部件，免受能够引起阻塞的反应性单体的影响；释放掉可能阻塞弹簧式安全阀的泥浆。

当爆破片在弹簧式安全阀前使用时，压力表应安装在两个设备之间。该压力表是一个指示器，显示爆破片什么时候破裂。压力偏移或腐蚀穿孔导致爆破片失效，在任何一种情况下，压力表都能指明需要更换爆破片。

凡有重大爆炸危险性的设备、容器及管道，例如气体氧化塔、进焦煤炉的气体管道、乙炔发生器等，都应安装防爆片。

防爆片的安全可靠性取决于防爆片的材料、厚度和泄压面积。

正常生产时压力很小或没有压力的设备，可用石棉板、塑料片、橡皮或玻璃片等作为防爆片；微负压生产情况的可采用2～3cm厚的橡胶板作为防爆片；操作压力较高的设备可采用铝板、铜板。铁片破裂时能产生火花，存在易燃性气体时不宜采用。

防爆片的爆破压力一般不超过系统操作压力的1.25倍。若防爆片在低于操作压力时破裂，就不能维持正常生产；若操作压力过高而防爆片不破裂，则不能保证安全。

（3）防爆门　防爆门一般设置在燃油、燃气或燃烧煤粉的燃烧室外壁上，以防止燃烧爆炸时，设备遭到破坏。防爆门的总面积一般按燃烧室内部净容积 $1m^3$ 不少于 $250cm^2$ 计算。为了防止燃烧气体喷出时将人烧伤，防爆门应设置在人们不常到的地方，高度不低于2m。图6-50、图6-51为两种不同类型的防爆门。

（4）放空管　在某些极其危险的设备上，为防止可能出现的超温、超压而引起爆炸的恶性事故的发生，可设置自动或手控的放空管以紧急排放危险物料。

（三）泄压装置的安装位置

确定泄放的位置，需要了解过程中每个单元操作，以及每一过程操作步骤。工程师必须预测可能导致压力上升的潜在问题。泄压设备要安装在确定的每一个潜在危险源处，即该处的紊乱条件所产生的压力超过了MAWP。

工程师可通过如下问题来了解单元过程。

① 伴随冷却、加热和搅动失效会发生什么？

② 如果过程受到污染，或催化剂或单体误排，会发生什么？

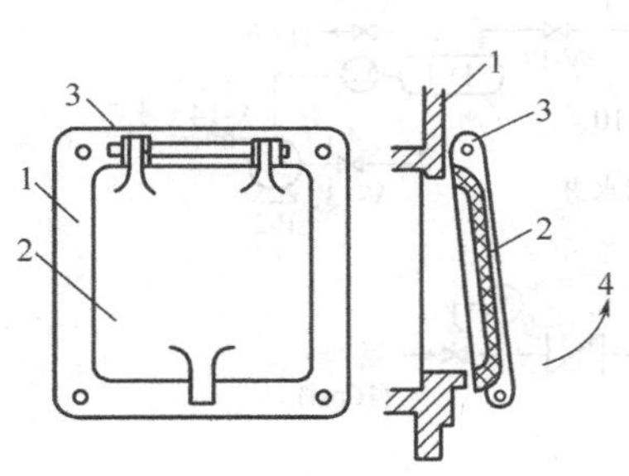

图 6-50 向上翻开的防爆门
1—防爆门的门框；2—防爆门；
3—转轴；4—防爆门动作方向

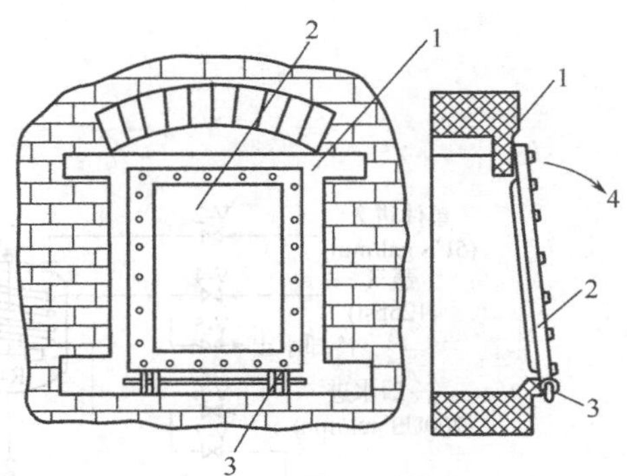

图 6-51 向下翻开的防爆门
1—燃烧室外壁；2—防爆门；
3—转轴；4—防爆门动作方向

③ 如果操作者失误会发生什么?

④ 关闭暴露于热或冷冻环境中的充满液体的容器或管线上的阀门的后果是什么?

⑤ 如果管线失效，例如进入低压容器的高压气体管线失效，会发生什么?

⑥ 如果操作单元包围于火灾中会发生什么?

⑦ 什么条件能引起反应失控，应该怎样设计泄压系统来处理反应失控带来的泄放?

确定泄压设备位置的一些指南，汇总于表 6-18 中。

表 6-18 确定泄放设备位置的指南

所有的容器都需要泄压设备，包括反应器、储罐、塔器和桶
暴露于热(例如太阳)或冷冻环境下的装有冷的液体管线的封闭部件，需要泄压设备
正压置换泵，压缩机和涡轮机的排放一侧，需要泄压设备
储存容器需要压力或真空泄压设备，保护封闭容器免遭吸入和抽出，或避免由凝结导致的真空的产生
容器的蒸汽护套通常根据低压蒸汽进行分级。泄压设备被安装在护套中，防止由于操作者失误或调压器失效，导致过高的蒸汽压力

【例 6-10】 确定图 6-52 中的简单聚合反应器系统的泄压设备的位置。该聚合过程的主要步骤包括：(1) 将 100lb 的引发剂充装入反应器 R-1 中；(2) 加热到反应温度 240 ℉；(3) 加入单体，历时 3h；(4) 使用阀 V-15，通过真空的方法将剩余的单体移除。因为反应是放热的，在单体加入期间需要用冷却水冷却。

解 确定泄压设备位置的方法如下。参考图 6-52、图 6-53 和表 6-18。

a. 反应器 (R-1)：反应器上应安装泄压设备，因为一般情况下每一个过程容器都需要一个泄压设备。对于压力安全阀 1，泄压设备被注明为 PSV-1。

b. 正压置换泵 (P-1)：如果正压置换泵在没有减压设备 (PSV-2) 的情况下被憋压，就会过载、过热或遭受破坏。这种类型的泄压排放，通常经过再循环，重新回到进料容器。

c. 热交换器 (E-1)；当水被阻塞在热交换管道 (V-10 和 V-11 关闭) 和交换器，被加热 (例如被蒸汽加热) 时，过高的压力导致热交换管破裂，这种危害通过增加 PSV-3 来消除。

d. 桶 (D-1)：所有的过程容器都需要泄压阀，PSV-4。

e. 反应器盘管：当水被阻塞在盘管中 (V-4，V-5，V-6 和 V-7 关闭)，盘管被蒸汽或太阳加热时，反应器盘管就会因过高的压力而被撑破，在该盘管中增设 PSV-5。

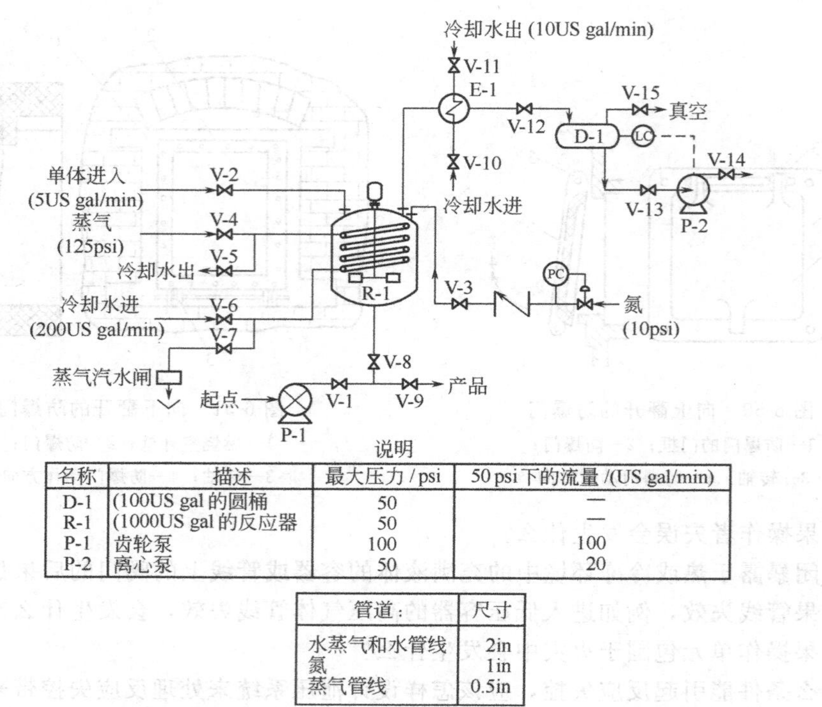

名称	描述	最大压力 / psi	50 psi 下的流量 /(US gal/min)
D-1	(100US gal 的圆桶	50	—
R-1	(1000US gal 的反应器	50	—
P-1	齿轮泵	100	100
P-2	离心泵	50	20

管道	尺寸
水蒸气和水管线	2in
氮	1in
蒸气管线	0.5in

图 6-52　没有安全泄压装置的聚合反应器

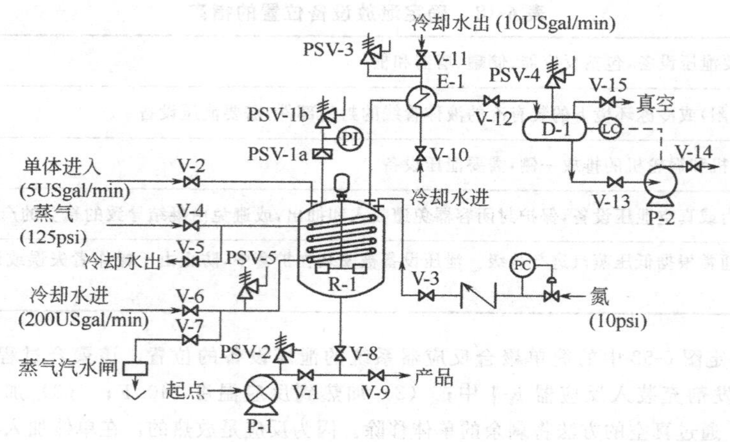

图 6-53　带有安全泄压装置的聚合反应器

第七节　爆炸的防护

预防爆炸破坏，其中一个很明显的方法就是防止爆炸。爆炸防护的方法主要有爆炸封锁、泄爆（泄压）和爆炸抑制。

一、爆炸封锁

爆炸封锁就是要按已制定的压力容器设计规范，设计一些能够承受足够压力的容器。但是当所考虑的容器越大设计就变得愈困难，对于大型容器来说常常难以实现。

对于不经常发生爆炸，而且很难找到其他合适的防爆措施的场合而言，设计一个机械强度很低但耐压力冲击的容器常常是比较好的选择。这样就必须选用具有足够韧性的材料，这些材料的断裂伸长率和切口冲击韧性要完全符合压力容器规范的要求。当把容器设计成能承受最大爆炸压力而不破裂的结构后，一旦内部爆炸材料发生变形而起到防爆作用。

如果对容器内的可燃气（蒸气）或粉尘的爆炸采用爆炸封锁的防护措施，那么抗压容器必须进行持续的压力负荷试验，而且要反复进行，否则，抗压容器应采用不带压操作（在容易发生粉尘爆炸的地方更应如此）。经验证明，这类容器在爆炸以后多数不用修理便可继续使用，个别时候，容器也有需要修理的情况。

二、爆炸抑制

爆炸抑制的基本原理就是在爆炸形成的早期阶段检测出来，并用灭火介质覆盖在系统上以防止爆炸进一步发展。对许多粉尘来说压力升高或火焰的第一个信号和峰压脉冲间隔的时间是0.01～0.07s，检测和开始释放抑制物的时间为0～0.002s，因此阻止许多爆炸进一步扩大是可行的。

抑制剂可以是液态、雾态或粉末状的形式。两种最普通类型的抑制剂是卤代烃，例如氯溴甲烷（halon 1011）和磷酸铵粉末，但在某些情况下也使用水。抑制剂的作用是复杂的；发现有几种作用，其中任何一种都能抑制一次爆炸。这些作用包括：①冷却燃烧区域，例如利用液态抑制剂的蒸发方法；②自由基的清除——抑制剂中的活性物质阻止使燃烧传播的化学反应链；③提前惰化——在未燃烧的混合物中的抑制剂浓度可使混合物变成不燃的；④氧隔绝；⑤物理熄灭——未燃烧微粒或液滴引起凝聚作用使不爆炸条件占优势。

如果设备装置的几何形状使泄爆变得比较困难时，往往采用抑制措施来代替泄爆。例如导管结构，在急骤干燥器内就不能有效地泄爆。另外，如果装置位于不能够向外面安全泄爆的地方或位于泄爆时释放的物质会出现问题的地方，那么，通常最好的代替办法就是抑制。

与泄爆相比，抑制措施的安装和维护费用要贵得多。但是事故后只有较少的污染，而且通常不需要大量的清理工作。爆炸抑制不仅保护了设备本身，而且还保护了现场中的操作人员。在无法避免粉尘沉积的地方，爆炸抑制措施往往能够帮助避免在室内发生的二次爆炸。

一个工厂的完整爆炸抑制系统必须是对每个装置单独精心地设计。在可能出现点燃源的任何区域内要设置很多检测器。这些都会促使已监测出点燃的工厂区域内和相连炉导管内释放出抑制剂。它们还会使高速隔离阀关闭，使设备停机。

检测器可以通过光源或检测开始的压升的办法进行操作。光学检测器通常用于气态系统内，压力检测器更常用于粉尘系统，因为粉尘云可能遮住检测器的光源。压力检测器可设计成能检测压力的稳定升高或是检测压力升高速率超过规定水平时情况。当出现正常压力波动，而且将超过标准压力检测器动作的临界水平时，须在这些设备内使用新型的检测器。

对检测器的临界值和压力升高速率的典型取值分别为3500Pa和80kPa/s。如果发生点燃，为了使过压减至最小，要尽可能把抑制系统的动作整定值调很低。但是，压力正常波动不应偶然启动爆炸抑制器也是很重要的。这个问题可以通过互相垂直安装两个检测器来克服。爆炸抑制剂只有在两台检测器同时发出信号时才能启动释放抑制剂。

抑制剂可以装在许多不同结构的金属器具内。比如一个装液态抑制剂的半球状抑制器，它能很快反应并以超过200m/s的初始排泄速度在5ms的检测期间内输送抑制剂。在抑制剂的中心通过一个电引爆的发射药产生一个液压冲击。这种类型的装置安在设备内部，但不适于高温加工过程，它异常得快，而且范围有限，因此最适合于小型设备。

如图 6-54 所示，就是使用爆炸抑制剂来抑制反应，该系统中用传感器来探测爆炸是否发生。当压力上升至 1.5psi 时就要求激活传感器，抑制开始时，压力已稍微上升了一些。容器或结构应该足够强以承受此压力。起抑制作用的气体应对可能涉及的燃料非常有效。此外，有些爆轰是复杂爆炸分解产生而不是燃烧产生，这类爆轰太快以致抑制剂不能发挥作用。

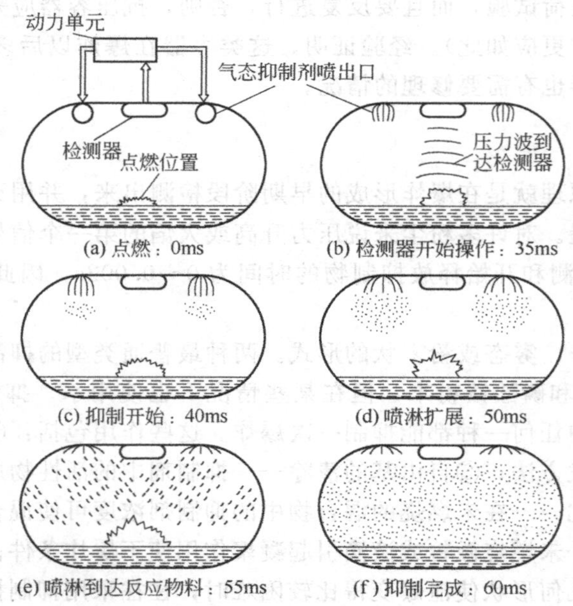

图 6-54 使用卤代烃喷雾抑制爆炸过程

思 考 题

1. 火灾爆炸事故中，对于着火源应如何采取防护措施？
2. 爆炸防护方法有哪些？
3. 泄压装置有哪些？防爆片应用于哪些场合中？
4. 生产过程中易于形成高静电电位的单元操作有哪些？
5. 分析说明静电的控制主要有哪些措施。

参考文献

[1] 田兰，曲和鼎，蒋永明等．化工安全技术［M］．北京：化学工业出版社，1984.

[2] 蔡凤英，谭宗山．化工安全工程［M］．北京：科学出版社，2001.

[3] 伍作鹏．消防燃烧学［M］．北京：中国建筑工业出版社，1994.

[4] 公安部政治部．消防燃烧学［M］．北京：中国人民公安大学出版社，1996.

[5] Daniel A Crowl，Joseph F Louvar．化工过程安全理论及应用［M］．蒋军成，潘旭海译．第2版．北京：化学工业出版社，2006.

[6] 赵衡阳．气体和粉尘爆炸原理［M］．北京：北京理工大学出版社，1996.

[7] 李荫中．石油化工防火防爆手册［M］．北京：中国石化出版社，2003.

[8] 岑可法．高等燃烧学［M］．杭州：浙江大学出版社，2002.

[9] 蒋军成，张军，邵辉等．化工安全［M］．北京：中国社会劳动保障出版社，2008.

[10] 张松涛．工程燃烧学［M］．上海：上海交通大学出版社，1987.

[11] 高维民．石油化工安全技术［M］．北京：中国石化出版社，2005.

[12] 丁大玉，蒲以康，袁生学等．铝粉爆炸特性的实验研究［J］．爆炸与冲击，1993，13（1）：32-40.